はじめに

本書は、「危険物取扱者試験 乙種第４類」に合格するための参考書です。

人それぞれではありますが、学生であれ、社会人であれ、資格取得の勉強に費やせる時間は限られているはずです。限られた時間のなかで試験に合格するためには、過去に出題された問題を何度も繰り返し解きつつ、内容を理解して覚えること。危険物取扱者試験では、多くの問題が過去に出題された問題から繰り返し出題されています。

小社では、過去問題を収集・復元・編集をしています。したがって、実際の過去問とは内容が若干異なっている可能性もありますが、問題の趣旨に沿っているという確信があります。

過去の問題を整理・分類していくと、ほぼ同じ趣旨の問題が多数あります。本書では、こうした問題は１つにまとめて収録しています。試験合格に際し、満点を取る必要はないのです。本書は、特に**分厚い参考書が苦手な方**のために、本書はできる限りページ数を圧縮し**160 ページ前後**としました。本書を１冊読み込みましょう。そうすれば、きっと合格ラインに届くに違いありません。

試験合格には**３つの各科目でそれぞれ 60%以上**の正答率が必要です。最初は３つの科目をバランスよく学習しましょう。そのうえで、自分が苦手な科目を把握しテキストを重点的に読んで、理解する必要があります。得意な科目を満点が取れるまで精度を高めるのもよいですが、苦手な科目を学習する時間に充てることをおすすめします。

テキストでは、各項目に分類される過去問題を解くために知っておくべき知識を**マンガやイラストでわかりやすく解説**していますので、イメージしやすく楽しみながら学習を進められるでしょう。

特に**太字**の語句や数値は**重要**なので、しっかり覚えてください！

第Ⅱ章については、物理化学についての予備知識が少ない方や苦手な方向けに、過去に出題された範囲も踏まえて、できる限り丁寧に詳しく解説しています。

また、解答は**「解答／解説編」（別冊）**として、各問題の解答と解説をまとめました。

本書では、実際の試験科目と同様に大きく３つの章に分け、細かく項目を分けています。

- 第Ⅰ章　危険物に関する法令
- 第Ⅱ章　基礎的な物理学及び基礎的な化学
- 第Ⅲ章　危険物の性質並びにその火災予防及び消火の方法

巻末には、実際に出題された問題で編成した**模擬試験問題を３回分収録**しています。実力の判定にご活用ください。

近年の乙４危険物の合格率は約 30 ～ 40%台と決して高くはありません。しかし、限られた時間の中でも効率よく学習すれば、合格点を取ること自体難しくはないといえます。本書を有効的に活用して、ぜひ１度の受験で**合格**できるよう頑張りましょう！

公論出版 危険

受験の手引き

1 試験科目と合格基準

乙種の受験にあたり、資格は特に必要ありません。試験は、次の３科目について一括して行われます。問題は全部で35問あり、マークシート方式です。なお、試験の制限時間は２時間です。

試験科目	問題数
危険物に関する法令	15問
基礎的な物理学及び基礎的な化学	10問
危険物の性質並びにその火災予防及び消火の方法	10問

試験を実施している消防試験研究センターによれば、合格基準は各科目ごとの成績が、**それぞれ60%以上**とされています。したがって、「危険物に関する法令」は15問中９問以上、「基礎的な物理学及び基礎的な化学」と「危険物の性質並びにその火災予防及び消火の方法」はそれぞれ10問中６問以上正解しなくてはなりません。例えば、法令の正解が８問である場合、その他の科目がそれぞれ10点満点であっても、不合格となります。

2 受験の手続き

危険物取扱者試験は、一般財団法人 消防試験研究センターが実施します。ただし、受験願書の受付や試験会場の運営等は、各都道府県の支部が担当します。

受験の申請は書面によるほか、インターネットから行う電子申請が利用できます。

電子申請は、一般財団法人 消防試験研究センターのHPにアクセスして行います。

乙種の受験手数料は令和６年３月現在、4,600円（※振込手数料230円）です。

（※なお、令和６年５月１日以降の申請分から、危険物取扱者試験の受験手数料が改訂される見込みとなっています。乙種は、従来の4,600円から5,300円に引き上げられる予定。）

試験に関する詳細は、一般財団法人 消防試験研究センターのホームページで確認してください。

⇒ https://www.shoubo-shiken.or.jp/

★本書の主な登場人物★

よっちゃん

現在、ガソリンスタンドでアルバイトに励む女の子。１カ月後に控える乙４試験の合格に向けて勉強中。資格試験の勉強は初めて。

公論先生

危険物に関する知識に長けた先生。各学習項目を解説して、初めて試験勉強に挑むよっちゃんをサポートする。

おつお

公論先生の助手であり、よっちゃんの友達。試験勉強を始めたよっちゃんを手助けする。

イラスト／沼倉真妹 他

第 I 章

危険物に関する法令

1 危険物の貯蔵及び取扱いの基準

I. 1-1. 消防法で規定する危険物

1 危険物の分類

類別	代表的な品名	特 徴
第1類 **酸化性固体**	・塩素酸塩類 ・過マンガン酸塩類 ・硝酸塩類	**酸化性固体** Point 「**塩類**」が付けばほとんど**第1類**危険物 摩擦 衝撃 → 発火 物質そのものは**不燃性**だが、他の物質を強く**酸化させる**。可燃物と混ぜて衝撃・熱・摩擦を加えると激しい燃焼が起こる。
第2類 **可燃性固体**	・硫化リン ・赤リン ・硫黄 ・金属粉 ・マグネシウム ・引火性固体	**可燃性固体** 火炎で着火し易く、比較的低温(40℃未満)で引火しやすい。
第3類 **自然発火性物質** **及び 禁水性物質** (固体または液体)	・カリウム ・ナトリウム ・アルキルリチウム ・黄りん	**自然発火性・禁水性物質** 空気 水 → 接触 → 物質 発火 空気にさらされると**自然発火する**おそれがあるもの、**水との接触で発火**または可燃性ガスを発生するものがある。

第4類 **引火性液体**	▪特殊引火物 ▪第1～4石油類 ▪アルコール類 ▪動植物油類	引火性液体 **引火や爆発の恐れのあるもの** ガソリン 灯油 など… 引火性があり、蒸気を発生させ引火や爆発のおそれがある。
第5類 **自己反応性物質** （固体または液体）	▪ニトロ化合物	自己反応性物質 低温度 加熱 爆発 熱 分解 比較的低温で加熱分解等の自己反応を起こし、爆発や多量の熱を発生させるもの、または爆発的に反応が進行するもの。
第6類 **酸化性液体**	▪過酸化水素 ▪硝酸	酸化性液体 **混ぜると燃焼を促進させる** 可燃物 物質そのものは不燃性だが、他の物質を強く**酸化させる**性質をもつ。可燃物と混ぜると燃焼を促進させるもの。

LET'S TRY! **こう出る！実践問題**

問題１　法別表第１に危険物の品名として掲げられていないものは、次のうちどれか。

1．過酸化水素　　2．硫黄　　3．赤りん　　4．ナトリウム　　5．プロパン

Ⅰ．１－２．第４類危険物

1 発火点と引火点

①**発火点**とは、物質を空気中で加熱するとき、火炎や火花などの火源を近づけなくとも**自らの発熱反応**によって温度が上昇し、**その後発火**する最低温度をいう。

②**引火点**は、液体の物質を空気中で点火したとき、**燃焼を開始するのに十分な濃度の蒸気**を液面上に発生する最低温度をいう。

※**自動車用ガソリン**は発火点が約300℃、引火点が－40℃以下であるため20℃前後の常温では自然に発火する危険はないが、電気火花など火源があると引火する危険が高い。

発火点

加熱すると**点火源なしで**燃え出す温度!

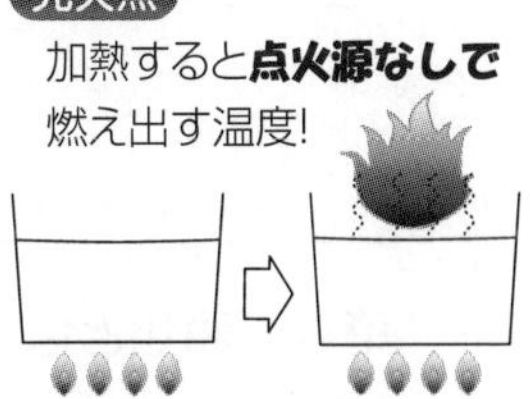

引火点

可燃性蒸気が**十分な濃度**になり引火する温度

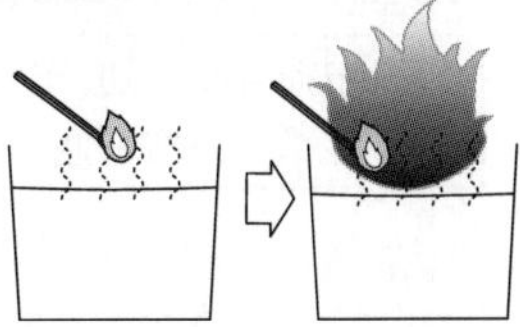

2 第４類危険物の分類

A　特殊引火物

ジエチルエーテル、二硫化炭素のほか、１気圧において**発火点が 100℃以下**のもの、または**引火点が－ 20℃以下**で沸点が**40℃以下**のものをいう。

代表的な物品名	**ジエチルエーテル、二硫化炭素**、アセトアルデヒド、酸化プロピレン

B　第１石油類とは

１気圧において、**引火点が 21℃未満**のものをいう。

代表的な物品名	非水溶性 ※	水溶性 ※
	ガソリン、ベンゼン、トルエン、酢酸エチル、エチルメチルケトン	アセトン、ピリジン

※［水溶性］［非水溶性］の区分は法令上のもので、単純に「水に溶ける」という意味とは異なる。

C　アルコール類とは

１分子を構成する炭素の原子の数が**１個から３個までの飽和１価アルコールをいう**。ただし、この飽和１価アルコールの含有量が **60%未満の水溶液は除く**。

代表的な物品名	メチルアルコール（メタノール）、エチルアルコール（エタノール）

D　第２石油類とは

１気圧において、**引火点が 21℃以上 70℃未満**のものをいう。

代表的な物品名	非水溶性	水溶性
	灯油、軽油、キシレン、スチレン、クロロベンゼン	酢酸、プロピオン酸

E　第３石油類とは

１気圧において、**引火点が 70℃以上 200℃未満**のものをいう。

代表的な物品名	非水溶性	水溶性
	重油、アニリン、クレオソート油、ニトロベンゼン	グリセリン、エチレングリコール

F　第４石油類とは

１気圧において、温度 20℃で液状であり、かつ、**引火点が200℃以上 250℃未満**のものをいう。ただし可燃性液体量が 40% 以下のものは除外されている。

代表的な物品名	**ギヤー油、シリンダー油**、タービン油、モーター油、マシン油、可塑剤

特殊引火物

ジエチルエーテル
二硫化炭素など

発火点 100℃以下　引火点 −20℃以下　沸点 40℃以下

第1石油類

非水溶性　水溶性

引火点 21℃未満

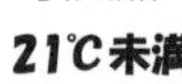

第2石油類

非水溶性　水溶性

酢酸

引火点 21℃以上 70℃未満

第3石油類

非水溶性　水溶性

グリセリン

引火点 70℃以上 200℃未満

第4石油類

ギヤー油、シリンダー油

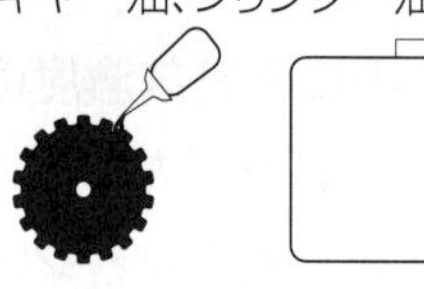

引火点 200℃以上 250℃未満

G 動植物油類とは

動物の脂肉または植物の種子若しくは果肉から抽出したものであって、1気圧において**引火点が 250℃未満**のものをいう。

代表的な物品名	ナタネ油、ヤシ油、オリーブ油、ニシン油

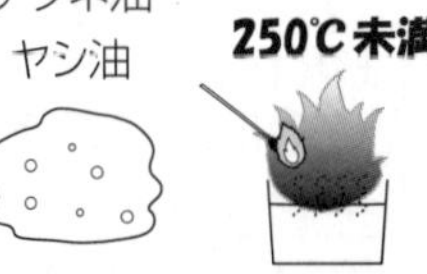

引火点による第4類危険物の分類

引火点（℃） − ← -20 ← 21 ← 70 ← 200 ← 250 ＋

特殊引火物	第1石油類	第2石油類	第3石油類	第4石油類
（−21℃以下）	（21℃未満）	（21℃以上70℃未満）	（70℃以上200℃未満）	（200℃以上250℃未満） 動植物油類（250℃未満）

こう出る！実践問題

問題2　法令上、次の文の（　）内に当てはまる語句はどれか。

「特殊引火物とは、ジエチルエーテル、二硫化炭素その他1気圧において、発火点が 100℃以下のもの又は（　）のものをいう。」

1．引火点がー 40℃以下
2．引火点がー 40℃以下で沸点が 40℃以下
3．引火点がー 20℃以下
4．引火点がー 20℃以下で沸点が 40℃以下
5．沸点が 40℃以下

Ⅰ．1－3．危険物の指定数量

〔第４類の危険物の指定数量〕（政令別表第３）

品名		指定数量		代表的な物品名
特殊引火物		**50ℓ**	50ℓ	・**ジエチルエーテル**　・**二硫化炭素** ・**アセトアルデヒド**　・**酸化プロピレン**
第１石油類	非水溶性	**200ℓ**	1缶 200ℓ	・**ガソリン**　・**ベンゼン**　・**トルエン** ・**酢酸エチル**　・メチルエチルケトン
第１石油類	水溶性	**400ℓ**	2缶 400ℓ	・**アセトン**　・ピリジン
アルコール類		**400ℓ**	2缶 400ℓ	・**メタノール**（メチルアルコール） ・**エタノール**（エチルアルコール）
第2石油類	非水溶性	**1,000ℓ**	5缶 1000ℓ	・**灯油**　・**軽油**　・キシレン ・スチレン　・クロロベンゼン
第2石油類	水溶性	**2,000ℓ**	10缶 2000ℓ	・**酢酸**　・**アクリル酸**　・プロピオン酸
第3石油類	非水溶性	**2,000ℓ**	10缶 2000ℓ	・**重油**　・**クレオソート油**
第3石油類	水溶性	**4,000ℓ**	20缶 4000ℓ	・**グリセリン**　・エチレングリコール
第４石油類		**6,000ℓ**	30缶 6000ℓ	・**ギヤー油**　・**シリンダー油** ・タービン油　・モーター油 ・マシン油　・可塑剤 ・セバシン酸ジオクチル
動植物油類		**10,000ℓ**	50缶 10000ℓ	・アマニ油　・イワシ油　・ナタネ油 ・ヤシ油　・オリーブ油　・ニシン油

〔**第４類以外の危険物の指定数量**〕※過去に試験に出題されたものから抜粋

類	品名	指定数量
第2類	硫化りん（三硫化リン、五硫化リン）赤りん、硫黄	100kg
	第1種可燃性固体	100kg
	鉄粉	500kg
	引火性固体	1,000kg

類	品名	指定数量
第3類	黄りん	20kg
	ナトリウム	10kg
	カリウム	10kg

類	品名	指定数量
第6類	過酸化水素	300kg
	硝酸	300kg

1 指定数量

①指定数量とは、法令において各種の規制をする上で、その危険性を算定する基準となるもので、**危険性が高いものほど量が少なく**定められている。具体的には、特殊引火物に該当するジエチルエーテルは50ℓに設定されているのに対し、危険性が低い動植物油類は10,000ℓに設定されている。

②指定数量以上の危険物は、消防法で定められた危険物施設（製造所・貯蔵所・取扱所）以外では貯蔵し、または取扱うことができない（※指定数量未満の危険物については、それぞれの市町村の火災予防条例で貯蔵・取扱いの基準が定められている）。

2 指定数量の倍数

①指定数量の倍数とは、実際に貯蔵し、または取扱う**危険物の数量を**その危険物の**指定数量で割って**得た値のこと。

〔**同一場所で危険物１種類を貯蔵し、または取扱う場合**〕

1種類の危険物	指定数量の倍数 ＝ $\frac{\textbf{貯蔵量}}{\textbf{指定数量}}$

〔**同一場所で危険物２種類（AとB）を貯蔵し、または取扱う場合**〕

2種類の危険物	指定数量の倍数 ＝ $\frac{\textbf{A 貯蔵量}}{\textbf{A 指定数量}} + \frac{\textbf{B 貯蔵量}}{\textbf{B 指定数量}}$

②複数の危険物を貯蔵し、または取扱う場合、個々の危険物が指定数量未満でも、全体の貯蔵量が指定数量の１倍以上になると、「指定数量以上の危険物を貯蔵し、または取扱っている」とみなされ、法令の規制対象となる。

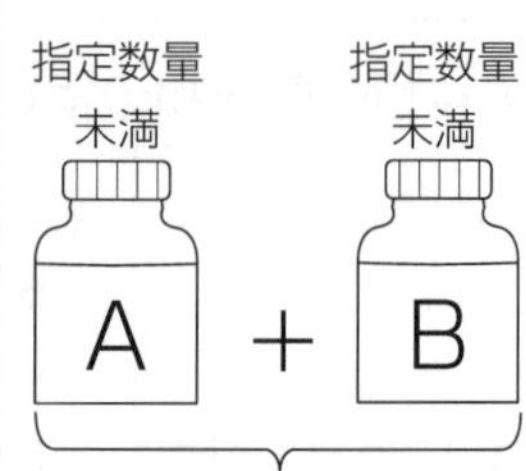

個々が指定数量未満でも、全体が1倍以上であれば法令の規制対象となる!!

LET'S TRY! こう出る！実践問題

問題3　法令上、次の品名・性状の危険物 6,000 ℓ と指定数量の倍数の組合せとして、正しいものはどれか。

	品名	指定数量の倍数
1.	特殊引火物	30
2.	第1石油類 非水溶性	15
3.	第2石油類 非水溶性	3
4.	第3石油類 非水溶性	1.5
5.	第4石油類	1

Ｉ．１－４．仮貯蔵と仮取扱い

1 仮貯蔵等の手続き

①指定数量以上の危険物を貯蔵し、または取扱う場合、製造所等以外の場所でこれを貯蔵し、または取扱ってはならない。

②ただし、**所轄の消防長又は消防署長の承認**を受けて指定数量以上の危険物を**10日以内の期間、仮に**貯蔵し、または取扱う場合は、この限りでない。

「この限りでない」という言い方は、法令独自の表現なんじゃ。この場合、「一定の条件に従えば、製造所等以外の場所で仮に貯蔵しまたは取り扱ってもよい」という意味合いになるぞ。
また、消防長は消防本部の長を指す。

LET'S TRY! こう出る！実践問題

問題4　法令上、次の文の（　）内のA～Cに当てはまるものの組合せとして、正しいものはどれか。

「指定数量以上の危険物は、貯蔵所以外の場所でこれを貯蔵し、又は製造所等以外の場所でこれを取り扱ってはならない。ただし、（A）の（B）を受けて指定数量以上の危険物を、（C）以内の期間、仮に貯蔵し、又は取り扱う場合は、この限りではない。」

	A	B	C
1.	市町村長等	承認	10日
2.	市町村長等	許可	10日
3.	市町村長等	許可	14日
4.	所轄消防長又は消防署長	承認	10日
5.	所轄消防長又は消防署長	許可	14日

2 製造所等の許可

Ⅰ．2－1．製造所等の設置と変更の許可

1 設置と変更の許可

①製造所等を設置しようとする者は、製造所等ごとに、その区分に応じて、**市町村長等**に申請し、許可を受けなくてはならない。また、製造所等の**位置、構造または設備を変更**しようとする者も、同様の**許可**を受けなくてはならない。

②**市町村長等**は、申請のあった製造所等の**位置、構造及び設備が技術上の基準に適合**し、かつ、当該製造所等においてする危険物の貯蔵または取扱いが公共の安全の維持または災害の発生の防止に支障を及ぼすおそれがないものであるときは、許可を与えなければならない。

③申請先及び許可を受ける「市町村長等」とは、市町村長、都道府県知事、総務大臣のいずれかで、製造所等の設置場所により異なる。

〔製造所等の設置・変更の申請先〕

施設の設置・変更場所		申請先
製造所等	消防本部及び消防署を設置している市町村の区域（移送取扱所を除く）	その区域を管轄する**市町村長**
	消防本部及び消防署を設置していない市町村の区域（移送取扱所を除く）	その区域を管轄する**都道府県知事**
移送取扱所	消防本部及び消防署を設置している１つの市町村の区域	その区域を管轄する**市町村長**
	消防本部及び消防署を設置していない市町村の区域、または２つ以上の市町村にまたがる区域	その区域を管轄する**都道府県知事**
	２つ以上の都道府県にまたがる区域	総務大臣

設置と変更の許可

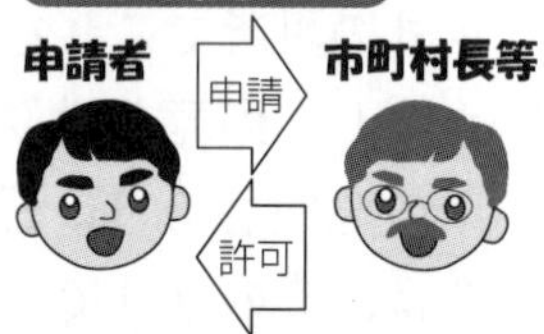

製造所等の設置・変更は**市町村長等の許可**が必要！

設置・変更の申請先

消防署を設置している

消防署を設置していない

2 完成検査と仮使用承認

①設置または変更の許可を受けた者は、製造所等の設置、または製造所等の位置、構造もしくは設備を変更した際に、市町村長等が行う**完成検査**を受け、これらが技術上の基準に適合していると認められた後でなければ、これを**使用してはならない。**

※ただし、製造所等の位置、構造または設備を変更する場合において、当該**変更の工事に係る部分以外の部分**の全部または一部について、**市町村長等の承認**を受けたときは、完成検査を受ける前に、**仮使用承認を受けた部分を使用できる。**つまり、仮使用の承認を受けることで、危険物施設の変更工事中であっても、工事部分以外で営業を続けることができることになる。

②市町村長等は、完成検査を行った結果、製造所、貯蔵所及び取扱所がそれぞれ定める技術上の基準に適合していると認めたときは、当該完成検査の申請をした者に**完成検査済証を交付**するものとする。

完成検査・仮使用承認

完成検査を受け、
適合と認められないと
使用できない

ただし！

変更工事に係る部分以外の部分の全部または一部で、
仮使用承認を受けた部分は使用できる！

完成検査済証の交付

市町村長等

適合と認めたときは
完成検査済証を交付

3 完成検査前検査

①**液体の危険物**を貯蔵し、または取扱う**タンク**を設置または変更する場合、製造所等の全体の**完成検査を受ける前**に、市町村長等が行う**完成検査前検査**を受けなければならない。

〔完成検査前検査の対象施設と検査の種類〕

対象施設 （液体危険物タンク）	・製造所及び一般取扱所（共に指定数量未満の液体危険物タンクは対象外） ・屋内タンク貯蔵所　・屋外タンク貯蔵所　・簡易タンク貯蔵所 ・地下タンク貯蔵所　・移動タンク貯蔵所　・給油取扱所
検査の種類	・液体危険物タンク ⇒ ①水張検査または水圧検査
	・液体危険物タンクのうち**1,000kℓ以上の屋外タンク貯蔵所** ⇒ ①水張検査または水圧検査　②基礎・地盤検査　③タンク本体の溶接部の検査

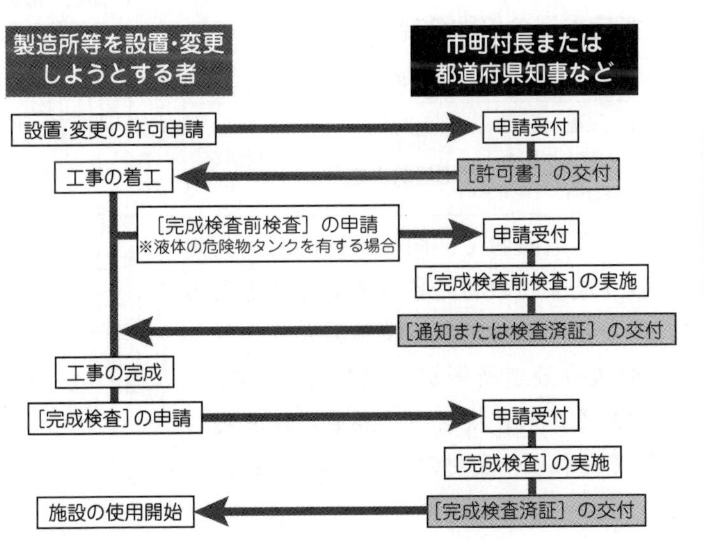

完成検査前検査は、一定量以上の液体の危険物をタンクで貯蔵する場合に特定の項目を検査するんじゃ。

LET'S TRY! **こう出る！実践問題**

問題１　法令上、次の文の（　）内のA～Cに当てはまる語句の組合せとして、正しいものはどれか。

「製造所等（移送取扱所を除く。）を設置するためには、消防本部及び消防署を置く市町村の区域では当該（A）、その他の区域では当該区域を管轄する（B）の許可を受けなければならない。また、工事完了後には許可内容どおり設置されているかどうか（C）を受けなければならない。」

	A	B	C
1．	消防長又は消防署長	市町村長	機能検査
2．	市町村長	都道府県知事	完成検査
3．	市町村長	都道府県知事	機能検査
4．	消防長	市町村長	完成検査
5．	消防署長	都道府県知事	機能検査

問題２　法令上、製造所等の仮使用について、次のうち正しいものはどれか。

1．市町村長等の承認を受ける前に、貯蔵し、又は取り扱う危険物の品名、数量又は指定数量の倍数を変更し、仮に使用すること。
2．製造所等を変更する場合に、変更工事が終了した一部について、順次、市町村長等の承認を受けて、仮に使用すること。
3．製造所等を変更する場合に、変更工事に係る部分以外の部分で、指定数量以上の危険物を10日以内の期間、仮に使用すること。
4．製造所等を変更する場合に、変更工事に係る部分以外の部分の全部又は一部について市町村長等の承認を受け、完成検査を受ける前に、仮に使用すること。
5．製造所等の譲渡又は引渡しがある場合に、市町村長等の承認を受ける前に、仮に使用すること。

Ⅰ．２－２．変更の届出

1 届出が必要な変更事項

①製造所等において、次の変更が生じた場合、**市町村長等**に届け出なければならない。

A　危険物の品名・数量・指定数量の倍数の変更

内　容	届出期限	届出先
貯蔵し、又は取扱う危険物の品名・数量・指定数量の倍数を変更する場合、変更しようとする日の**10日前までに**、その旨を届け出る。	事前 **（10日前まで）**	市町村長等

※ 法別表第１に掲げられている危険物で、同類＋同品名＋指定数量が同数の場合、取扱う危険物の物品名を変更しても届出は必要ない。例えば、第４類危険物である特殊引火物のジエチルエーテルを貯蔵・取扱う製造所等が、同類（第４類）・同品名（特殊引火物）である二硫化炭素（物品名）に変更した場合、指定数量が同数であれば、変更の届出の必要はない。

届出
変更する**10日前**まで
A **品名・数量・指定数量の倍数の変更**

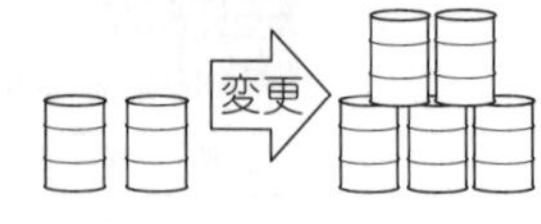

※変更の届出必要なし!!

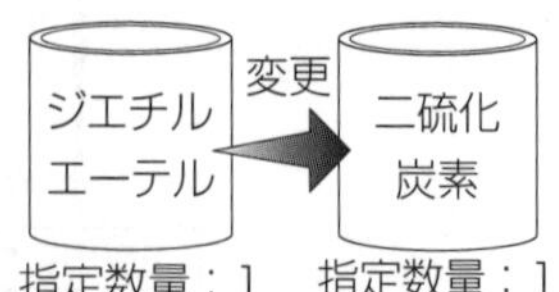

B　製造所等の譲渡・引渡し

内　容	届出期限	届出先
製造所等の譲渡・引渡しがあったときは、**譲受人**又は**引渡しを受けた者**はその地位を承継し、遅滞なくその旨を届け出る。	事後（遅滞なく）	市町村長等

※「譲渡」＝権利・財産を譲り渡すこと。
「引渡し」＝動産の占有を移転すること。
「遅滞」＝とどこおること。

事後（**遅滞なく**）
B **譲渡・引渡し**
C **廃止**

C　製造所等の廃止

内　容	届出期限	届出先
製造所等を所有・管理・占有する者は、当該製造所等の用途を**廃止**したときは、**遅滞なくその旨を届け出る。**	事後（遅滞なく）	市町村長等

D **危険物保安統括管理者・危険物保安監督者の選任、解任**

選任

解任

D　危険物保安統括管理者・危険物保安監督者の選任、解任

内　容	届出期限	届出先
同一事業所において特定の製造所等を所有・管理・占有する者は、危険物保安統括管理者を定めたときは、遅滞なくその旨を届け出る。解任した場合も同様とする。	事後（遅滞なく）	市町村長等
製造所等を所有・管理・占有する者は、危険物保安監督者を定めたときは、遅滞なくその旨を届け出る。解任した場合も同様とする。		

届出先は…

すべて

市町村長等

こう出る！実践問題

問題３　法令上、製造所等の所有者等があらかじめ市町村長等に届出をしなければならないのは、次のうちどれか。

1．製造所等の譲渡又は引渡しを受ける場合
2．製造所等の位置、構造又は設備を変更しないで、製造所等で貯蔵し、又は取り扱う危険物の品名、数量を変更する場合
3．製造所等を廃止する場合
4．危険物保安監督者を定めなければならない製造所等において危険物保安監督者を定める場合
5．危険物施設保安員を定めなければならない製造所等において危険物施設保安員を定める場合

問題４　法令上、次の文の下線部分（A）～（C）のうち、誤っているもののみをすべて掲げているものはどれか。

「製造所等の所有者等は、当該製造所等の用途を廃止したときは、(A)10日以内にその旨を(B)所轄消防長又は消防署長に（C）届け出なければならない。」

1．A　　2．C　　3．A、B　　4．B、C　　5．A、B、C

3 危険物取扱者制度

Ⅰ．3-1．危険物取扱者

1 危険物取扱者の責務

①製造所等における危険物の取扱作業は、**危険物取扱者**が行う。

②危険物取扱者は危険物取扱作業に従事する際、法令で定める貯蔵又は取扱いの**技術上の基準を遵守**するとともに、当該危険物の**保安の確保**について細心の注意を払わなければならない。

③甲種危険物取扱者または乙種危険物取扱者は、危険物の取扱作業の**立会い**をする場合は、取扱作業に従事する者が法令で定める貯蔵又は取扱いの技術上の基準を遵守するよう**監督**するとともに、必要に応じてこれらの者に**指示**を与えなければならない。

④危険物取扱者以外の者は、**甲種**危険物取扱者または**乙種**危険物取扱者が立会わなければ、危険物取扱い作業を行ってはならない。

2 免状の区分

①**危険物取扱者**とは、危険物取扱者試験に合格し、**免状の交付を受けている者**をいう。危険物取扱者免状は、次の３種類。

〔危険物取扱者の免状の区分〕

区分	取扱いできる危険物	立会い
甲種	**すべての危険物**	すべての危険物取扱い作業に立会える
乙種	指定された類（第１～第６）の危険物のみ	**指定された類**の危険物取扱い作業に立会える
丙種	指定された危険物のみ	**立会いはできない**

※丙種の危険物取扱者が取扱いできる危険物は、**ガソリン、灯油、軽油**、第３石油類（重油、潤滑油及び引火点130℃以上のものに限る。）、第４石油類及び動植物油類とする。

②**乙種**は**免状に指定**された危険物の種類に限り取扱い及び立ち合いが可能となる。例えば、乙種第４類の免状を取得した場合、第４類の危険物に限り取扱い及び立会いができる。

危険物取扱者の責務

立会い

危険物取扱者以外の者は**甲種・乙種**の立会いが必要 その際、**監督・指示**をする

危険物取扱者とは免状の交付を受けている者

〔指定数量未満の危険物の取扱い〕

製造所等での取扱い作業	甲種・乙種（取扱う危険物の類の乙種）・丙種の危険物取扱者または甲種・乙種（取扱う危険物の類の乙種）・危険物取扱者の立会いを受けた者が行う。
製造所等以外での取扱い作業	危険物取扱者である必要はなし。（例：自宅のストーブに灯油を補充をする等）

LET'S TRY! こう出る！実践問題

問題 1　法令上、製造所等において危険物を取り扱う場合について、次のうち正しいものはどれか。

1. 危険物施設保安員は、危険物取扱者の立会いがなくても、製造所等において危険物を取り扱うことができる。
2. 乙種危険物取扱者は、製造所等で取り扱うことができる危険物以外の危険物を取り扱う場合、甲種または当該危険物を取り扱うことができる乙種危険物取扱者の立会いが必要となる。
3. 従業員は、所有者の指示があれば、製造所等において危険物の取扱いをすることができる。
4. 丙種危険物取扱者は、取扱いできる危険物の場合、製造所等で危険物取り扱いの立会いをすることができる。
5. 危険物保安監督者を置く製造所等では、危険物取扱者の立会いがなくても取り扱うことができる。

Ⅰ．３－２．免状の交付・書換え・再交付

1 免状の諸手続き

①危険物取扱者の免状の**交付・書換え・再交付**の手続きは、**いずれも都道府県知事に申請**し、都道府県知事が交付・書換え・再交付を行う。

②免状の記載事項に変更が生じたときは、**遅滞なく**申請を行う。

③免状は、**全国で有効**。

免状の諸手続き

A　交付

申請事由	申請先	添付するもの
試験に合格	試験を行った都道府県知事	合格を証明する書類等

B　書換え

申請事由	申請先	添付するもの
氏名・本籍地の変更、**免状の写真が 10 年経過**	**免状を交付**した都道府県知事、または**居住地もしくは勤務地**の都道府県知事	戸籍謄本等、6ヶ月以内に撮影した写真

書換え申請

C　再交付

申請事由	申請先	添付するもの
亡失・滅失・汚損・破損	**免状の交付・書換えをした**都道府県知事	**汚損・破損の場合はその免状を添える**
亡失した免状を発見	**再交付を受けた**都道府県知事	発見した免状を**10 日以内に提出**

免状の有効範囲

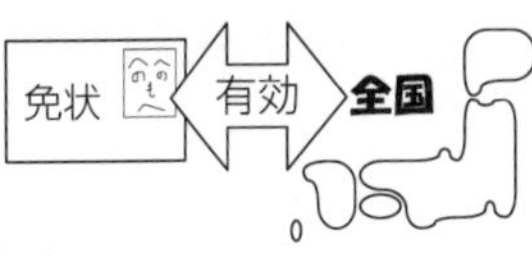

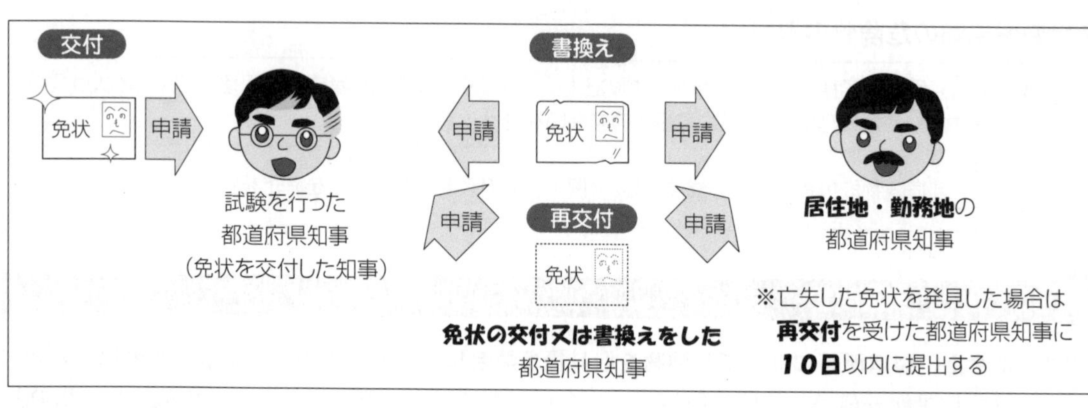

2 免状の不交付

①都道府県知事は、危険物取扱者試験に合格した者でも、次のいずれかに該当する者に対しては、免状を交付しない場合がある。

i．都道府県知事から**免状の返納を命じられ**、その日から起算して**1年を経過しない者。**

ii．消防法または消防法に基づく命令の規定に違反して**罰金以上の刑**に処せられた者で、その執行が終わり、または執行を受けなくなった日から起算して**2年を経過しない者。**

免状の不交付

都道府県知事

1年を経過しない者

罰金以上の刑に処せられた者で執行後**2年**を経過しない者

3 免状の返納

①免状を交付した都道府県知事は、危険物取扱者が消防法または消防法に基づく命令の規定に違反しているときは、**免状の返納を命ずる**ことができる。

②都道府県知事から**免状の返納を命じられた者**は、直ちに危険物取扱者の**資格を失う。**

都道府県知事

LET'S TRY! こう出る！実践問題

問題2　法令上、免状の交付、書換え及び再交付に関する説明として、次のうち正しいものはどれか。

1．免状の書換えは、すべての都道府県知事に申請することができる。

2．免状の再交付は居住地を管轄する都道府県知事に申請することができる。

3．免状に記載されている本籍地に変更はないが、居住地が変わったときは書換えの申請をしなければならない。

4．免状の書換えは、交付した都道府県知事又は居住地・勤務地を管轄する都道府県知事に申請することができる。

5．免状を亡失し、その再交付を受けた者が、亡失した免状を発見した場合は、再交付された免状を直ちに処分しなければならない。

Ⅰ．3-3．保安講習

1 受講義務

①製造所等で危険物の取扱作業に**従事する**危険物取扱者（甲種・乙種・丙種のいずれかの免状を有している者）は、都道府県知事が行う保安に関する講習**（保安講習）を定期的に受講**しなければならない。つまり、免状の交付は受けていても危険物の取扱作業に**従事していない**危険物取扱者及び指定数量未満の危険物を貯蔵し、または取扱う施設の危険物取扱者については、**受講の義務はない。**

②期間内に保安講習を受講しない場合、消防法の規定により都道府県知事より**免状の返納を命じられる**ことがある。

③保安講習は、**全国**どこの都道府県であっても受講できる。

2 講習の受講期限

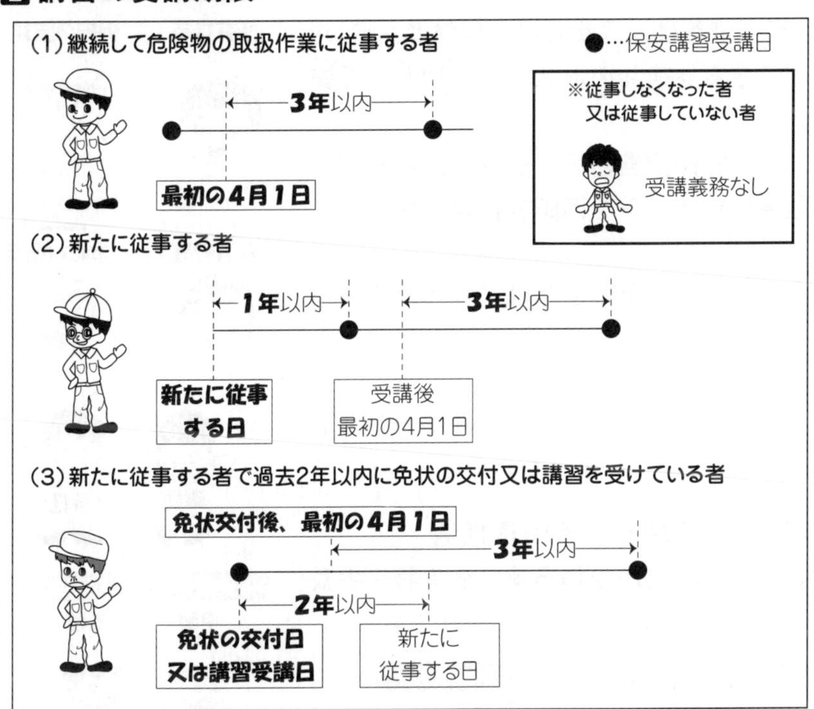

受講義務

(従事する)危険物取扱者

都道府県知事

保安講習を受講しない場合、返納を命じられることがある

保安講習

受講の義務がないケース

- 危険物の**取扱作業**に従事していない

- **指定数量未満**の危険物の貯蔵・取扱い施設

LET'S TRY! こう出る！実践問題

問題3　法令上、危険物の取扱作業の保安に関する講習について、次のうち誤っているものはどれか。

1．危険物取扱者であっても、現に危険物の取扱作業に従事していない者は、この講習の受講義務はない。
2．危険物保安監督者に選任されている者は、受講の義務がある。
3．講習は、どこの都道府県の講習であっても受講することができる。
4．危険物の取扱作業に従事している危険物取扱者は、２年に１回受講すること。
5．受講義務のある危険物取扱者が受講しない場合、免状の返納命令を受けることがある。

4 製造所等で定めなければならない事項

Ⅰ．4-1．危険物保安監督者

1 概要

①法令で定める製造所等の所有者等は、危険物保安監督者を定め、その者が取り扱うことができる危険物の取扱作業に関し、保安の監督をさせなくてはならない。

②製造所等の**所有者等**は、**危険物保安監督者**を**選任したとき**、または**解任したとき**は、**遅滞なく**その旨を**市町村長等**に届け出なければならない。

③危険物保安監督者になるためには、**甲種または乙種危険物取扱者**（免状指定された類のみ）で、製造所等において**6か月以上の実務経験**を有するものでなければならない。

④危険物保安監督者は、危険物の取扱作業に関して保安の監督をする場合は、誠実にその職務を行わなければならない。

危険物保安監督者

遅滞なく

保安監督者になるには

甲種または**乙種**危険物取扱者で**6ヶ月以上の実務経験**が必要

2 危険物保安監督者の選任を必要とする製造所等

①危険物の品名、**指定数量の倍数等にかかわらず**、危険物保安監督者を定めなければならない製造所等は、次のとおりである。

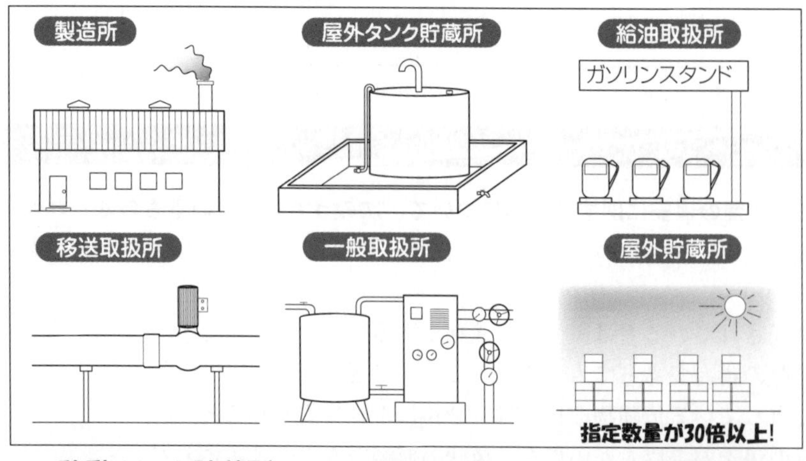

※**移動タンク貯蔵所**は、危険物保安監督者を**定める必要がない**。

移動タンク貯蔵所

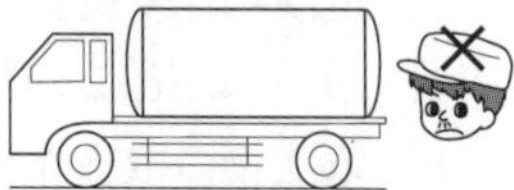

危険物保安監督者を定める**必要はない！**

3 危険物保安監督者の業務

①危険物の取扱作業の実施に際し、その作業が貯蔵または取扱いに関する技術上の基準、及び予防規程等の保安に関する規定に適合するように、**作業者に対し必要な指示**を与える。

②火災等の**災害が発生**した場合は、作業者を指揮して**応急の措置**を講ずるとともに、直ちに消防機関その他関係者に連絡する。

③危険物施設保安員を置く製造所等にあっては、**危険物施設保安員へ必要な指示**を与えること。危険物施設保安員を置いていない製造所等にあっては、法令で定める**危険物施設保安員の業務を代わりに行う。**

④火災等の災害の防止に関し、隣接する製造所等その他の関連する施設の関係者との間に**連絡を保つ。**

危険物保安監督者の業務

①作業者・危険物施設保安員に対し**必要な指示**
②災害時の**応急措置**
③**施設保安員の業務の代行**（施設保安員を置いていない場合）
④関連する施設の関係者との**連絡**を保つ

LET'S TRY! こう出る！実践問題

問題1　法令上、危険物保安監督者に関する説明で、次のうち誤っているものはどれか。

1．危険物保安監督者は、危険物の取扱作業の実施に際し、当該作業が法令の基準及び予防規程の保安に関する規定に適合するように作業者に対し、必要な指示を与えなければならない。

2．危険物保安監督者は、危険物の取扱作業に関して保安の監督をする場合は、誠実にその職務を行わなければならない。

3．製造所等において、危険物取扱者以外の者は、危険物保安監督者が立ち会わなければ、危険物を取り扱うことはできない。

4．危険物施設保安員を置かなくてもよい製造所等の危険物保安監督者は、規則で定める危険物施設保安員の業務を行わなければならない。

5．選任の要件である6か月以上の実務経験は、製造所等における実務経験に限定されるものである。

Ⅰ．4－2．危険物保安統括管理者

1 概要

①同一事業所において複数の製造所等を所有し、大量の第4類危険物を貯蔵し、または取扱う製造所等の所有者等は、**危険物保安統括管理者**を定め、事業所における危険物の保安に関する業務を**統括管理**させなければならない。

②製造所等の所有者等は、危険物保安統括管理者を**定めたとき**、または**解任したとき**は、遅滞なく**市町村長等に届け出**なければならない。

③危険物保安統括管理者になるための**資格は、規定されていない。** しかし、「事業所において事業の実施を統括管理する者」でなければならないことから、一般には工場長などが選任される。

※危険物保安統括管理者を定めなければならない製造所等の所有者等は当該事業所に**自衛消防組織**を置かなければならない。

危険物保安統括管理者

所有者等

統括管理をさせる

届出
遅滞なく

市町村長等

2 危険物保安統括管理者の選任を必要とする製造所等

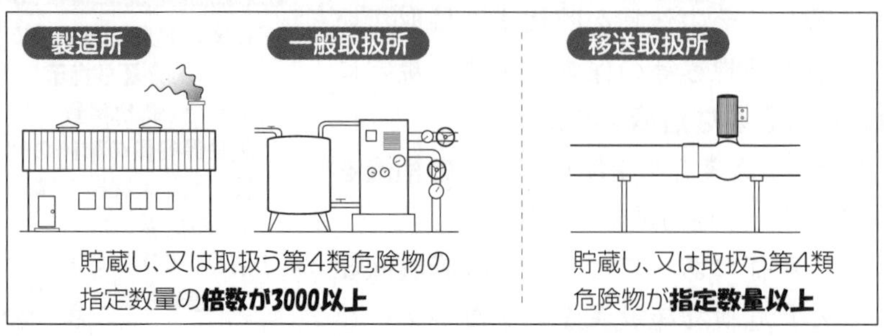

LET'S TRY! **こう出る！実践問題**

問題2　法令上、一定数量以上の第４類の危険物を貯蔵し、又は取り扱う製造所等で、危険物保安統括管理者を選任しなければならない旨の規定が設けられているものは、次のうちどれか。

1．製造所　　2．給油取扱所　　3．屋外タンク貯蔵所
4．第二種販売取扱所　　5．屋内貯蔵所

Ⅰ．4－3．危険物施設保安員

1 概要

①法令で定める製造所等の所有者等は、**危険物施設保安員を定め**、製造所等の施設の**構造及び設備に係る保安**のための業務を行わせなければならない。危険物施設保安員は、**危険物保安監督者の下で**保安のための業務を行う。

2 危険物施設保安員の選任を必要とする製造所等

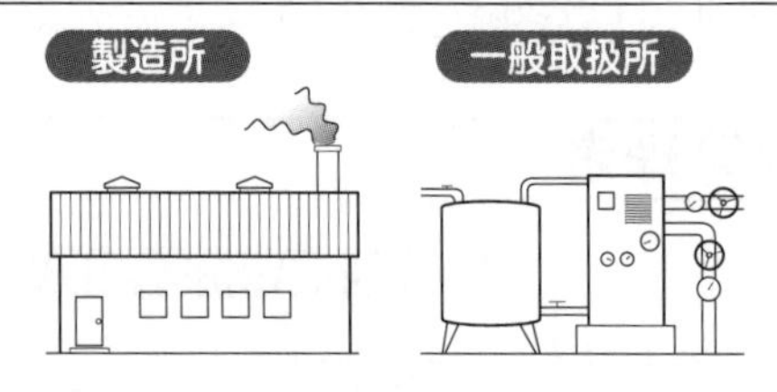

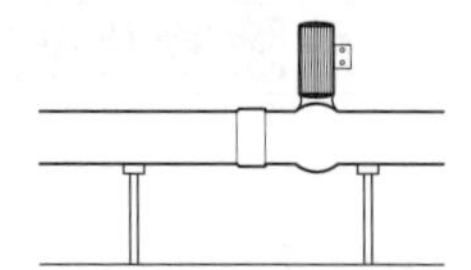

指定数量の倍数が100以上

指定数量に関係なく、
すべてにおいて定める

※鉱山保安法（鉱山労働者に対する危害の防止と鉱害を防止することなどを目的とした法律）などの適用を受ける製造所、一般取扱所又は移送取扱所は除く。

①危険物施設保安員になるための**資格は、規定されていない。**
したがって、**危険物取扱者以外の者及び実務経験のない者**を定めることができる。

②危険物施設保安員を定めたとき、または解任したときの届け出は、規定されていない。したがって、**届け出の必要はない。**

危険物施設保安員

構造・設備に係る保安のための業務を行わせる

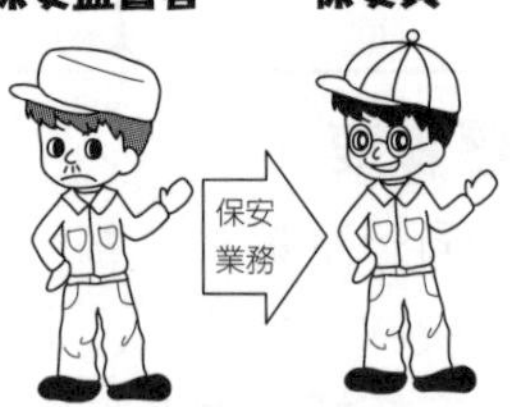

届け出は必要ない！

3 危険物施設保安員の業務

①製造所等の構造及び設備を技術上の基準に適合するように維持するため、**定期**及び臨時の**点検**を行う。

②定期及び臨時の**点検**を実施したときは、点検を行った場所の状況及び保安のために行った措置を**記録し、保存する。**

③製造所等の構造及び設備に異常を発見した場合は、危険物保安監督者その他**関係のある者に連絡**するとともに、状況を判断して適当な措置を講ずる。

④**火災が発生**したとき、または火災発生の危険性が著しいときは、危険物保安監督者と協力して、**応急の措置**を講ずる。

⑤製造所等の計測装置、制御装置、**安全装置等の機能**が適正に**保持**されるように、これを保安管理する。

⑥その他、製造所等の**構造・設備の保安**に関し、必要な業務を行う。

保安員の業務

①**点検**の実施
②点検の**記録・保存**
③異常時の**連絡**
④火災時の**応急措置**
⑤**装置**の管理
⑥その他の保安業務

LET'S TRY! こう出る！実践問題

問題3　法令上、危険物施設保安員、危険物保安監督者及び危険物保安統括管理者の選任について、次のうち誤っているものはどれか。

1．危険物施設保安員は、危険物取扱者でなくてもよい。
2．危険物保安監督者は、甲種危険物取扱者又は乙種危険物取扱者でなければならない。
3．危険物保安統括管理者は、危険物取扱者でなくてもよい。
4．危険物保安監督者は、製造所等において6か月以上の危険物取扱いの実務経験が必要である。
5．危険物施設保安員は、製造所等において6か月以上の危険物取扱いの実務経験が必要である。

Ⅰ．4－4．予防規程

1 予防規程とは

①法令で定める**製造所等の所有者等**は、当該製造所等の火災を防止するため、**予防規程を定めなければならない。**

②予防規程は、製造所等のそれぞれの実情に沿った**火災予防のための自主保安に関する規程**である。

③製造所等の所有者等及びその従業員は、この予防規程を守らなければならない。

2 認可と変更命令

①製造所等の**所有者等**は、予防規程を定めたときは**市町村長等の認可**を受けなければならない。これを変更するときも、同様とする。

②予防規程を定めなければならない製造所等において、市町村長等の認可を受けずに危険物を貯蔵し、または取扱った場合は、6ヶ月以下の懲役または50万円以下の罰金に処する。

③**市町村長等**は、火災の予防のため必要があるときは、予防規程の**変更を命ずる**ことができる。

認可と変更命令

・予防規程を定めたときは**市町村長の認可を受ける**
・火災予防のため**変更命令を受ける**ことがある

3 対象となる危険物施設

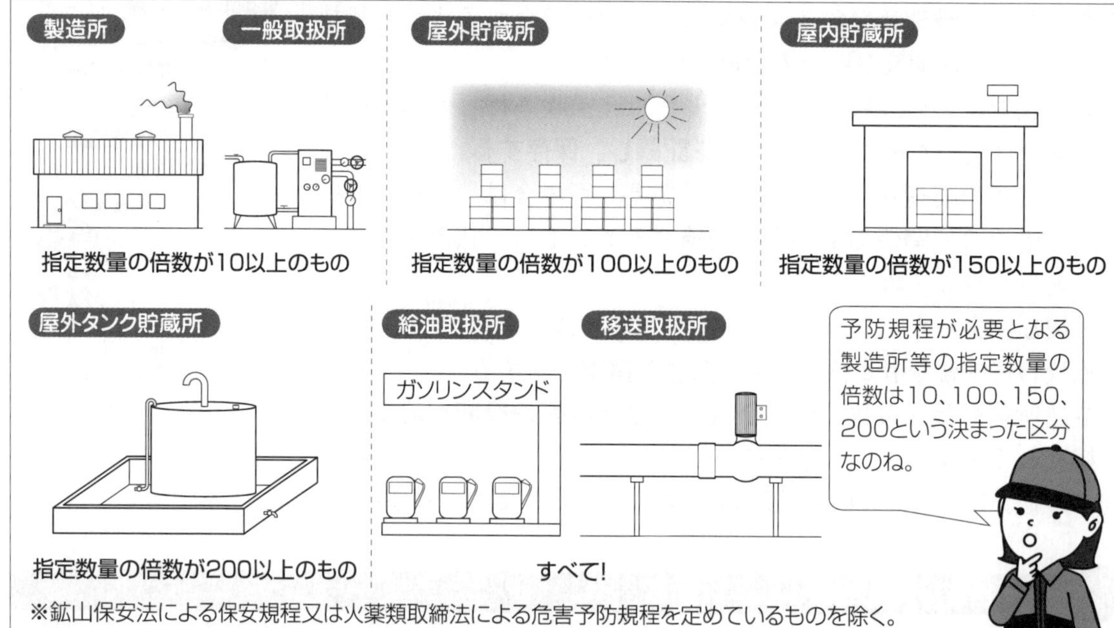

※鉱山保安法による保安規程又は火薬類取締法による危害予防規程を定めているものを除く。

LET'S TRY! こう出る！実践問題

問題4　法令上、製造所等において定めなければならない予防規程について、次のうち誤っているものはどれか。

1. 予防規程を定める場合及び変更する場合は、市町村長等の認可を受けなければならない。
2. 予防規程は、当該製造所等の危険物保安監督者が作成し、認可を受けなければならない。
3. 予防規程に関して、火災予防のため必要があるときは、市町村長等から変更を命ぜられることがある。
4. 予防規程には、地震発生時における施設又は設備に対する点検、応急措置等に関することを定めなければならない。
5. 予防規程には、災害その他の非常の場合に取るべき措置に関することを定めなければならない。

Ⅰ．４－５．予防規程に定めるべき事項

1 予防規程の内容（※抜粋）

■危険物の保安に関する業務を**管理する者の職務及び組織**に関すること。
■**危険物保安監督者**が、旅行、疾病その他の事故によって**その職務**を行うことができない場合に**その職務を代行する者**に関すること。
■危険物の保安に係る作業に従事する者に対する**保安教育**に関すること。
■危険物の保安のための巡視、**点検及び検査**に関すること。
■危険物施設の**運転または操作**に関すること。
■危険物の**取扱い作業の基準**に関すること。
■**補修等の方法**に関すること。
■災害その他の**非常の場合に取るべき措置**に関すること。
■**地震発生時**における施設及び設備に対する**点検、応急措置等**に関すること。
■製造所等の**位置、構造及び設備**を明示した書類及び図面の整備に関すること。
■顧客に自ら給油等をさせる給油取扱所（**セルフスタンド**）にあっては、**顧客に対する監視**その他保安のための措置に関すること。

LET'S TRY! こう出る！実践問題

問題5　法令上、営業用給油取扱所の予防規程のうち、顧客に自ら給油等をさせる給油取扱所のみが定めなければならない事項は、次のうちどれか。

1. 顧客の車両に対する点検、検査に関すること。
2. 危険物の保安のための巡視、点検に関すること。
3. 顧客に自ら使用させる洗車機の安全確保に関すること。
4. 危険物保安監督者の職務代行に関すること。
5. 顧客に対する監視その他保安のための措置に関すること。

Ⅰ．4－6．危険物施設の維持・管理

1 所有者等の義務

①すべての製造所等の所有者等は、製造所等の**位置、構造及び設備が技術上の基準に適合**するように**維持**しなければならない。

②**市町村長等**は、製造所等の位置、構造及び設備が技術上の基準に適合していないと認めるときは、その所有者等に対し、技術上の基準に適合するように、これらを**修理し**、**改造し**、または**移転**すべきことを**命ずる**ことができる。

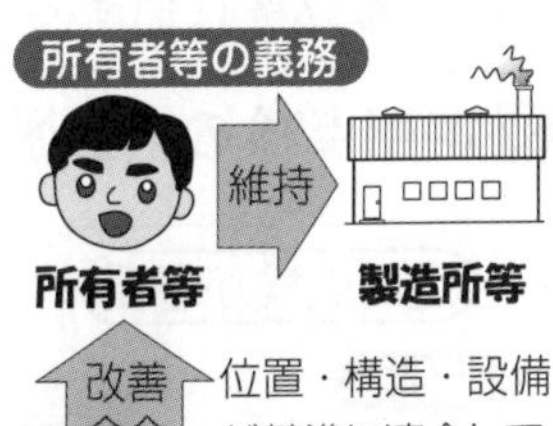

LET'S TRY! こう出る！実践問題

問題6　法令上、製造所等の区分及び貯蔵し、又は取り扱う危険物の品名、数量に関係なく、すべての製造所等の所有者等に共通して義務づけられているものは、次のうちどれか。

1. 製造所等に危険物保安監督者を定めなければならない。
2. 製造所等に自衛消防組織を置かなければならない。
3. 製造所等の位置、構造及び設備を技術上の基準に適合するよう維持しなければならない。
4. 製造所等の火災を予防するため、予防規程を定めなければならない。
5. 製造所等に危険物施設保安員を定めなければならない。

Ⅰ．4－7．製造所等の定期点検

1 定期点検とは

①法令で定める製造所等の所有者等は、これらの製造所等について定期に点検し、その点検記録を作成し、これを保存しなくてはならない。

②定期点検は、製造所等の位置、構造及び設備が**技術上の基準に適合**しているかどうかについて行う。

2 点検の実施者

①定期点検は、原則として**危険物取扱者（甲種・乙種・丙種）、または危険物施設保安員**が行わなければならない。ただし、危険物取扱者の**立会いを受けた場合**は、危険物取扱者以外の者でも点検を行うことができる。

※「**定期点検**の立会い」と「**危険物の取扱作業**の立会い」を混同しないこと！**取扱作業に立会い**できるのは**甲種・乙種**。

②地下貯蔵タンク・移動貯蔵タンク等の**漏れの点検**は、点検の方法に関し知識及び技能を有する者に限る。また、**固定式の泡消火設備に関する点検**は、泡の発泡機構、泡消火剤の性状及び性能の確認等に関する知識及び技能を有する者に限る。

点検の実施者

立会いを受ければ取扱者以外の者が点検を行える!

3 定期点検の対象施設

定期点検が**必要**

※指定数量の倍数が30以下、かつ、引火点40℃以上の第4類危険物のみを容器に詰め替える施設を除く。

製造所

一般取扱所※

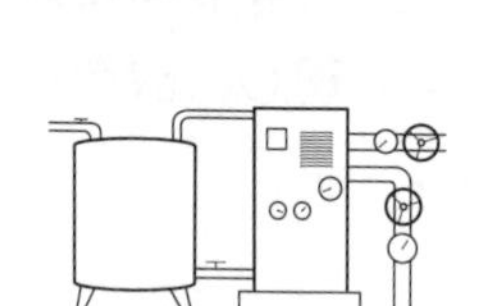

指定数量の倍数が10以上のもの、もしくは地下タンクを有するもの

屋外貯蔵所

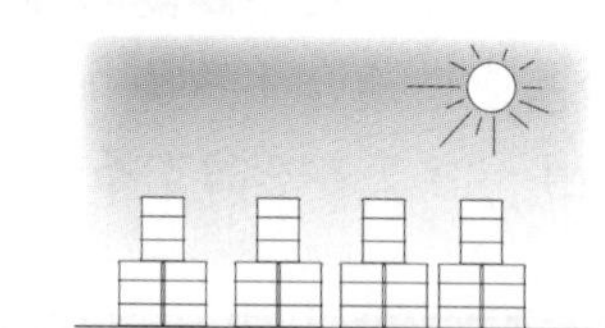

指定数量の倍数が100以上のもの

屋内貯蔵所

指定数量の倍数が150以上のもの

屋外タンク貯蔵所

指定数量の倍数が200以上のもの

給油取扱所

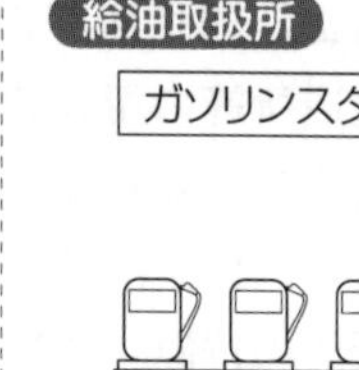

地下タンクを有するもの

移送取扱所

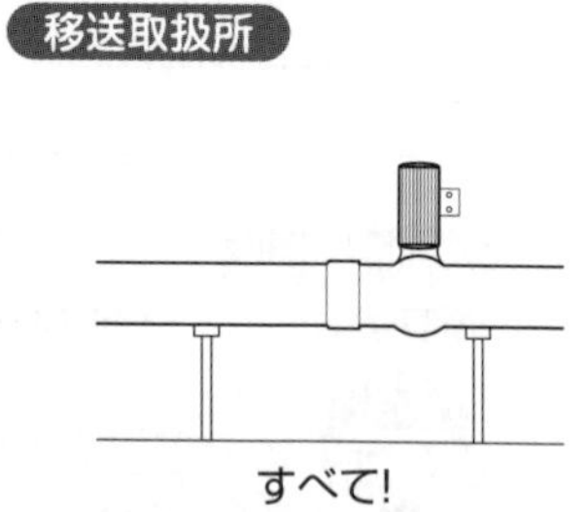

すべて!

地下タンク貯蔵所

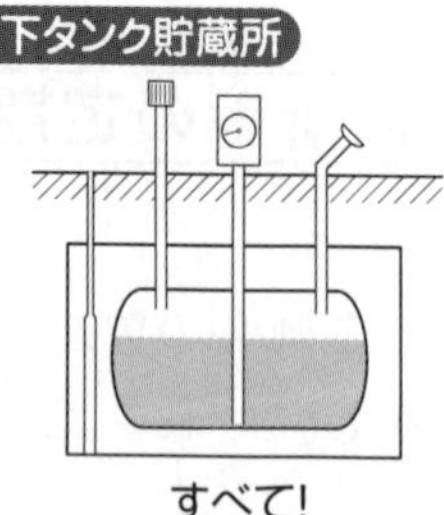

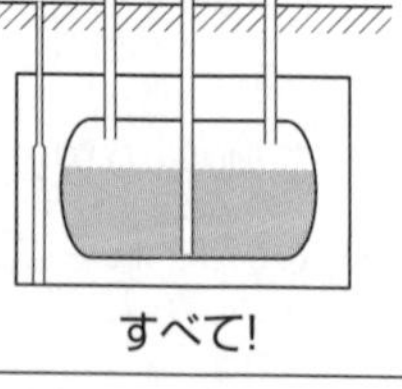

すべて!

移動タンク貯蔵所

すべて!

定期点検が**不要**

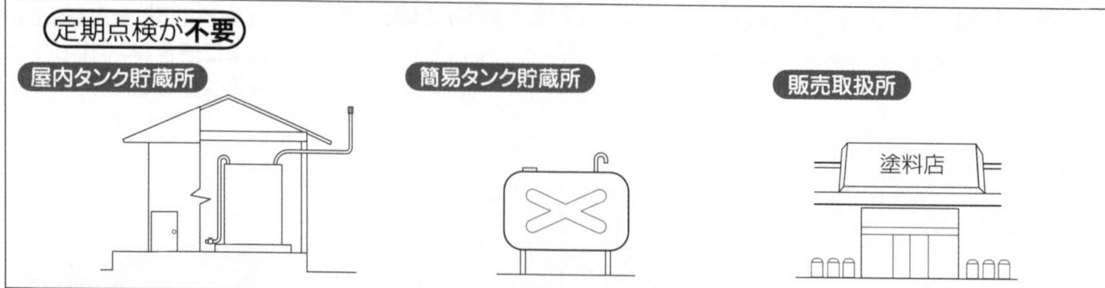

4 定期点検の時期と記録の保存

①定期点検は、原則として**1年に1回以上**行わなければならない。

②定期点検のうち、**タンクの漏れの有無を確認する点検**については、次のとおり点検の期間が別に定められている。

地下貯蔵タンク

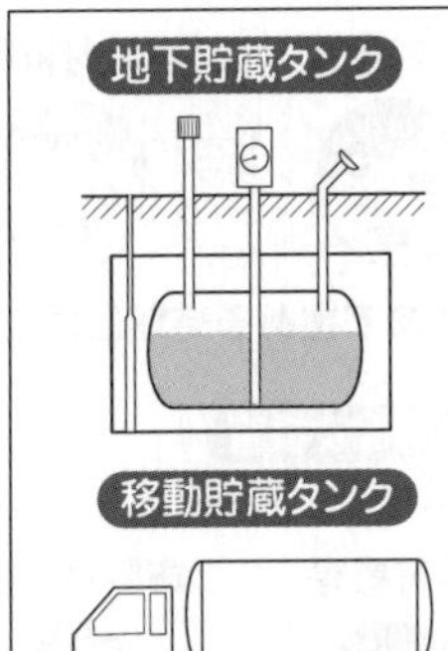

設置の完成検査済証の交付を受けた日または前回の漏れの点検を行った日から、**1年を超えない日まで**の期間内に**1回以上**

移動貯蔵タンク

設置の完成検査済証の交付を受けた日または前回の漏れの点検を行った日から、**5年を経過する日の属する月の末日まで**の期間内に**1回以上**

③定期点検の記録は、**3年間保存**しなければならない。ただし、移動貯蔵タンクの漏れの点検の記録は10年間、屋外貯蔵タンクの内部点検の記録は26年間（または30年間）保存すること。

④定期点検の記録は、市町村長等や消防機関へ**届け出る義務はない**が、資料の提出を求められることがある。

5 点検記録の記載事項

①点検記録には、次に掲げる事項を記載しなければならない。

- ⅰ．点検をした製造所等の名称
- ⅱ．点検の方法及び結果
- ⅲ．点検年月日
- ⅳ．点検を行った危険物取扱者もしくは危険物施設保安員、または点検に立会った危険物取扱者の氏名

地下貯蔵タンク等の点検

地下貯蔵タンクの漏れ

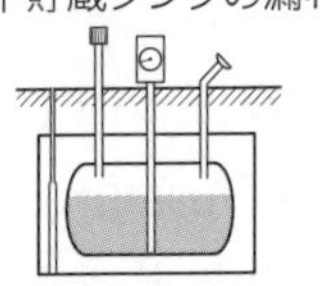

移動貯蔵タンクの漏れ

固定式泡消火設備の点検

定期点検の記録

3年間保存

移動貯蔵タンクの漏れの点検は**10年間**

屋外貯蔵タンクの内部点検は**26年間**

LET'S TRY! こう出る！実践問題

問題7　法令上、製造所等の定期点検に関する記述について、次のうち誤っているものはどれか。

1. 移動タンク貯蔵所は、すべて定期点検を実施しなければならない。
2. 屋外タンク貯蔵所は、すべて定期点検を実施しなければならない。
3. 地下タンクを有する給油取扱所は、定期点検を実施しなければならない。
4. 地下貯蔵タンク・二重殻タンクの強化プラスチック製の外殻・地下埋設配管・移動貯蔵タンクの漏れの有無を確認する点検は、点検の方法に関する知識及び技能を有する者が実施しなければならない。
5. 移動貯蔵タンクの漏れの点検の点検記録の保存年限は、10年間である。

I．4-8．保安検査

1 保安検査の対象

①政令で定める**屋外タンク貯蔵所または移送取扱所**の所有者、管理者または占有者は、政令で定める**時期ごと**に、当該屋外タンク貯蔵所または移送取扱所に係る構造及び設備に関する事項で政令で定めるものが技術上の基準に従って維持されているかどうかについて、**市町村長等が行う**保安に関する検査を受けなければならない（**定期保安検査**）。

②政令で定める**屋外タンク貯蔵所**の所有者、管理者または占有者は、当該屋外タンク貯蔵所について、**不等沈下**その他の政令で定める事由が生じた場合には、当該屋外タンク貯蔵所に係る構造及び設備に関する事項で政令で定めるものが技術上の基準に従って維持されているかどうかについて、**市町村長等が行う**保安に関する検査を受けなければならない（**臨時保安検査**）。

定期保安検査
- 屋外タンク貯蔵所
- 移送取扱所

所有者等　市町村長等

政令で定める時期ごとに

臨時保安検査
- 屋外タンク貯蔵所

所有者等

不等沈下その他の政令で定める事由が生じた場合

2 保安検査の概要

①保安検査の対象、検査時期及び検査事項は次のとおりとする。

〔保安検査の概要〕

項目	定期保安検査		臨時保安検査
	屋外タンク貯蔵所	移送取扱所	屋外タンク貯蔵所
保安検査の対象	**特定屋外タンク貯蔵所** （容量10,000kℓ以上のもの）	配管の延長が15km超のもの等	**特定屋外タンク貯蔵所** （容量1,000kℓ以上のもの）
検査時期/事由	原則として８年に１回	原則として１年に１回	不等沈下の数値がタンクの直径の1%以上となった場合
検査事項	液体危険物タンクの底部の**板の厚さ**及び液体危険タンクの**溶接部**	移送取扱所の構造及び設備	液体危険物タンクの底部の**板の厚さ**及び液体危険物タンクの**溶接部**

LET'S TRY! **こう出る！実践問題**

問題8　法令上、保安に関する検査について、次のうち誤っているものはどれか。

1．一定の時期ごとに行われる検査（定期保安検査）と一定の事由が生じた場合に行われる検査（臨時保安検査）がある。
2．検査の時期は、一定の期間が定められているが、屋外タンク貯蔵所のうち、総務省令で定める保安のための措置を講じているものは、当該措置に応じた期間に延長できる。
3．製造所等の所有者、管理者または占有者が自ら行う検査である。
4．検査項目には、液体危険物タンクの底部の板の厚さ、溶接部に関する事項がある。
5．検査対象は、特定屋外タンク貯蔵所及び特定の移送取扱所である。

5 製造所等における位置の基準

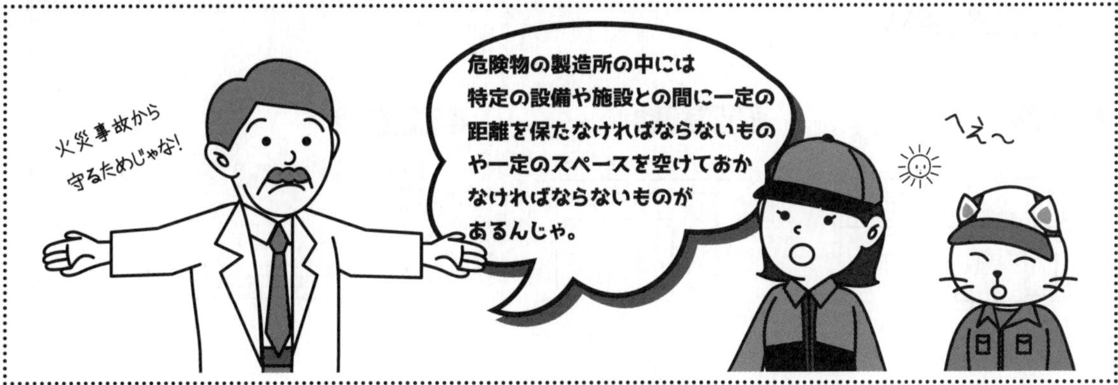

I. 5-1. 保安距離

1 建築物等からの保安距離

①製造所等は、次に掲げる建築物等から製造所等の外壁またはこれに相当する工作物の外側までの間に、それぞれについて定める距離（**保安距離**）を保つこと。保安距離は、製造所等に火災や爆発等の災害が発生したとき、周囲の建築物等に影響を及ぼさないようにするとともに、延焼防止、避難等のために確保する距離である。

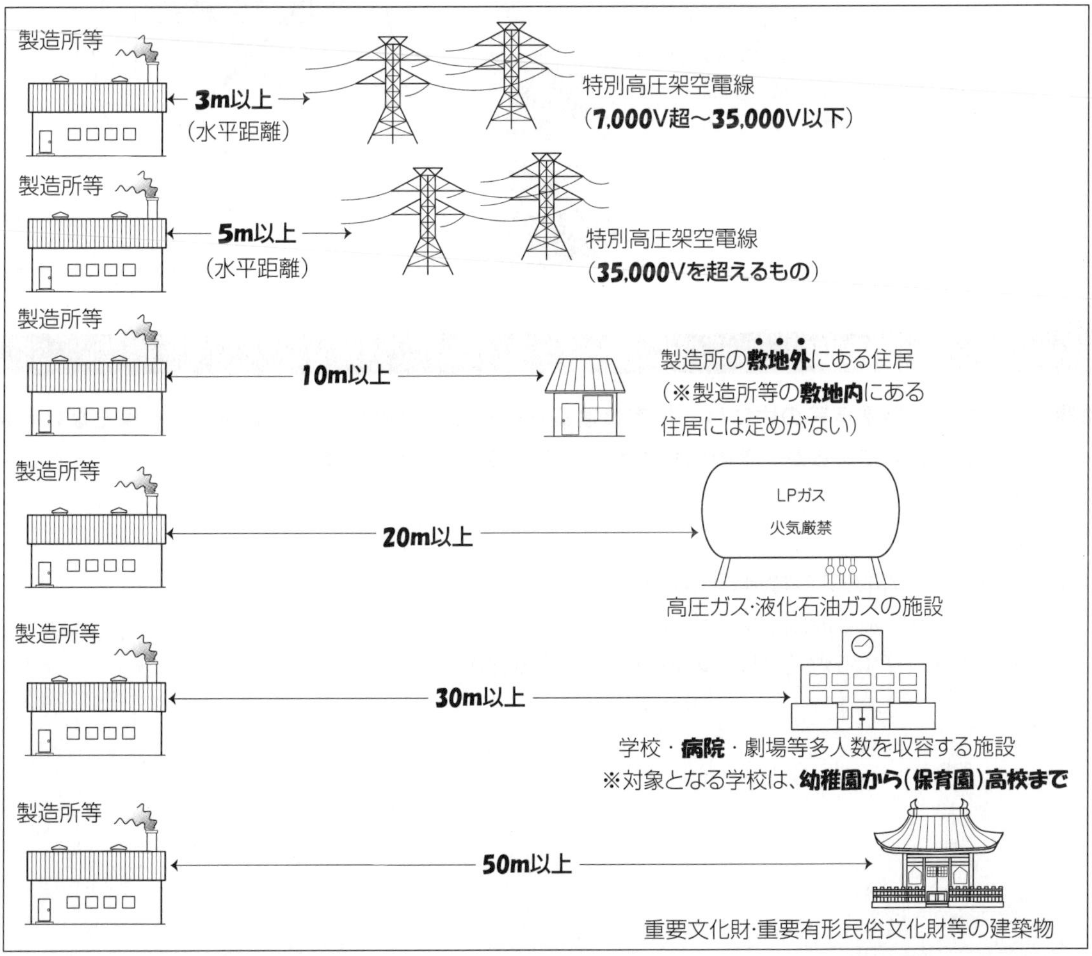

製造所等 ← **3m以上** →（水平距離） 特別高圧架空電線（**7,000**V超〜**35,000**V以下）

製造所等 ← **5m以上** →（水平距離） 特別高圧架空電線（**35,000**Vを超えるもの）

製造所等 ← **10m以上** → 製造所の**敷地外**にある住居（※製造所等の**敷地内**にある住居には定めがない）

製造所等 ← **20m以上** → 高圧ガス･液化石油ガスの施設（LPガス 火気厳禁）

製造所等 ← **30m以上** → 学校・**病院**・劇場等多人数を収容する施設
※対象となる学校は、**幼稚園から（保育園）高校まで**

製造所等 ← **50m以上** → 重要文化財･重要有形民俗文化財等の建築物

2 保安距離が必要な製造所等

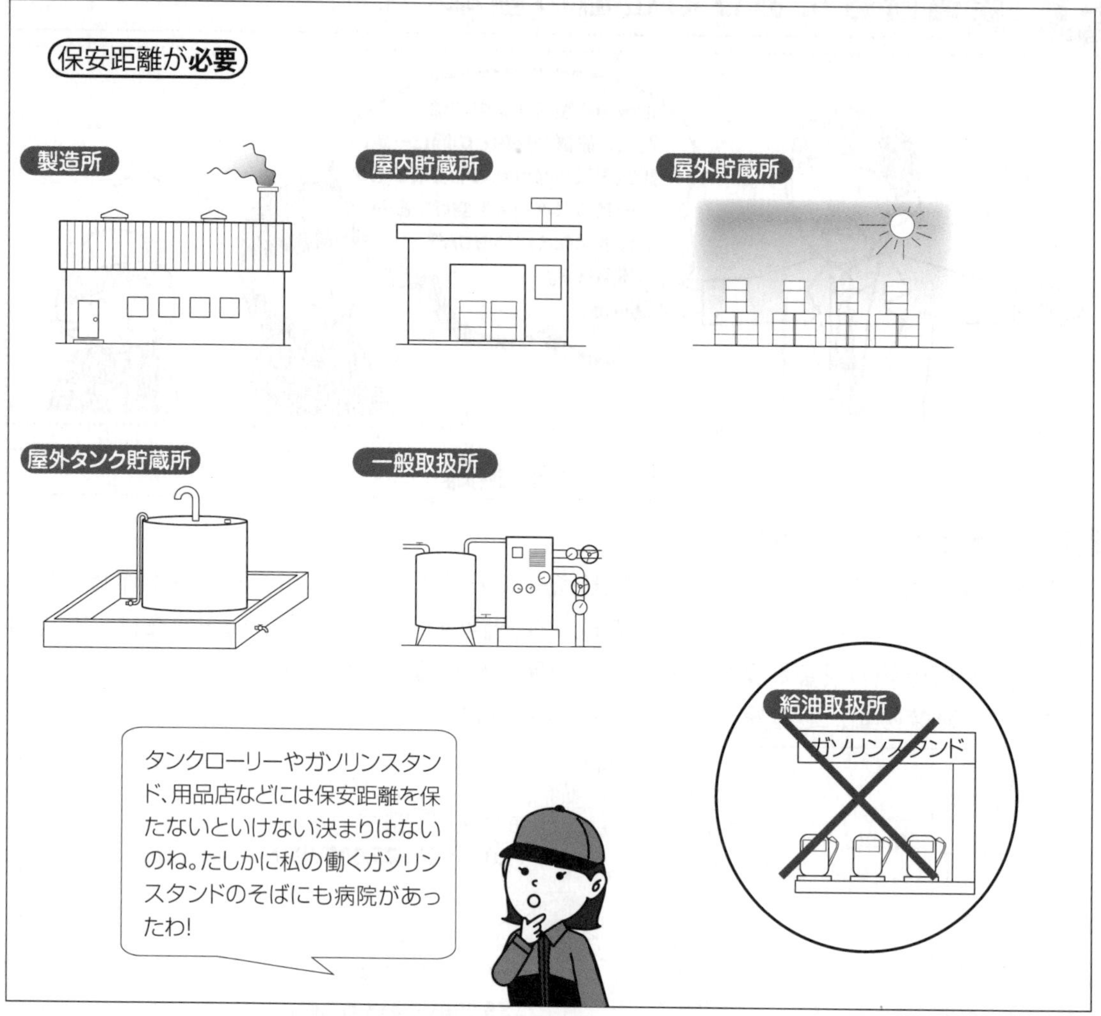

LET'S TRY! こう出る！実践問題

問題 1　法令上、製造所等の中には、特定の建築物等から一定の距離（保安距離）を保たなければならないものがあるが、その建築物等として次のうち正しいものはどれか。

1．大学、短期大学
2．病院
3．使用電圧が 7,000V の特別高圧埋設電線
4．重要文化財である絵画を保管する倉庫
5．製造所等の存する敷地と同一の敷地内に存する住居

Ⅰ．5-2．保有空地

1 保有空地の幅

①危険物を取扱う製造所等の周囲には、次に掲げる区分に応じ、それぞれに定める幅の空地（**保有空地**）を保有すること。保有空地は、消防活動及び延焼防止のため、製造所等の周囲に保有する空地である。

※ただし、規則で定めるところにより、防火上有効な隔壁を設けたときは、この限りでない。

②保有空地には、**物品等を置いてはならない。**

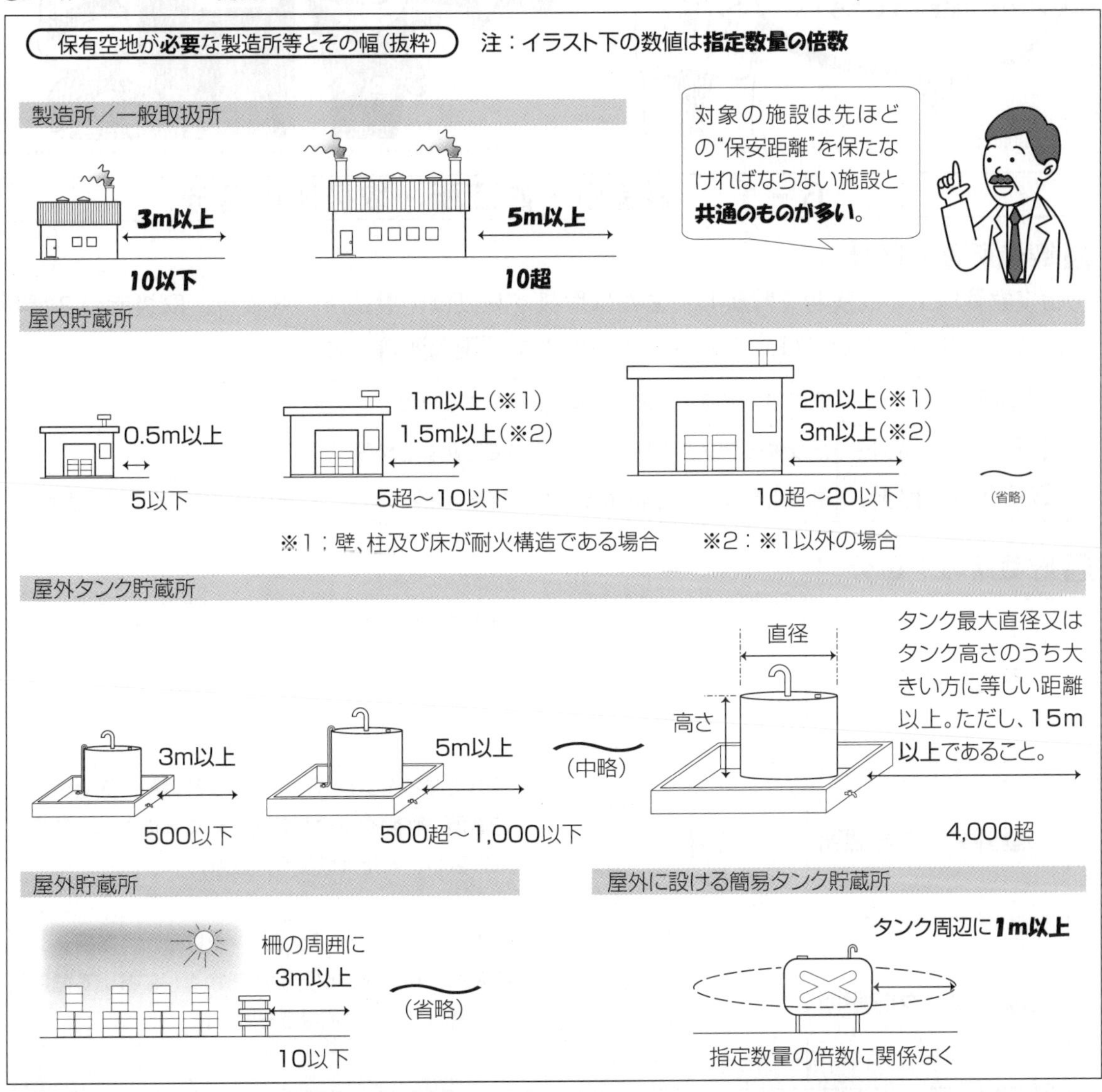

LET'S TRY! こう出る！実践問題

問題2　法令上、特定の建築物等から一定の距離（保安距離）を保たなければならない製造所等、または、周囲に一定の空地（保有空地）を保有しなければならない旨の規定が設けられている製造所等のどちらにも当てはまらないものは、次のうちどれか。

1．一般取扱所　　2．給油取扱所　　3．屋内貯蔵所

4．屋外タンク貯蔵所　　5．屋外貯蔵所

6 製造所等における設備・構造等の基準 ❶

Ⅰ．6－1．製造所・貯蔵所・取扱所の区分

1 製造所等の区分

①指定数量以上の危険物を貯蔵し、または取扱う施設は、製造所、貯蔵所、取扱所の３種類に区分される。法令では、これら３つの施設を「**製造所等**」という。

製造所	危険物を製造（合成・分解・貯蔵）する施設
貯蔵所（７区分）	危険物をタンクやドラム缶に入れて貯蔵する施設
取扱所（４区分）	製造目的以外で、危険物を取扱う施設（給油、販売、移送など他の容器に移し替える）

2 貯蔵所の７区分

①屋内貯蔵所	屋内の場所において危険物をドラム缶等に貯蔵し、または取扱う貯蔵所。
②屋外タンク貯蔵所	屋外にあるタンク（地下タンク貯蔵所、簡易タンク貯蔵所、移動タンク貯蔵所を除く）において危険物を貯蔵し、または取扱う貯蔵所。
③屋内タンク貯蔵所	屋内にあるタンク（地下タンク貯蔵所、簡易タンク貯蔵所、移動タンク貯蔵所を除く）において危険物を貯蔵し、または取扱う貯蔵所。
④地下タンク貯蔵所	地盤面下に埋没されているタンク（簡易タンク貯蔵所を除く）において危険物を貯蔵し、または取扱う貯蔵所。**ガソリンスタンドのタンク**などが該当。

⑤簡易タンク貯蔵所	600ℓ以下	簡易タンク（600ℓ以下）において危険物を貯蔵し、または取扱う施設。
⑥移動タンク貯蔵所		**車両に固定されたタンク**において危険物を貯蔵し、または取扱う施設。**タンクローリー**が該当する。（**鉄道車両や船舶は対象外**）
⑦屋外貯蔵所		屋外の場所において（タンクを除く）**第2類もしくは第4類**の危険物のうち、**比較的危険性の低い物品**を貯蔵しまたは取扱う貯蔵所

3 取扱所の４区分

①給油取扱所	ガソリンスタンド	固定した給油設備によって自動車等の燃料タンクに直接給油するための、危険物を取扱う取扱所。**ガソリンスタンド**が該当。
②販売取扱所	塗料店	《第１種》 店舗において容器入りのままで販売するため危険物を取扱う取扱所で、指定数量の倍数が **15以下**のもの。塗料やシンナーを取扱う**塗料店等**が該当。 《第２種》 店舗において容器入りのままで販売するため危険物を取扱う取扱所で、指定数量の倍数が **15を超え40以下**のもの。
③移送取扱所		配管、及びパイプ並びにこれらに付属する設備によって危険物の移送の取扱いを行う取扱所。地下に埋め込んであるパイプ、地上に配置してあるパイプ及びそのポンプなどが該当。（※**移送**…他の場所へ移し送ること。）
④一般取扱所	ボイラー施設など	給油取扱所、販売取扱所、移送取扱所以外で危険物の取扱いをする取扱所。燃料に大量の重油等を使用する**ボイラー施設**などが該当。

Ⅰ．６－２．製造所の基準

1 製造所の構造・設備

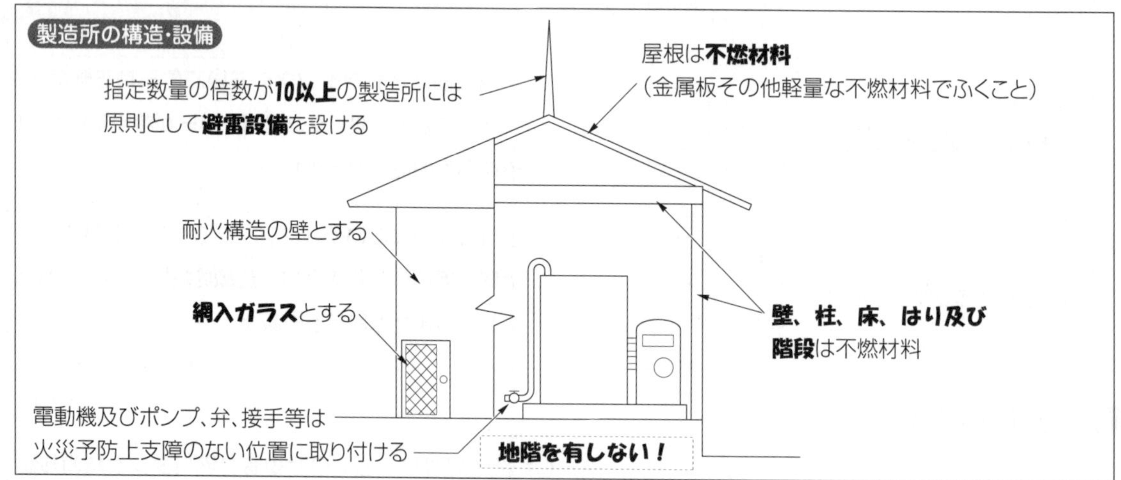

①**地階を有しない**ものであること。

②壁、柱、床、**はり及び階段を不燃材料**で造るとともに、延焼のおそれのある外壁を、出入口以外の開口部を有しない耐火構造の壁とする。

③**屋根を不燃材料**で造り、**金属板**その他の軽量な不燃材料で**ふく**。

④危険物を取扱う建築物の窓及び出入口には、防火設備を設けるとともに、延焼のおそれのある外壁に設ける出入口には、随時開けることができる自動閉鎖の特定防火設備（高い防火性能を備えた戸〈防火戸〉）を設ける。

⑤窓または出入口にガラスを用いる場合は、**網入りガラス**とする。

⑥液状の危険物を取扱う建築物の床は、危険物が浸透しない構造とするとともに、適当な傾斜を付け、かつ、**漏れた危険物を一時的に貯留する設備（貯留設備）**を設ける。

⑦危険物を取扱うため必要な**採光、照明及び換気の設備**を設ける。

⑧可燃性蒸気等が滞留するおそれのある建築物には、その**可燃性蒸気を屋外の高所に排出する設備**を設けなければならない。

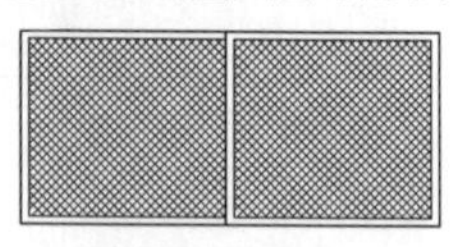

⑨危険物を加熱、または冷却する等の温度変化が起こる設備には、**温度測定装置**を設けるとともに、加熱あるいは乾燥する設備は原則として直火を用いない構造とする。

⑩危険物を加圧する設備またはその取扱う危険物の圧力が上昇するおそれのある設備には、**圧力計及び安全装置**を設ける。

⑪危険物を取扱うにあたって静電気が発生するおそれのある設備には、当該設備に蓄積される**静電気を有効に除去する装置**を設ける。

⑫指定数量の倍数が**10以上**の製造所には、原則として**避雷設備**を設ける。

⑬**電動機**及び危険物を取扱う設備の**ポンプ、弁、接手等**は、火災の予防上支障のない位置に取り付ける。

〔配管の基準〕

配管の設置場所	設置基準
地上に設置する場合	▪地盤面に接しないようにするとともに、**外面の腐食防止のための塗装**を行う。
地下に設置する場合	▪配管の**接合部分から**の危険物の漏えいを点検することができる措置を講じる（接合部を溶接されている場合を除く）。 ▪**塗覆装またはコーティング**を行う。電気的腐食のおそれがある場合は**電気防食**を行う。 ▪配管上部の地盤面にかかる**重量が当該配管にかからないよう**に**保護**する。
地上・地下 共通	▪配管は、火災等による熱によって**容易に変形するおそれのないもの**であること。ただし、当該配管が地下その他の火災等による熱により悪影響を受けるおそれのない場所に設置される場合にあっては、この限りでない。 ▪配管は、その設置される条件及び使用される状況に照らして**十分な強度を有する**ものであること。 ▪配管には、**外面の腐食を防止**するための措置を講ずること。ただし、当該配管が設置される条件の下で腐食するおそれのないものである場合にあっては、この限りでない。 ▪配管は、取り扱う危険物により**容易に劣化するおそれのないもの**であること。 ▪危険物を取扱う配管は、当該配管に係る最大常用圧力の**1.5倍以上の圧力**で水圧試験を行ったとき、漏えいその他の異常がないものであること。

LET'S TRY! こう出る！実践問題

問題1　法令上、製造所の位置、構造及び設備の技術上の基準について、次のうち正しいものはどれか。ただし、特例基準が適用されるものを除く。

1．危険物を取り扱う建築物は、地階を有することができる。

2．危険物を取り扱う建築物の延焼のおそれのある部分以外の窓にガラスを用いる場合は、網入りガラスにしないことができる。

3．指定数量の倍数が５以上の製造所には、周囲の状況によって安全上支障がない場合を除き、規則で定める避雷設備を設けなければならない。

4．危険物を取り扱う建築物の壁及び屋根は、耐火構造とするとともに、天井を設けなければならない。

5．電動機及び危険物を取り扱う設備のポンプ、弁、接手等は、火災の予防上支障のない位置に取り付けなければならない。

問題2　法令上、製造所において危険物を取り扱う配管の位置、構造及び設備の基準として、次のうち誤っているものはどれか。

1．配管を地下に設置する場合には、配管は接合部分のない構造とすること。

2．配管は、火災等による熱によって容易に変形するおそれのないものであること。ただし、当該配管が地下その他の火災等による熱により悪影響を受けるおそれのない場所に設置される場合にあっては、この限りでない。

3．配管は、その設置される条件及び使用される状況に照らして十分な強度を有するものであること。

4．配管には、外面の腐食を防止するための措置を講ずること。ただし、当該配管が設置される条件の下で腐食するおそれのないものである場合にあっては、この限りでない。

5．配管は、取り扱う危険物により容易に劣化するおそれのないものであること。

Ⅰ. 6-3. 屋内貯蔵所の基準

1 屋内貯蔵所の構造・設備

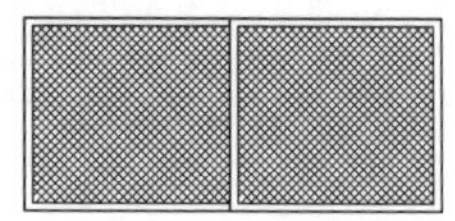

①独立した専用の建築物とし、地盤面から**軒までの高さ（軒高）が6m未満の**平家建とし、**その床を地盤面以上**に設ける。
※軒高とは、柱の上部と連結して屋根を支える部材（敷げた）の上までの高さをいう。

②床面積は、**1,000m² を超えない**こと。

③**壁、柱、及び床を耐火構造**とし、かつ、**はりを不燃材料**で造る。

④**屋根を不燃材料**で造るとともに、**金属板**その他の軽量な不燃材料でふき、かつ、**天井を設けない**こと。

⑤窓及び出入口には防火設備を設け、ガラスを用いる場合、**網入りガラス**とする。

⑥液状の危険物の貯蔵倉庫の床は、危険物が浸透しない構造とするとともに、**適当な傾斜**をつけ、**貯留設備を設ける。**

⑦**架台**（危険物の容器を収納するための台）を設ける場合には、**不燃材料**で造るとともに、堅固な**基礎に固定**する。

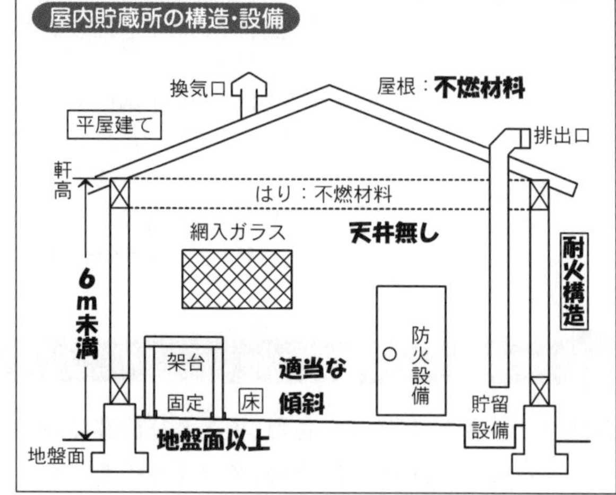

⑧貯蔵倉庫には、**採光、照明及び換気の設備**を設け、引火点 70℃未満の危険物の貯蔵倉庫にあっては、内部に滞留した可燃性の蒸気を屋根上に排出する設備を設ける。

⑨指定数量の倍数が 10 以上の屋内貯蔵所には、原則として避雷設備を設ける。

2 屋内貯蔵所の貯蔵の基準

①貯蔵する際、原則として高さ**3m を超えて容器を積み重ねない。**

②危険物は原則として**基準に適合する容器に収納して**貯蔵する。

③容器に収納して貯蔵する危険物の温度が **55℃を超えない**ように必要な措置を講ずる。

LET'S TRY! こう出る！実践問題

問題3　引火点が 70℃未満の第４類の危険物を貯蔵する、屋内貯蔵所（独立平家建）の基準として、次のうち誤っているものはどれか。

1.「屋内貯蔵所」と記載した標識と、「火気厳禁」と記載した注意事項の掲示板を、それぞれ見やすい箇所に掲げなければならない。
2. 壁、柱及び床を耐火構造とし、はりを不燃材料でつくること。
3. 窓、出入口にガラスを用いる場合は、網入りガラスとすること。
4. 貯蔵倉庫には、採光、照明及び換気の設備を設けるとともに、滞留した可燃性蒸気を床下に排出する装置を設けること。
5. 貯蔵倉庫の床は、危険物が浸透しない構造とするとともに、適当な傾斜をつけ、かつ、貯留設備を設けること。

Ⅰ．６－４．屋外タンク貯蔵所の基準

1 屋外タンク貯蔵所の構造・設備

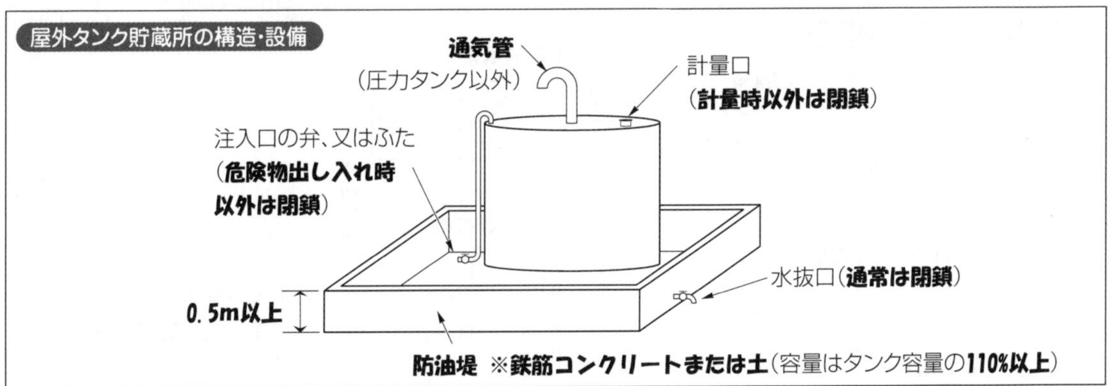

①屋外貯蔵タンク（圧力タンク以外）には、**通気管**を設ける。

②**計量口**や**元弁及び注入口の弁**または**ふた**は、計量するときや危険物を出し入れするとき以外は**閉鎖**しておく。

③指定数量の倍数が**10以上**の屋外タンク貯蔵所には、原則として**避雷設備**を設ける。

2 防油堤

①液体の危険物（二硫化炭素を除く）の屋外貯蔵タンクの周囲には、危険物が漏れた場合にその流出を防止するための**防油堤**を設ける。

②容量は、タンク容量の**110%以上**とし、２基以上のタンクがある場合は、最大であるタンクの容量の**110%以上**とする。

③高さは、0.5m以上であること。

④内部の滞水を外部に排水するための**水抜口**及びこれを開閉する弁等を設ける。

⑤屋外貯蔵タンクの周囲に防油堤がある場合は、その**水抜口を通常は閉鎖**しておくとともに、防油堤の内部に滞油し、または滞水した場合は、遅滞なくこれを排出する。

⑥**鉄筋コンクリートまたは土で造り**、かつ、その中に収納された危険物が防油堤の外に流出しない構造であること。

⑦高さが１ｍを超える防油堤等には、おおむね30ｍごとに堤内に出入りするための階段を設置または**土砂の盛り上げ**等を行う。

LET'S TRY! こう出る！実践問題

問題４　法令上、製造所等において次の４基の屋外タンクを屋外の防油堤に一箇所にまとめて貯蔵する場合、必要最小限の容量は次のうちどれか。

・１号タンク：重油………300kℓ
・２号タンク：軽油………500kℓ
・３号タンク：ガソリン…100kℓ
・４号タンク：灯油………200kℓ

1．100kℓ
2．500kℓ
3．550kℓ
4．800kℓ
5．1,100kℓ

Ⅰ．６-５．屋内タンク貯蔵所の基準

1 屋内タンク貯蔵所の構造・設備

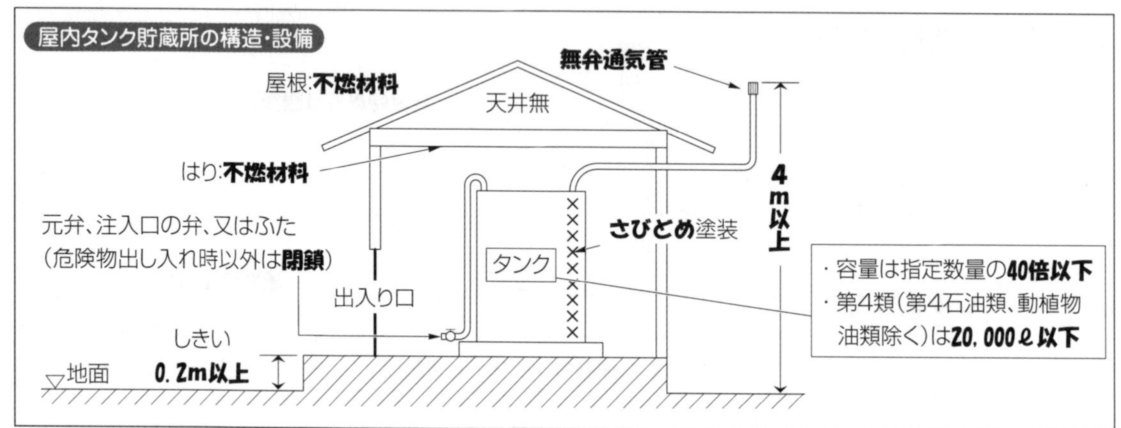

①平家建の建築物に設けられたタンク専用室に設置する。
②屋内貯蔵タンクの外面には、**さびどめ**のための**塗装**をすること。
③タンク容量は、指定数量の **40 倍以下**であること。ただし、第４類危険物（第４石油類及び動植物油類を除く）にあっては、**20,000ℓ以下**であること。
④屋内貯蔵タンクのうち、圧力タンク以外のタンクには**無弁通気管**を設ける。
⑤液体の危険物の屋内貯蔵タンクには、危険物の**量を自動的に表示する装置**を設ける。
⑥液体の危険物の屋内貯蔵タンクを設置するタンク専用室の床は、危険物が**浸透しない構造**で、**適当な傾斜**をつけ、**貯留設備**を設ける。
⑦**計量口**や**元弁及び注入口の弁**または**ふた**は、計量するときや危険物を出し入れするとき以外は**閉鎖**しておく。

〔タンク専用室〕

- 引火点 70℃以上の第４類の危険物のみを貯蔵する場合を除き、壁、柱及び床を耐火構造とし、かつ、はりを不燃材料で造る。
- 屋根を不燃材料で造り、かつ、**天井を設けない。**
- 窓、出入口にガラスを用いる場合は、**網入ガラス**とする。
- 出入口の**しきいの高さ**は、床面から **0.2m 以上**とする。

網入りガラス
窓ガラス、出入口のガラス

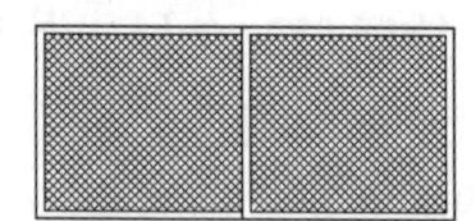

LET'S TRY! こう出る！実践問題

問題５　法令上、平家建としなければならない屋内タンク貯蔵所の位置、構造及び設備の技術上の基準について、次のうち正しいものはどれか。

1．タンク専用室の窓又は出入口にガラスを用いる場合は、網入りガラスにしなければならない。
2．屋内貯蔵タンクには、容量制限が定められていない。
3．屋内貯蔵タンクは建物内に設置されるため、タンクの外面にはさびどめのための塗装をしないことができる。
4．タンク専用室の出入口のしきいは、床面と段差が生じないように設けなければならない。
5．第２石油類の危険物を貯蔵するタンク専用室には、不燃材料で造った天井を設けることができる。

I．6－6．地下タンク貯蔵所の基準

1 地下タンク貯蔵所の構造・設備

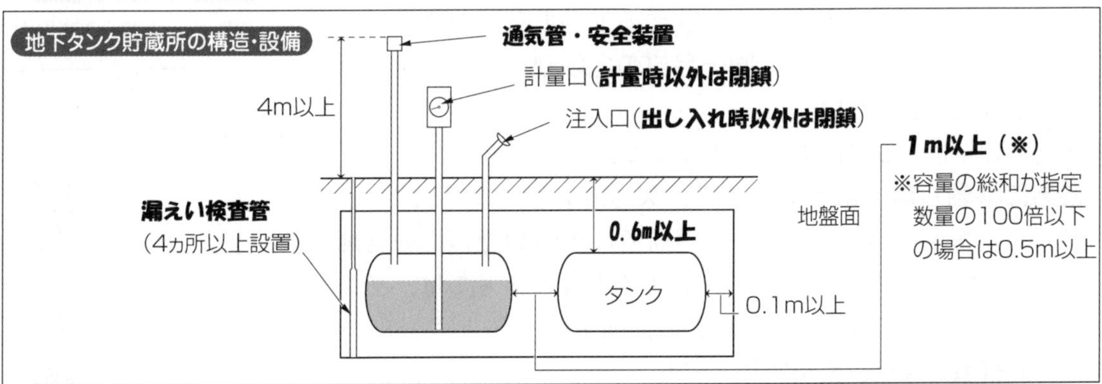

①地盤面下に設けられたタンク室に設置する。

②地下貯蔵タンクとタンク室の内側は、0.1m 以上の間隔を保つ。

③タンク頂部は、**0.6m 以上地盤面から下**にあること。

④地下貯蔵タンクを２基以上隣接して設置する場合は、その相互間に **1m**（容量の総和が指定数量の 100 倍以下であるときは 0.5m）**以上の間隔**を保つ。

⑤見やすい箇所に地下タンク貯蔵所である旨を表示した**標識**及び防火に関し**必要な事項**を掲示した**掲示板**を設ける。

⑥**通気管**または**安全装置**を設ける。

⑦液体の危険物の地下貯蔵タンクには、**危険物の量を自動的に表示する装置**（計量装置）を設ける。

⑧液体の危険物の地下貯蔵タンクの**注入口**は、**屋外**に設ける。

⑨**配管**は、**当該タンクの頂部**に取り付ける。

⑩タンクからの液体の危険物の**漏れを検知する設備**を設ける。

⑪**第５種消火設備を２個以上**設置する。

⑫**計量口**や**元弁及び注入口の弁**または**ふた**は、計量するときや危険物を出し入れするとき以外は**閉鎖**しておく。

掲示板を設置

消火設備

第５種消火設備を**２個以上**
設置する

LET'S TRY! こう出る！実践問題

問題6　法令上、地下タンク貯蔵所の位置、構造及び設備の技術上の基準について、次のうち正しいものはどれか。

1．地下貯蔵タンクは、容量を 30,000 ℓ 以下としなければならない。

2．地下貯蔵タンクには、規則で定めるところにより通気管又は安全装置を設けなければならない。

3．引火点が 100℃以上の第４類の危険物を貯蔵し、又は取り扱う地下貯蔵タンクには、危険物の量を自動的に表示する装置を設けないことができる。

4．引火点が 70℃以上の第４類の危険物を貯蔵し、又は取り扱う地下貯蔵タンクの注入口は、屋内に設けることができる。

5．地下貯蔵タンクの配管は、危険物の種類により当該タンクの頂部以外の部分に取り付けなければならない。

Ⅰ．6－7．簡易タンク貯蔵所の基準

1 簡易タンク貯蔵所の構造・設備

①ひとつの簡易タンク貯蔵所に設置する簡易貯蔵タンクは、その数を**3基まで**とし、かつ、**同一品質の危険物**の簡易貯蔵タンクは**2基以上設置しない。**

②タンク容量は、**600ℓ**以下であること。

③**容易に移動しないように**地盤面、架台等に固定するとともに、屋外に設置する場合は、タンクの周囲に**1m以上**の幅の空地を保有し、専用室内にタンクを設置する場合にあっては、タンクと専用室の壁との間に0.5m以上の間隔を保つ。

④**無弁通気管**を設け、**常時開放**しておく。

⑤**計量口**は、計量するとき以外は**閉鎖**しておく。

⑥簡易貯蔵タンクは、**厚さ3.2mm以上の鋼板**で気密に造り、**70kPaの圧力で10分間行う水圧試験**で、漏れや変形のないものであること。

⑦外面には**さびどめ**を塗布する。

LET'S TRY! こう出る！実践問題

問題7　法令上、簡易タンク貯蔵所の位置、構造及び設備の技術上の基準について、次のうち誤っているものはどれか。

1．簡易貯蔵タンクを屋外に設置する場合は、簡易貯蔵タンクの周囲に1m以上の空地を確保する必要がある。

2．一の簡易タンク貯蔵所には簡易貯蔵タンクを3基まで設置することができ、同一品質の危険物は2基以上設置できない。

3．簡易貯蔵タンクは、容易に移動しないように地盤面、架台等に固定する。

4．簡易貯蔵タンクは、厚さ3.2mm以上の鋼板で気密に造り、外面はさびどめの塗装をするとともに、70kPaの圧力で10分間行う水圧試験において、漏れ、又は変形しないものでなければならない。

5．簡易貯蔵タンクには通気管を設ける必要はない。

Ⅰ．6－8．移動タンク貯蔵所（タンクローリー）の基準

1 移動タンク貯蔵所の位置

①**屋外**の防火上安全な場所（壁、床、はり及び屋根が耐火構造）、または不燃材料で造った**建築物の1階に常置（駐車）する。**

2 移動タンク貯蔵所の構造・設備

①タンク容量は**30,000ℓ以下**とし、かつ、その内部に4,000ℓ以下ごとに完全な**間仕切**を設ける。また、容量が2,000ℓ以上のタンク室には**防波板**を設ける。

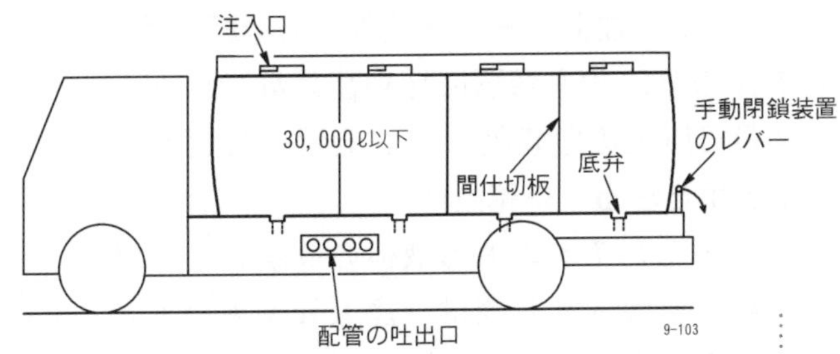

②圧力タンク以外のタンクにあっては70kPaの圧力で、圧力タンクにあっては最大常用圧力の1.5倍の圧力で、それぞれ10分間行う**水圧試験**において、**漏れや変形がない**ものであること。

③**安全装置**を設けるとともに保護するための**防護枠、側面枠**を設け、**外面にはさびどめのための塗装**をする。

④移動貯蔵タンクの下部に排出口を設ける場合は、**排出口に底弁**を設けるとともに、非常の場合に直ちに底弁を閉鎖することができる**手動閉鎖装置**及び自動閉鎖装置を設ける。

⑤**手動閉鎖装置**には、**レバーを設け**、かつ、その直近にその旨を表示すること。また、レバーは**手前に引き倒す**ことにより閉鎖装置を作動させるものであること。

⑥**配管**は、**先端部に弁等を設ける。**

⑦ガソリンやベンゼン等、静電気による災害が発生するおそれのある液体の危険物の移動貯蔵タンクには、**接地導線を設ける**（タンクと接地電極との間を緊結する）。

⑧タンクが貯蔵しまたは取扱う危険物の類、品名及び最大数量を表示する設備を見やすい箇所に設けるとともに、標識を掲げる。

⑨標識は、地が黒色の板に反射塗料等で**「危」**と表示し、車両の前後の見やすい箇所に掲げなければならない。

⑩**自動車用消火器を2個以上**設置する。

3 移動タンク貯蔵所の設備貯蔵の基準

①安全装置、配管は、さけめ、結合不良、極端な変形、注入ホースの切損等による漏れが起こらないようにするとともに、タンクの**底弁**は、使用時以外は**完全に閉鎖**しておく。

移動タンク貯蔵所には、次の書類を備え付ける。

A　完成検査済証

B　定期点検記録

C　譲渡・引渡の届出書

D　品名・数量または指定数量の倍数の変更の届出書

水圧試験

10分間行う**水圧試験**で
漏れや変形がないこと!

手動閉鎖装置の表示例

緊急レバー
手前に 引く

標識

地が黒色・反射塗料

消火器の設置

自動車用消火器を
2個以上設置

貯蔵の基準

タンクの**底弁**は使用時
以外は**完全に閉鎖**

4 移動タンク貯蔵所の取扱い基準

①タンクに危険物を注入する際は**注入ホースを注入口に緊結する。**

②移動貯蔵タンクから液体の危険物を**容器に詰め替えない。**ただし、**第4類で引火点40℃以上の危険物（灯油や軽油など）**であれば、**詰め替えることができる**（※諸条件あり）。

③静電気による災害が発生するおそれのある液体の危険物を移動貯蔵タンクに、その上部から注入する際は、注入管を用いるとともに**注入管の先端を底部に着け**、移動貯蔵タンクは**接地**する。

④移動貯蔵タンクから**引火点40℃未満**の危険物を他のタンクに注入する際は、移動タンク貯蔵所の**エンジンを停止**させる。

⑤ガソリンを貯蔵していた移動貯蔵タンクに灯油または軽油を注入するとき、灯油または軽油を貯蔵していた移動貯蔵タンクにガソリンを注入するときは、静電気等による災害を防止するための措置を講ずる。

引火点40℃未満の危険物を他のタンクに注入するときは、移動タンク貯蔵所の**エンジンを停止**する!

静電気等の災害を防止する措置をとる

5 移送の基準

①**移送**とは、移動タンク貯蔵所により危険物を運ぶ行為をいう。移送に対し、ドラム缶等の容器に入れて危険物を自動車で運ぶ行為を**運搬**という（後述の「Ⅰ.7-4. 運搬の基準」参照）。

②危険物を移送する移動タンク貯蔵所には、移送する危険物を取扱うことができる**危険物取扱者を乗車**させなくてはならない。その際、危険物取扱者は**免状を携帯**していなければならない。

※指定数量未満の危険物を移送する場合でも、危険物取扱者の乗車義務がある。ただし、空の移動タンク貯蔵所を運行する場合、危険物取扱者の乗車を必要としない。

③**移送の開始前**には、移動貯蔵タンクの底弁その他の弁、マンホール及び注入口のふた、消火器等の**点検を十分に行う。**

④危険物を移送する者は、長時間（※4時間を超える連続運転時など）にわたり移送する際は、2名以上の運転要員を確保し、移動タンク貯蔵所を休憩、故障等のため一時停止させるときは、**安全な場所**を選ばなければならない。

移送

移動タンク貯蔵所により危険物を運ぶ行為

危険物取扱者を乗車させる

免状を携帯する

移送前に移動貯蔵タンクの点検を十分行うこと

⑤移送中、移動タンク貯蔵所から危険物が著しく漏れる等災害が発生するおそれのある場合には、災害を防止するための応急措置を講じるとともに、**消防機関等に通報する。**

⑥危険物を移送する者は、法令で定める危険物**（アルキルアルミニウム等）**を移送する場合には、**移送の経路等**を記載した書面を関係消防機関に送付するとともに、書面の写しを携帯し、書面に記載された内容に従う。

⑦**消防吏員**（りいん）（公共団体の職員）または**警察官**は、危険物の移送に伴う火災の防止のため特に必要があると認める場合には、走行中の**移動タンク貯蔵所を停止**させ、乗車している危険物取扱者に対し、危険物取扱者免状の提示を求めることができる。

免状の提示

警察官　**消防吏員**

免状の提示を求められる

LET'S TRY! **こう出る！実践問題**

問題8　危険物の取扱いの技術上の基準について、次の文の（　）内に当てはまる法令に定められている温度はどれか。

「移動貯蔵タンクから危険物を貯蔵し、又は取り扱うタンクに引火点が（　）の危険物を注入するときは、移動タンク貯蔵所の原動機を停止させること。」

1．30℃未満　2．35℃未満　3．40℃未満　4．45℃未満　5．50℃未満

問題9　法令上、移動貯蔵タンクの位置、構造及び設備について、次のうち誤っているものはどれか。

1．常置場所は壁、床、はり及び屋根を耐火構造とし、若しくは不燃材料で造った建物の1階又は、屋外の防火上安全な場所とすること。

2．移送する者は、移送の開始前に移動貯蔵タンクの底弁、マンホール及び注入口のふた、消火器等の点検を行うこと。

3．移動貯蔵タンクの底弁手動閉鎖装置のレバーは、手前に引き倒すことにより閉鎖装置を作動させるものであること。

4．移動貯蔵タンクの配管は、先端部に弁等を設けること。

5．積載型以外の移動貯蔵タンクの容量は10,000ℓ以下とすること。

Ⅰ．6－9．屋外貯蔵所の基準

1 屋外貯蔵所の構造・設備・貯蔵の基準

①危険物を貯蔵し、または取扱う場所の周囲には、**さく等を設けて**明確に区画する。

②**架台**（危険物を収納した容器を貯蔵する台）を設ける場合は不燃材料で造り、架台の高さは**6m未満**とする。

③屋外貯蔵所で危険物を貯蔵する場合においては、原則として高さ**3mを超えて**容器を**積み重ねない**。

2 屋外貯蔵所で貯蔵できる危険物

屋外貯蔵所に貯蔵できる危険物は次のとおりとする。

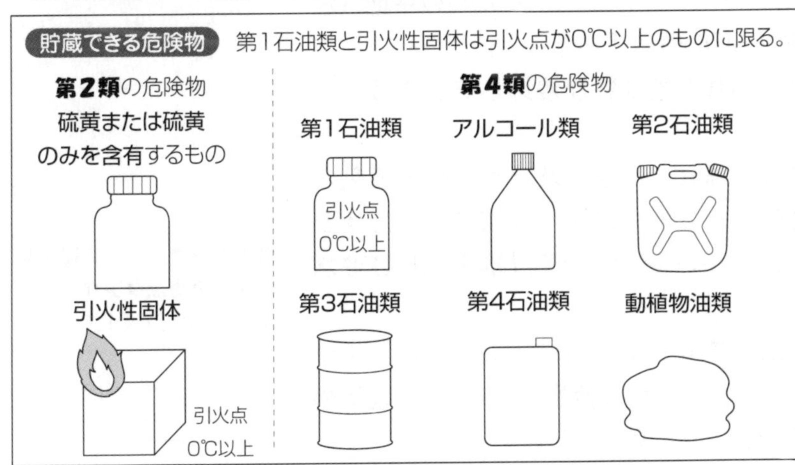

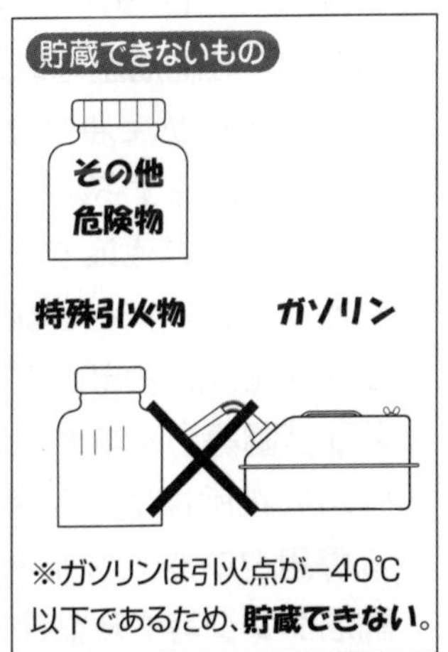

LET'S TRY! こう出る！実践問題

問題 10　法令上、次の危険物のうち屋外貯蔵所で貯蔵し又は取り扱うことができないものはどれか。

1．硫化リン
2．アルコール類
3．引火性固体（引火点が０℃以上のものに限る。）
4．第１石油類（引火点が０℃以上のものに限る。）
5．第２石油類

Ⅰ．６－10．給油取扱所の基準

1 給油取扱所の構造・設備

※給油取扱所の固定給油設備は、自動車等に直接給油するための固定された給油設備とし、ポンプ機器及びホース機器から構成される。地上部分に設置された固定式と、天井から吊り下げる懸垂式がある。

構造･設備

固定式

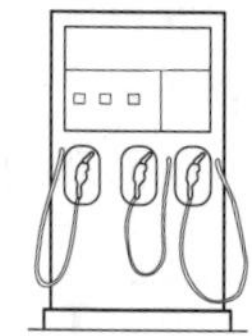

懸垂式

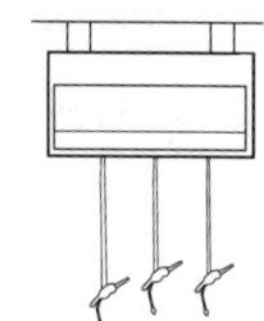

①**固定給油設備**のうちホース機器の周囲には、自動車等に直接給油し、及び給油を受ける自動車等が出入りするための、**間口10m以上、奥行6m以上**の空地（**給油空地**）を保有すること。

※給油空地は「自動車等が安全かつ円滑に出入りすることができる幅で**道路に面してい**る」かつ「自動車等が当該空地からはみ出さずに、安全かつ円滑に**通行及び給油を受けることができる広さ**を有する」必要がある。

ホース機器の周囲には**間口10m以上、奥行6m以上**の給油空地を保有すること

②**固定注油設備**は、灯油もしくは軽油を容器に詰め替え、車両に固定された容量4,000ℓ以下のタンクに注入するための固定された注油設備とし、ポンプ機器及びホース機器から構成される。

③固定注油設備のホース機器の周囲（懸垂式の固定注油設備にあってはホース機器の下方）には、灯油もしくは軽油を容器に詰め替え、または車両に固定されたタンクに注入するための**空地（注油空地）を給油空地以外の場所に保有**する。

④給油空地及び注油空地は、漏れた**危険物が浸透しないよう**にするため**舗装**をする。

⑤給油空地及び注油空地には、漏れた危険物及び可燃性の蒸気が滞留せず、かつ、当該危険物その他の液体が当該給油空地及び注油空地以外の部分に流出しないような措置（**排水溝及び油水分離装置等**）を講ずる。

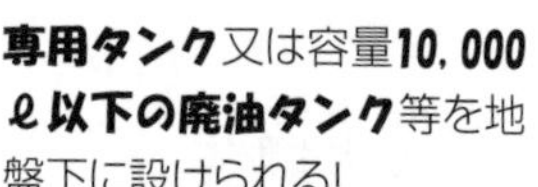

専用タンク又は容量**10,000ℓ以下の廃油タンク**等を地盤下に設けられる!

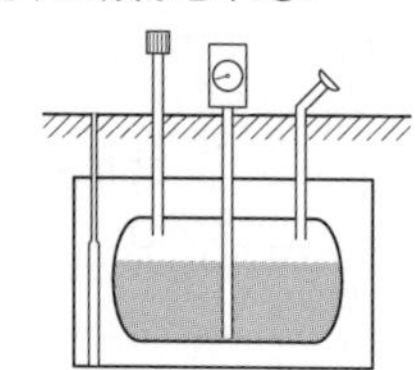

⑥給油取扱所には、固定給油設備もしくは固定注油設備に接続する**専用タンク**（容量制限なし）、または**容量 10,000ℓ以下の廃油タンク等**を地盤面下に埋没して設けることができる。

⑦固定給油設備は、**道路境界線等**から法令で定める**間隔**を保つ。

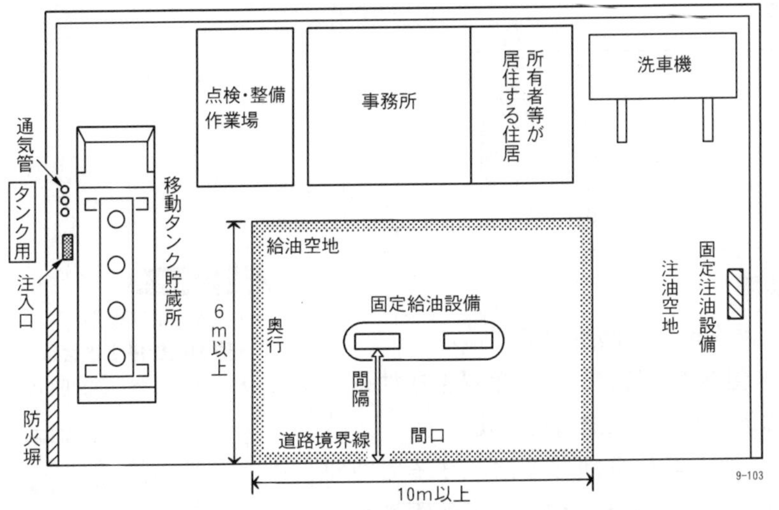

全長5m以下の給油ホースまたは注油ホースを設ける

⑧固定給油設備及び固定注油設備には、先端に弁を設けた**全長5m以下の給油ホース**または注油ホース、及びこれらの先端に蓄積される静電気を有効に除去する装置を設ける。

⑨**給油取扱所の周囲**には、自動車等の出入りする側を除き、火災による被害の拡大を防止するため、耐火構造または不燃材料で造られた**高さ2m以上の塀または壁**を設ける（※この場合において、塀または壁は、開口部を有していないものであること）。

⑩ポンプ室その他の危険物を取扱う室（**ポンプ室等**）を設ける場合にあっては、ポンプ室等は、床を危険物が**浸透しない構造**とするとともに、漏れた危険物及び可燃性蒸気が滞留しないように適当な傾斜を付け、かつ、**貯留設備**を設ける。

⑪**給油に支障がある**と認められる**設備を設けない**。

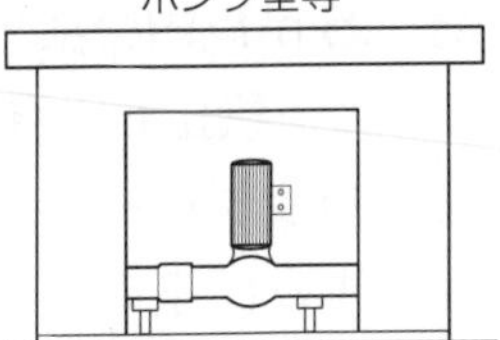

浸透しない構造とし、
貯留設備を設ける

2 給油取扱所に設置できる建築物と設置できない建築物

設置できる建築物

- 給油または灯油もしくは軽油の詰め替えのための作業場
- 自動車等の点検・整備を行う作業場
- 自動車等の洗浄を行う作業場
- 上記を行うために給油取扱所に出入りする者を対象とした店舗（コンビニ）、飲食店（喫茶店）または展示場
- 給油取扱所の所有者等が居住する住居
- これらの者に係る他の給油取扱所の業務を行うための事務所

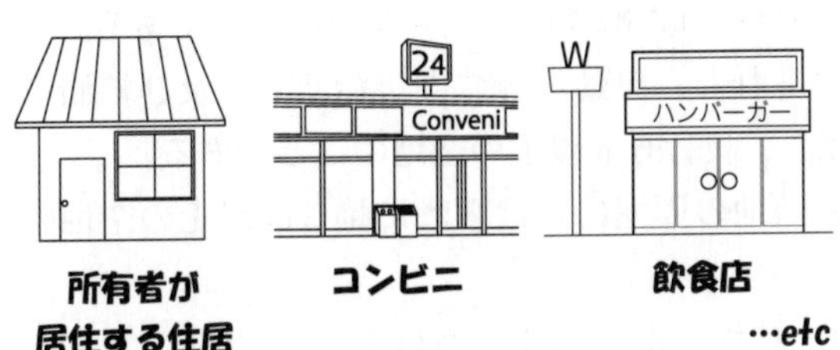

設置できない建築物

- ガソリンの詰め替えのための作業場
- 自動車の吹付塗装を行うための設備

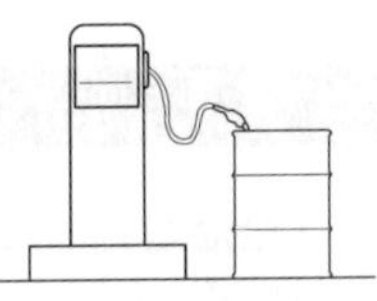

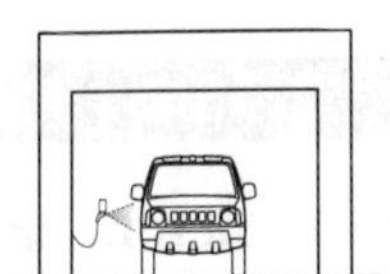

- 給油取扱所に出入りする者を対象とした…

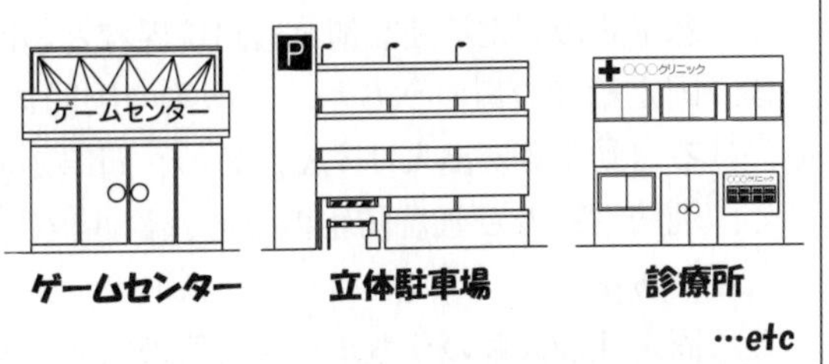

3 給油取扱所の付随設備

給油取扱所の付随設備

- 自動車等の洗浄を行う設備
（**蒸気洗浄機及び洗車機**）
- 自動車等の点検・整備を行う設備
- **混合燃料油調合器**

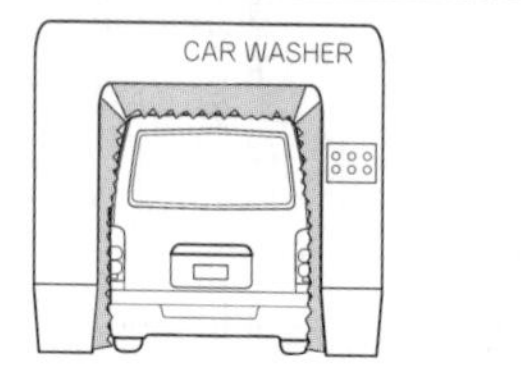

4 給油取扱所の取扱い基準

①給油する際は、固定給油設備を使用し**直接給油**する。
②給油する際は、自動車等の**原動機（エンジン）を停止させる。**
③自動車等が給油空地から**はみ出たままで給油しない。**
④移動貯蔵タンクから専用タンク等に危険物を注入するときは、**移動タンク貯蔵所**を専用タンク等の**注入口の付近に停車**させる。
⑤給油取扱所の専用タンクまたは簡易タンクに危険物を注入するときは、タンクに接続する**固定給油設備**または固定注油設備の**使用を中止**し、自動車等はタンクの注入口に近づけないこと。
⑥給油するときは、固定給油設備または専用タンクの注入口もしくは通気管の周囲の法令で定める部分（**※専用タンクの注入口から3m以内の部分**及び**専用タンクの通気管の先端から水平距離 1.5 m以内の部分など**）においては、**他の自動車等が駐車**することを**禁止**し、自動車等の点検、整備、洗浄を行わない。
⑦屋内給油取扱所の通風、避難等のための空地には、自動車等が駐車または停車することを禁止するとともに、避難上支障となる物件を置かないこと。
⑧自動車等の洗浄を行う場合は、**引火点を有する液体の洗剤を使用しない。**
⑨物品の販売の業務は、原則として建築物の1階のみで行うこと。
⑩給油の業務外のときは、係員以外の者を出入りさせないための措置を講ずる。

取扱いの基準

- 直接給油すること
- **原動機を停止させる**こと
- はみ出たままで給油しない

移動タンク貯蔵所は危険物を注入する専用タンクの**注入口の付近に停車**

他の自動車等の**駐車禁止**

引火点を有する液体の洗剤を使用しない！

LET'S TRY! こう出る！実践問題

問題 11　法令上、給油取扱所の「給油空地」に関する説明として、次のうち正しいものはどれか。

1. 給油取扱所の専用タンクに移動貯蔵タンクから危険物を注入するとき、移動タンク貯蔵所が停車するために設けられた空地のことである。
2. 懸垂式の固定給油設備と道路境界線との間に設けられた幅4m以上の空地のことである。
3. 固定給油設備のうちホース機器の周囲に設けられた、自動車等に直接給油し、及び給油を受ける自動車等が出入りするための、間口10m以上、奥行6m以上の空地のことである。
4. 消防活動及び延焼防止のため、給油取扱所の敷地の周囲に設けられた幅3m以上の空地のことである。
5. 固定注油設備のうちホース機器の周囲に設けられた、4m² 以上の空地のことである。

Ⅰ．6－11．セルフ型の給油取扱所の基準

1 セルフ型給油取扱所の構造・設備

①顧客に自ら給油等をさせる給油取扱所（セルフ型スタンド）には、給油取扱所へ進入する際**見やすい箇所**に、**顧客が自ら給油等**を行うことができる給油取扱所である旨を表示する。

②**顧客用固定給油設備**は、顧客に自ら自動車等に給油させるための固定給油設備をいい、構造及び設備は次のとおり。

構造・設備

見やすい箇所に顧客が自ら給油等を行うことができる旨を表示

顧客用固定給油設備の構造及び設備
▪給油ノズルは、自動車等の**燃料タンクが満量**となったときに給油を**自動的に停止**する構造のものとすること。
▪給油ホースは、著しい引張力が加わったときに**安全に分離し、分離した部分から漏えいを防止**する構造の給油ホースであること。
▪ガソリン及び軽油相互の**誤給油を有効に防止**することができる構造のものとすること。
▪**１回の連続した給油量及び給油時間の上限を、あらかじめ設定**できる構造のものとすること。
▪**地震時に危険物の供給を自動的に停止**できる構造であること。

③固定給油設備及び固定注油設備並びに簡易タンクには、自動車等の**衝突を防止**するための措置を講ずること。

④**顧客用固定注油設備**は、顧客に自ら灯油または軽油を容器に詰め替えさせるための固定注油設備をいう。

⑤顧客用固定給油設備及び顧客用固定注油設備には、それぞれ**顧客が自ら自動車等に給油する**ことができる固定給油設備、または顧客が自ら危険物を容器に詰め替えることができる固定注油設備である旨を**見やすい箇所に表示する**とともに、その周囲の地盤面等に**自動車等の停止位置**または容器の置き場所等を**表示する**こと。

▪**誤給油を有効に防止**する
▪自動車等の**衝突防止**の措置を講ずる
▪**自動車の停止位置**、容器の置き場所を**表示**する

⑥顧客用固定給油設備及び顧客用固定注油設備にあっては、その給油ホース等の直近その他の見やすい箇所に、**ホース機器等の使用方法**及び**危険物の品目**を表示する。

⑦危険物の品目の表示は、次表に定める文字及び彩色とする。

文字	彩色
「ハイオクガソリン」または「ハイオク」	黄
「レギュラーガソリン」または「レギュラー」	赤
「軽油」	緑
「灯油」	青

見やすい箇所に**ホース機器等の使用方法、危険物の品目を表示**

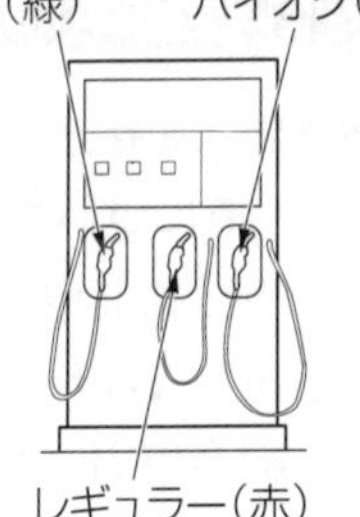

⑧顧客用固定給油設備及び顧客用固定注油設備**以外**の固定給油設備及び固定注油設備を設置する場合にあっては、**顧客が自ら用いることができない旨**を見やすい箇所に**表示**すること。

⑨顧客自らによる給油作業または容器への詰替え作業を監視し、及び制御し、並びに顧客に対し必要な指示を行うための制御卓

（コントロールブース）その他の設備を設けること。ただし、制御卓はすべての顧客用固定給油設備及び顧客用固定注油設備における使用状況を、直接視認できる位置に設置すること。

⑩顧客に自ら自動車等に給油させるための給油取扱所には、第三種泡消火設備を設置しなければならない。

顧客用以外の給油・注油設備には**顧客自ら用いることができない旨を表示**すること。

2 セルフ型給油取扱所の取扱い基準

①顧客は顧客用固定給油設備及び顧客用固定注油設備を使用して、給油または容器への詰替えを行うこと。

②顧客用固定給油設備の一回の給油量及び給油時間の**上限**を、顧客の一回当たりの給油量及び給油時間を勘案し、**適正な数値に設定**する。

③**制御卓**（コントロールブース）において、次に定めるところにより顧客自らによる給油作業または容器への詰替え作業（顧客の給油作業等）を**監視**し、及び**制御**し、並びに顧客に対し必要な**指示**を行う。

給油量及び給油時間の**上限を適正な数値**に設定し、監視制御・指示を行うこと。

制御卓（コントロールブース）での主な作業

- 顧客の給油作業等を**直視等**により適切に監視すること。
- 顧客の給油作業等が開始される際、**火気のないこと**、その他安全上支障のないことを確認した上で、制御装置を用いてホース機器への危険物の供給を開始し、**顧客の給油作業等が行える状態**にする。
- 顧客の給油作業等が**終了したとき**は、制御装置を用いてホース機器への危険物の供給を停止し、顧客が**給油作業等を行えない状態にする**こと。
- 非常時その他安全上支障があると認められる場合は、**すべて**の固定給油設備及び固定注油設備のホース機器への**危険物の供給を一斉に停止**すること。
- 制御卓には、顧客と容易に会話することができる装置を設けるとともに、給油取扱所内のすべての**顧客に対し必要な指示**を行うための放送機器を設けること。

LET'S TRY! こう出る！実践問題

問題 12　法令上、顧客に自ら自動車等に給油させる給油取扱所の位置、構造及び設備の技術上の基準について、次のうち誤っているものはどれか。

1. 当該給油取扱所へ進入する際、見やすい箇所に顧客が自ら給油等を行うことができる旨の表示をしなければならない。
2. 顧客用固定給油設備は、ガソリン及び軽油相互の誤給油を有効に防止することができる構造としなければならない。
3. 顧客用固定給油設備の給油ノズルは、自動車等の燃料タンクが満量となったときに給油を自動的に停止する構造としなければならない。
4. 顧客用固定給油設備には、顧客の運転する自動車等が衝突することを防止するための対策を施さねばならない。
5. 当該給油取扱所は、建築物内に設置してはならない。

Ⅰ．6－12．販売取扱所の基準

1 販売取扱所の構造・設備

①販売取扱所は、指定数量の倍数が**15以下**のものを**第一種**とし、指定数量の倍数が**15を超え40以下**のものを**第二種**と区分する。

〔構造及び設備の基準〕

共通	▪第一種及び第二種販売取扱所（店舗）は、**建築物の1階**に設置すること。
	▪窓または出入口にガラスを用いる場合は、**網入りガラス**とすること。
	▪店舗部分の電気設備で、可燃性ガス等が滞留するおそれのある場所に設置する機器は**防爆構造**としなければならない。
	▪見やすい箇所に第一種または第二種販売取扱所である旨を表示した**標識**及び防火に関し必要な事項を掲示した**掲示板を設ける**こと。
第一種	▪店舗部分の壁は**準耐火構造**とし、また、店舗部分とその他の部分（配合室等）との**隔壁は耐火構造**とすること。
	▪店舗部分の**はりは不燃材料**で造り、天井を設ける場合は、**天井も不燃材料**で造ること。
	▪店舗部分に上階がある場合**上階の床を耐火構造**とし、ない場合は**屋根を耐火構造または不燃材料**で造る。
	▪店舗部分の**窓及び出入口には防火設備**を設けること。
第二種	▪壁、柱、床及びはりを耐火構造とし、天井を設ける場合はこれを不燃材料で造る。
	▪店舗部分に上階がある場合、上階の床を耐火構造とし、上階がない場合は屋根を耐火構造で造ること。
	▪店舗部分の延焼のおそれのない部分に限り**窓を設けることができる。窓には防火設備**を設ける。
	▪店舗部分の出入口には防火設備を設ける。ただし、店舗部分のうち延焼のおそれのある壁またはその部分に設けられる出入口には、随時開けることができる自動閉鎖の特定防火設備を設けなければならない。

※第二種販売取扱所は、構造及び設備について第一種よりも厳しい規制がされている。

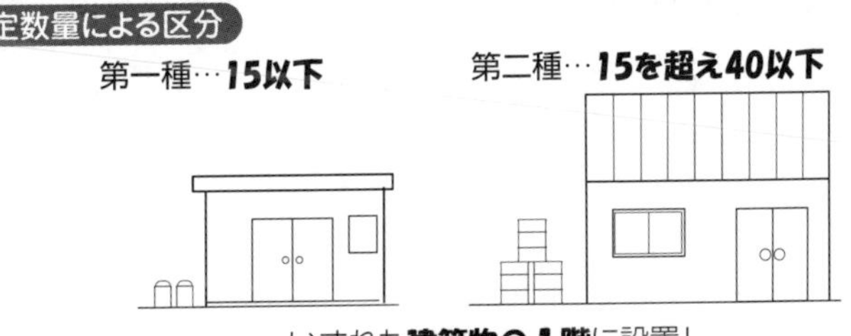

いずれも**建築物の1階**に設置！

2 配合室の構造・設備

①床面積は、**6m² 以上 10m² 以下**であること。

②床は、危険物が浸透しない構造とするとともに適当な**傾斜を付け**、かつ、**貯留設備**を設ける。

③出入口には随時開けることができる自動閉鎖の**特定防火設備**（※防火設備よりさらに高い防火性能を備えた防火戸）を設ける。

④出入口のしきいの高さは、床面から**0.1m以上**とすること。

⑤窓または出入口にガラスを用いる場合は、網入りガラスとしなければならない。

⑥内部に滞留した可燃性の蒸気または微粉を屋根上に排出する設備を設ける。

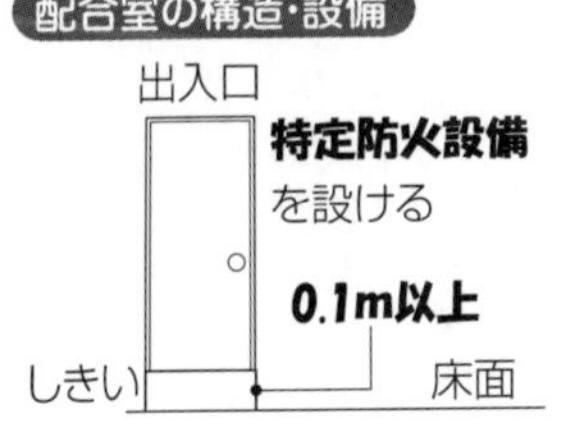

⑦天井を設ける場合は不燃材料で造り、上階のない場合にあっては、屋根を耐火構造とし、または不燃材料で造る。
⑧見やすい箇所に、第一種販売取扱所である旨の標識及び防火に関し必要な事項を掲示した掲示板を設けること。

3 販売取扱所の取扱い基準

①危険物は、運搬容器の基準に適合する容器に収納し、かつ、**容器入りのままで販売**する。
②第一種及び第二種販売取扱所においては、塗料類その他の危険物を配合室で配合する場合を除き、**危険物の配合または詰替えを行わない。**

取扱の基準

容器入りのままで販売する

配合室以外で危険物の**配合又は詰替え**を行わないこと

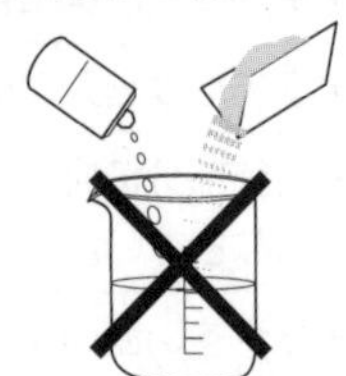

こう出る！実践問題

問題 13　法令上、販売取扱所の区分並びに位置、構造及び設備の技術上の基準について、次のうち誤っているものはどれか。

1．販売取扱所は、指定数量の倍数が 15 以下の第一種販売取扱所と指定数量の倍数が 15 を超え 40 以下の第二種販売取扱所とに区分される。
2．第一種販売取扱所は、建築物の２階に設置することができる。
3．第一種販売取扱所には、見やすい箇所に第一種販売取扱所である旨を表示した標識及び防火に関し必要な事項を掲示した掲示板を設けなければならない。
4．危険物を配合する室の床は、危険物が浸透しない構造とするとともに、適当な傾斜を付け、かつ、貯留設備を設けなければならない。
5．建築物の第二種販売取扱所の用に供する部分には、当該部分のうち延焼のおそれのない部分に限り、窓を設けることができる。

7 製造所等における設備・構造等の基準 ❷

I．7－1．標識・掲示板

1 掲示板の設置

①製造所等では、見やすい箇所に危険物の製造所・貯蔵所・取扱所である旨を表示した**標識**、及び防火に関して必要な事項を掲示した**掲示板**を設ける。

2 標 識

①製造所等（移動タンク貯蔵所を除く）の標識は、幅 0.3m 以上、長さ 0.6m 以上、色は地を白色、文字を黒色とし、製造所等の名称（**「危険物給油取扱所」**等）を記載する。

②**移動タンク貯蔵所の標識**は、0.3m 平方以上 0.4m 平方以下で、**地を黒色**とし**文字を黄色の反射塗料で「危」**と表示したものを**車両の前後の見やすい箇所**に掲げる。

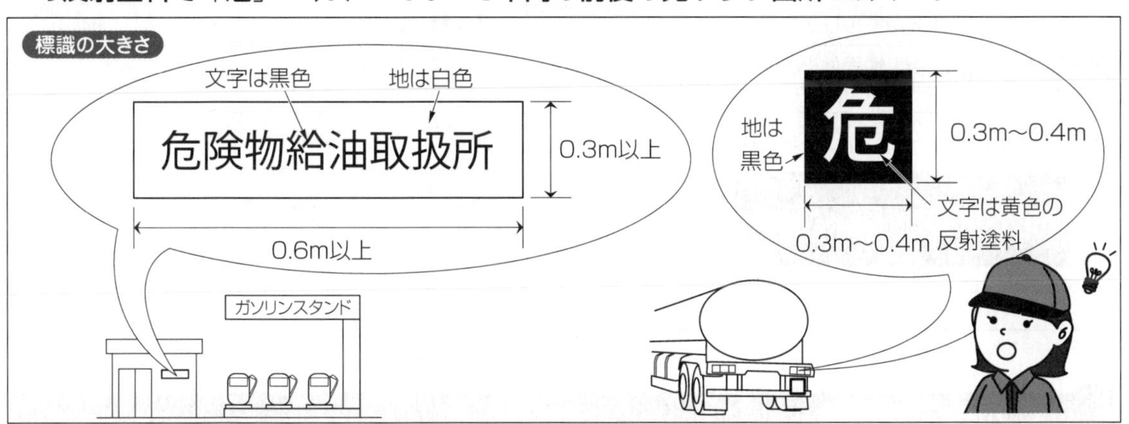

3 掲示板

①掲示板は、幅0.3m以上、長さ0.6m以上の、地を白色、文字を黒色とする。

②掲示板には、貯蔵し、または取扱う危険物について、次の事項を表示する。

A. 危険物の類別
B. 危険物の品名
C. 貯蔵最大数量または取扱最大数量
D. 指定数量の倍数
E. 危険物保安監督者の氏名または職名

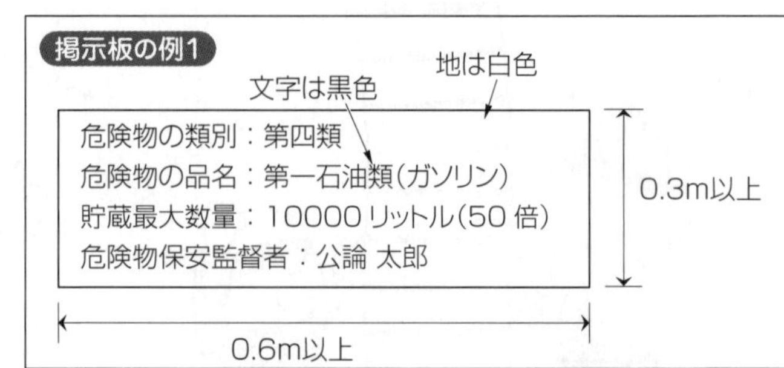

③危険物の類別等を記載した掲示板の他に、危険物の性状に応じ、次に掲げる注意事項を表示した掲示板を設けること。

④「禁水」は**地を青色、文字を白色**とし、「火気厳禁」「火気注意」は**地を赤色、文字を白色**とする。

⑤給油取扱所にあっては、地を黄赤色、文字を黒色として「**給油中エンジン停止**」と表示した掲示板を別に設けること。

給油取扱所は、**「給油中エンジン停止」**の掲示板も必要!

給油中エンジン停止

掲示板	類別	物品
禁水 青地 白文字	第１類	アルカリ金属の過酸化物
	第２類	鉄粉、金属粉、マグネシウム
	第３類	禁水性物品（黄リン以外）、アルキルアルミニウム、アルキルリチウム等
火気注意	第２類	引火性固体 以外

掲示板	類別	物品
火気厳禁 赤地 白文字 （火気注意も同色）	第２類	引火性固体
	第３類	自然発火性物質（リチウム以外）、アルキルアルミニウム、アルキルリチウム等
	第４類	**すべて**
	第５類	すべて

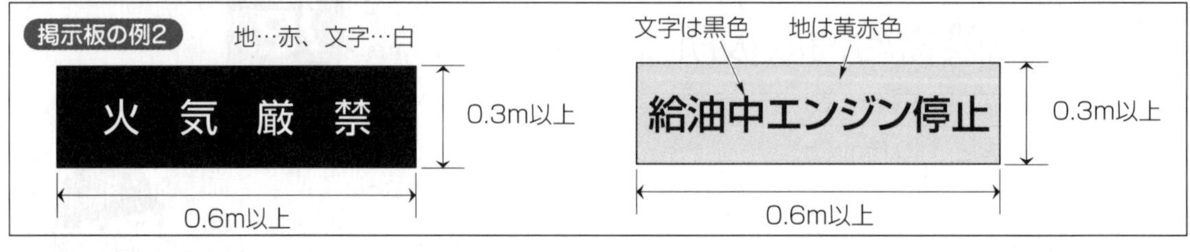

LET'S TRY! こう出る！実践問題

問題1　法令上、製造所等に設ける標識、掲示板について、次のうち誤っているものはどれか。

1. 屋外タンク貯蔵所には、危険物の類別、品名及び貯蔵又は取扱最大数量、指定数量の倍数並びに危険物保安監督者の氏名又は職名を表示した掲示板を設けなければならない。
2. 移動タンク貯蔵所には、「危」と表示した標識を設けなければならない。
3. 第４類の危険物を貯蔵する地下タンク貯蔵所には、「取扱注意」と表示した掲示板を設けなければならない。
4. 給油取扱所には、「給油中エンジン停止」と表示した掲示板を設けなければならない。
5. 第４類の危険物を貯蔵する屋内貯蔵所には、「火気厳禁」と表示した掲示板を設けなければならない。

Ⅰ．7－2．共通の基準［1］

※製造所等において行う危険物の貯蔵または取扱いは、数量のいかんを問わず、法令で定める技術上の基準（『共通の基準［1］・［2］』）に従ってこれをしなければならない。

1 すべてに共通する基準

①許可もしくは届出に係る**品名以外の危険物**、あるいは**数量（指定数量）を超える危険物**を貯蔵し、または取扱わない。

②**みだりに火気を使用しない。**

③製造所等に**係員以外の者をみだりに出入りさせない。**

④**常に整理及び清掃を行い**、みだりに空箱、不必要な物を置かない。

⑤**貯留設備**または油分離装置にたまった危険物は、あふれないように**随時くみ上げる。**

⑥危険物の**くず、かす等は、1日1回以上**危険物の性質に応じて安全な場所で廃棄その他適当な処置をする。

⑦危険物を貯蔵し、または取扱う建築物その他の工作物または設備は、危険物の性質に応じ、**遮光**または**換気**を行うこと。

⑧危険物は、温度計、湿度計、圧力計その他の**計器を監視**して、当該危険物の性質に応じた**適正な温度、湿度または圧力を保つ**ように貯蔵し、または取扱うこと。

⑨危険物の貯蔵または取扱いに際し、**危険物が漏れ、あふれ、または飛散しない**ように必要な**措置を講じる。**

⑩危険物の貯蔵または取扱いに際し、危険物の変質、異物の混入等により危険物の危険性が増大しないよう必要な措置を講じる。

⑪危険物が**残存または残存のおそれ**がある設備、機械器具、容器等を**修理する場合**、安全な場所で**危険物を完全に除去**した後に行う。

⑫危険物の貯蔵または取扱いに際し、**容器**は当該危険物の**性質に適応**し、かつ、破損、腐食、さけめ等がないものを使用し、容器をみだりに転倒させ、落下させ、衝撃を加え、または引きずる等粗暴な行為をしない。

⑬可燃性の液体、蒸気もしくはガスが漏れ、もしくは滞留するおそれのある場所では、電線と電気器具とを**完全に接続し**、かつ、**火花を発する機械器具、工具、履物等を使用しない。**

⑭危険物を保護液中に保存する場合は、**危険物が保護液から露出しない**ようにする。

共通する基準

①届出品名以外の危険物

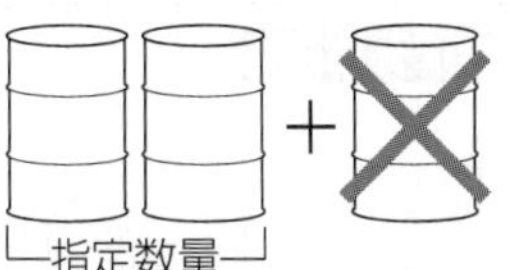

届出数量（指定数量）を超える危険物

②みだりな火気の使用

③みだりな出入り

④整理及び清掃
⑤随時くみ上げ
⑥1日1回、くず・かす廃棄
⑦遮光・換気
⑨漏れ・あふれ・飛散させない

2 類ごとの共通基準

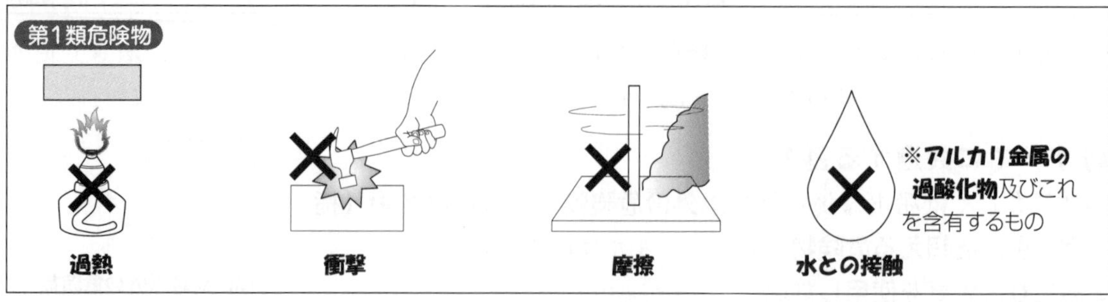

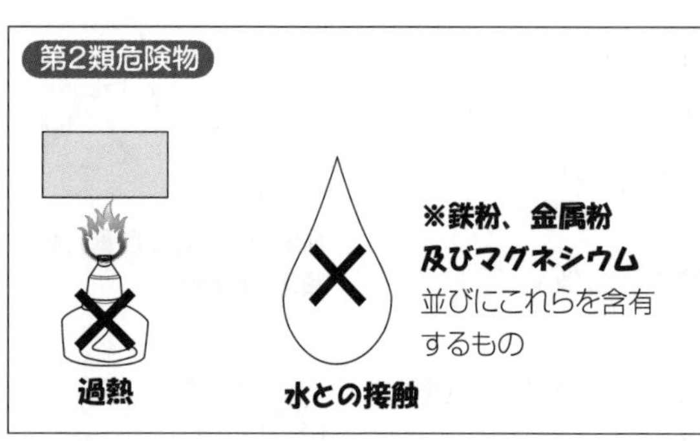

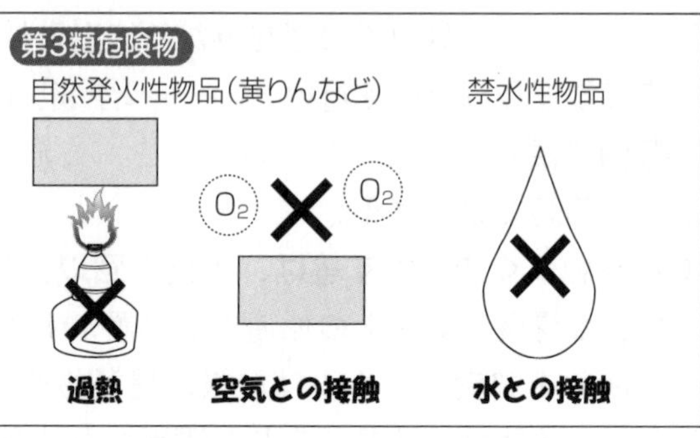

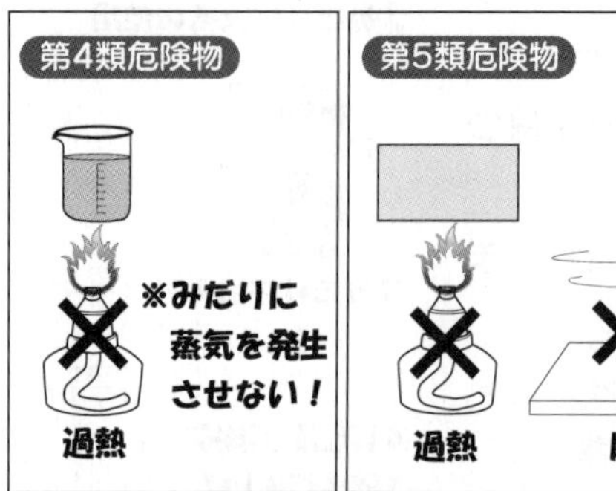

LET'S TRY! こう出る！実践問題

問題２　危険物の貯蔵・取扱い基準として、誤っているものはどれか。

1．常に整理及び清掃を行うとともに、みだりに空箱等その他の不必要な物件を置かない。
2．危険物の残存している設備、機械器具、容器等を修理する際は、安全な場所において危険物を完全に除去した後に行う。
3．危険物を貯蔵し、又は取扱っている建築物等においては、当該危険物の性質に応じた有効な遮光又は換気を行う。
4．貯留設備又は油分離装置に溜まった危険物は、１週間に１回くみ上げる。
5．危険物を貯蔵し、又は取扱う場合には、危険物が漏れ、あふれ、又は飛散しないように必要な措置を講ずる。

問題３　法令上、危険物の類ごとに共通する貯蔵及び取扱いの技術上の基準において、すべての危険物の類（第３類の危険物のうち禁水性物品を除く。）に共通して避けなければならないと定められているものは、次のうちどれか。

1．過熱　　2．衝撃または摩擦　　3．水または酸との接触
4．分解を促す物品との接近　　5．可燃物との接触もしくは混合

Ⅰ．7-3．共通の基準［2］

1 貯蔵の基準

①貯蔵所において、危険物以外の物品を貯蔵した場合、発火や延焼拡大の危険性があることから、原則として、**危険物以外の物品を貯蔵してはならない。**

②法別表第1（前述「Ⅰ.1-1. 消防法で規定する危険物」参照）に掲げる**類を異にする危険物**は、原則として**同一の貯蔵所**（耐火構造の隔壁で完全に区分された室が2以上ある貯蔵所においては、同一の室）において**貯蔵しない**こと。

※ただし、屋内貯蔵所または屋外貯蔵所において、別に定める危険物（例えば、第1類と第6類）を類別ごとにそれぞれまとめて貯蔵し、かつ、**相互に1m以上の間隔を置く場合**は、**同時に貯蔵**することができる。

貯蔵の基準

類別でまとめて貯蔵の場合
第1類　第6類
1m以上

〔同時貯蔵できる危険物〕
- 第1類（アルカリ金属の過酸化物とその含有品を除く）⇔第5類
- 第1類⇔第6類
- 第2類⇔第3類自然発火性物品（黄リンとその含有品のみ）
- 第2類（引火性固体）⇔第4類
- 第3類アルキルアルミニウム等⇔第4類（アルキルアルミニウム等の含有品）
- 第4類（有機過酸化物とその含有品）⇔第5類（有機過酸化物とその含有品）
- 第4類⇔第5類（1－アリルオキシ－2・3－エポキシプロパンもしくは4－メチリデンオキセタン－2－オンまたはこれらのいずれかの含有品）

③**屋内貯蔵所**及び**屋外貯蔵所**において、危険物を貯蔵する場合の容器の積み重ね高さは、**3m**（第4類の第3石油類、第4石油類、動植物油類を収納する容器のみを積み重ねる場合にあっては4m、機械により荷役する構造を有する容器のみを積み重ねる場合にあっては6m）**を超えて容器を積み重ねない。**

④**屋外貯蔵所**において、危険物を収納した容器を**架台で貯蔵する場合**の貯蔵高さは**6m以下**とする。屋内貯蔵所、屋外貯蔵所における危険物の貯蔵は原則、**基準に適合する容器**に収納する。

⑤**屋内貯蔵所**においては、容器に収納して貯蔵する**危険物の温度が55℃を超えない**ように必要な措置を講ずること。

貯蔵の基準

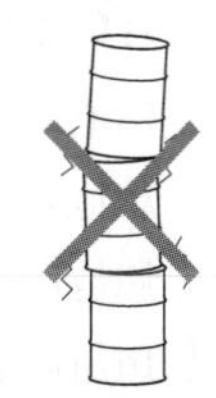

3m(架台貯蔵は6m)以下！

2 製造の基準

①蒸留工程においては、圧力変動等により**液体・蒸気・ガスが漏れない**ようにする。

②抽出工程においては、抽出罐（かん）の**内圧が異常に上昇しない**ようにする。

③乾燥工程においては、危険物の温度が**局部的に上昇しない方法**で加熱、乾燥する。

④粉砕工程においては、危険物の粉末が著しく浮遊し、または危険物の粉末が著しく機械器具等に附着している状態で当該機械器具等を取扱わない。

3 詰替の基準

①危険物を詰め替える場合は、**防火上安全な場所**で行う。

詰替の基準

詰め替えは、**防火上安全**な場所で行う

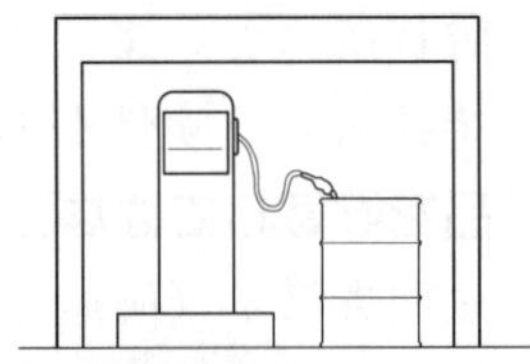

4 消費の基準

①**吹付塗装作業**は、防火上有効な隔壁等で区画された**安全な場所**で行う。

②**焼入れ作業**は、危険物が**危険な温度に達しない**ようにして行う。

③**染色または洗浄の作業**は、可燃性の蒸気の換気をよくして行うとともに、廃液を**みだりに放置しないで安全に処置**する。

④**バーナー**を使用する場合においては、バーナーの**逆火を防ぎ**、かつ、危険物（燃料）があふれないようにする。

※**逆火（ぎゃっか、さかび）**とは、ガスの噴出速度よりも燃焼速度が速い、または燃焼速度は一定でも噴出速度が遅いなどで、炎がバーナーに戻る現象。

消費の基準

吹付塗装作業は防火上区画された安全な場所で行う

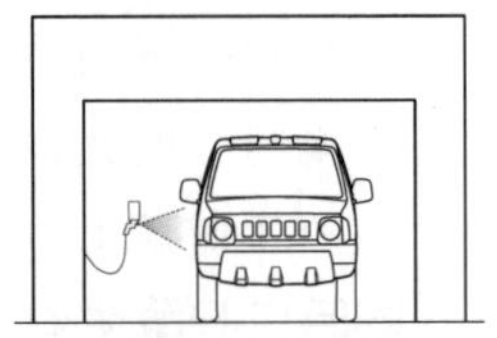

5 廃棄の基準

①危険物を**焼却する場合**は、安全な場所で、かつ、燃焼または爆発によって他に危害または損害を及ぼすおそれのない方法で行うとともに、**見張人をつける。**

②廃棄用の危険物を**埋没する場合**は、危険物の性質に応じ、**安全な場所**で行う。

③危険物は、原則として**海中または水中に流出、投下しない。**

廃棄の基準

LET'S TRY! **こう出る！実践問題**

問題4　法令上、屋内貯蔵所の同一の室において、類の異なる危険物を相互に1メートル以上の間隔をおいて同時に貯蔵することができる組み合わせは、次のうちどれか。

1．第1類危険物と第4類危険物
2．第1類危険物と第6類危険物
3．第2類危険物と第5類危険物
4．第2類危険物と第6類危険物
5．第3類危険物と第5類危険物

I．7-4．運搬の基準

1 基準の適用

①危険物の**運搬**とは、**トラックなどの車両によって危険物を運ぶこと**をいう。この運搬に関する技術上の基準は、**指定数量未満**の危険物にも適用される。（「**移送**」については前述「I.6-8. 移動タンク（タンクローリー）の基準」参照。）

運搬とは

トラック等の車両で危険物を運ぶこと

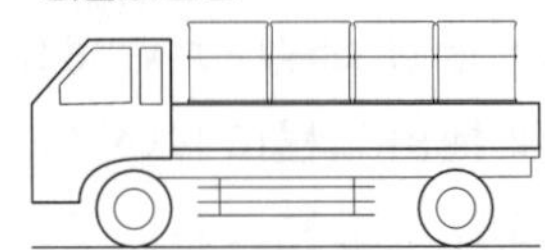

2 運搬容器

①運搬容器の**材質**は、鋼板、アルミニウム板、ブリキ板、ガラス等であること。

②運搬容器の**構造**は、堅固で容易に破損するおそれがなく、かつ、その口から収納された危険物が漏れるおそれがないものでなければならない。

③危険物は、危険性に応じて、危険等級Ⅰ・Ⅱ・Ⅲに区分される。

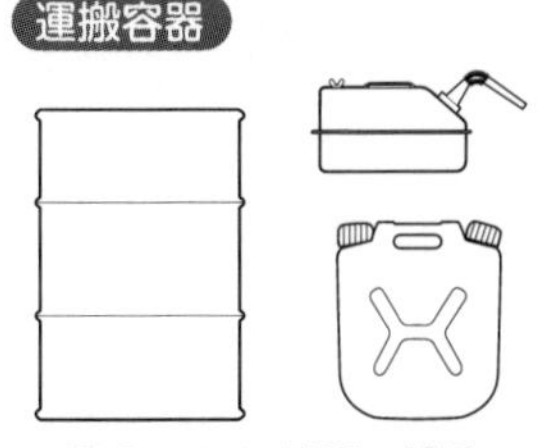

指定された材質・構造

《**危険等級の例**：第４類》

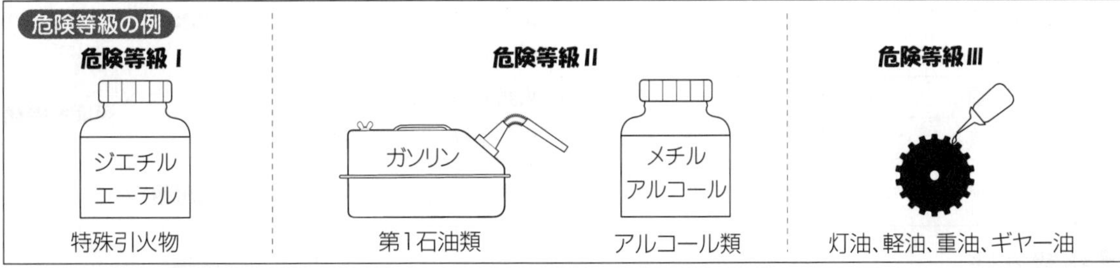

3 運搬容器への収納

①危険物は、原則として**運搬容器に収納**して積載する。
※ただし、**塊状の硫黄等**を運搬する場合はこの限りでない。

②危険物は、温度変化等により危険物が漏れないように運搬容器を**密封して収納**する。
※ただし、温度変化等により危険物からのガスの発生によって運搬容器内の圧力が上昇するおそれがある場合は、発生するガスが毒性または引火性を有する等の危険性があるときを除き、**ガス抜き口を設けた運搬容器**に収納することができる。

③危険物は収納する危険物と危険な反応を起こさない等、当該危険物の性質に適応した材質の運搬容器に収納する。

④**固体の危険物**は、原則として運搬容器の内容積の**95%以下**の収納率で運搬容器に収納する。

⑤**液体の危険物**は、運搬容器の内容積の**98%以下**の収納率であって、かつ、55℃の温度において漏れないように**十分な空間容積を有して**運搬容器に収納する。

⑥**ひとつの外装容器**に、**類を異にする危険物**を収納しないこと。

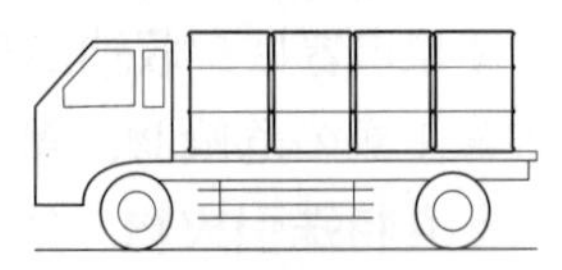

運搬容器に収納

容器への収納率

液体の場合

固体の場合

取り混ぜの禁止

4 運搬容器への表示

①危険物は、原則として**運搬容器の外部**に、次に掲げる事項を**表示**して積載する。

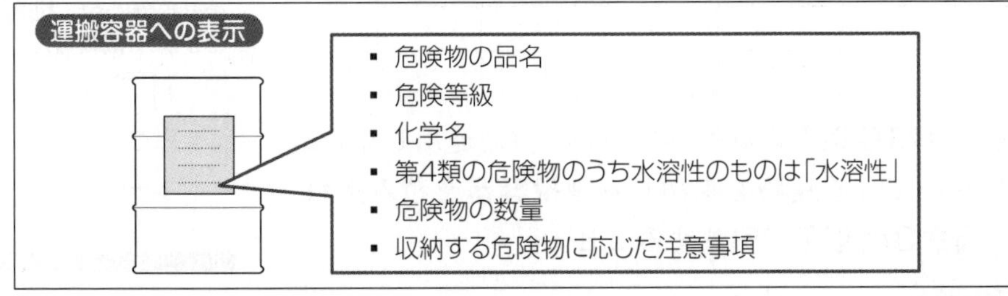

②収納する危険物に応じた注意事項は、次のとおり。

類別等		品名	注意事項
第１類		アルカリ金属の過酸化物、この含有品	「火気・衝撃注意」「禁水」「可燃物接触注意」
		その他	「火気・衝撃注意」「可燃物接触注意」
第２類		鉄粉、金属粉、マグネシウム	「火気注意」「禁水」
		引火性固体	「火気厳禁」
		その他	「火気注意」
第３類	自然発火性物品	すべて	「空気接触厳禁」「火気厳禁」
	禁水性物品	すべて	「禁水」
第４類		すべて	**「火気厳禁」**
第５類		すべて	**「火気厳禁」「衝撃注意」**
第６類		すべて	「可燃物接触注意」

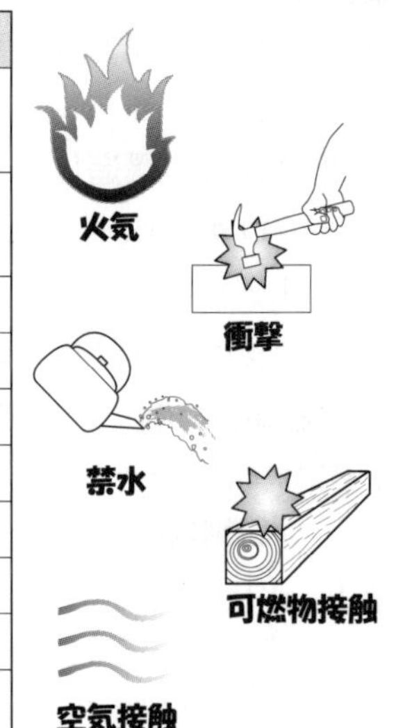

5 積載方法

①危険物が**転落**、または危険物を収納した運搬容器が**落下**や転倒、もしくは破損しないように積載する。

②運搬容器は、**収納口を上方**に向けて積載する。

③第１類の危険物、第３類の自然発火性物品、第４類の危険物のうち**特殊引火物**、第５類の危険物または第６類の危険物は、日光の直射を避けるため**遮光性の被覆**で覆わなければならない。

④危険物と高圧ガスとは、混載してはならない。ただし、内容量が 120ℓ未満の容器に充てんされた高圧ガスについては、この限りでない。

⑤危険物は、同一車両において**災害を発生させるおそれ**のある物品と**混載しない**こと。

⑥第３類危険物の**自然発火性物品**にあっては、**不活性の気体**を封入して密封する等、空気と接しないようにすること。

⑦同一車両において類を異にする危険物を運搬するとき、**混載してはならない危険物**は次のとおり（○混載可、×混載不可）。

	第１類	第２類	第３類	**第４類**	第５類	第６類
第１類		×	×	×	×	○
第２類	×		×	○	○	×
第３類	×	×		○	×	×
第４類	×	○	○		○	×
第５類	×	○	×	○		×
第６類	○	×	×	×	×	

※表は指定数量 **1/10 以下**の危険物については、適用しない。

※運搬車両において、危険物を収納した運搬容器を積み重ねる場合は、**高さ３m 以下**で積載すること。

積載方法

収納口を**上方に向けて**積載

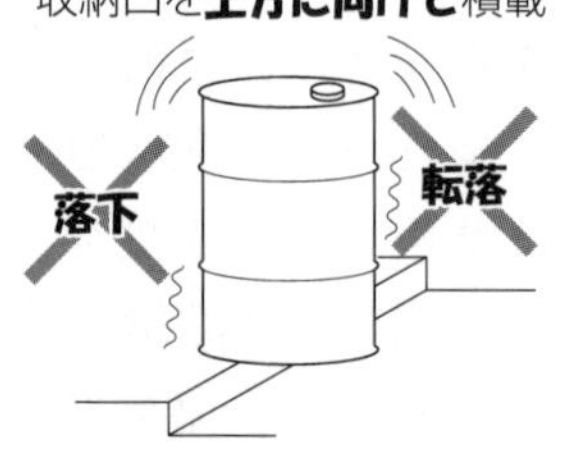

災害を発生させるおそれのある物品と**混載しない**

自然発火性物品
不活性の気体を封入

※指定数量の**1/10以下**の危険物については適応しない（**混載可**）。

積載制限高さ３m以下

6 運搬方法

①危険物、または危険物を収納した運搬容器が**著しく摩擦**、または**動揺**を起さないように運搬する。

②指定数量以上の危険物を車両で運搬する場合には、車両の前後の見やすい箇所に**標識を掲げる。**この標識は、0.3㎡の黒色の板に黄色の反射塗料その他反射性を有する材料で**「危」**と表示したものとする。

③指定数量以上の危険物を車両で運搬する場合において、積替、休憩、故障等のため車両を一時停止させるときは、安全な場所を選び、かつ、運搬する危険物の**保安に注意**する。

④指定数量以上の危険物を車両で運搬する場合には、**危険物に適応する消火設備**を備える。

⑤危険物の運搬中、危険物が著しく漏れる等、**災害が発生するおそれ**のある場合は、災害を防止するため応急の措置を講ずるとともに、最寄りの消防機関その他の関係機関に**通報**する。

⑥品名、または指定数量を異にする2以上の危険物を運搬する場合において、当該運搬に係るそれぞれの危険物の数量を当該危険物の指定数量で除し、その商の和が1以上となるときは、指定数量以上の危険物を運搬しているものとみなす。

⇒**「移送」と「運搬」を混同しない。指定数量以上**の危険物を車両で**運搬**する場合であっても、**危険物取扱者の同乗は必要としない。**

※**移送**…タンクローリー（**移動タンク貯蔵所**）で危険物を運ぶこと。危険物取扱者の同乗が**必要**。

※**運搬**…ドラム缶等に詰められた危険物をトラック等に積んで運ぶこと。危険物取扱者の同乗は**不要**。

LET'S TRY! こう出る！実践問題

問題5　法令上、危険物の運搬容器への収納に関する技術上の基準について、次のうち誤っているものはどれか。

1．固体の危険物は、原則として容器の内容積の 95% 以下の収納率としなければならない。

2．液体の危険物は、原則として容器の内容積の 98% 以下の収納率としなければならない。

3．液体の危険物は、原則として 55℃の温度において漏れないように十分な空間容積を確保しなければならない。

4．第3類の自然発火性物質は、不活性の気体を封入して密封しなければならない。

5．第4類の危険物のうち水溶性の性状を有するものを収納した容器の外部には、「禁水」の表示をしなければならない。

Ⅰ．7－5．消火設備と設備基準

1 種類

①消火設備は、消火能力の大きさなどにより、第１種から第５種までの５つに区分される。

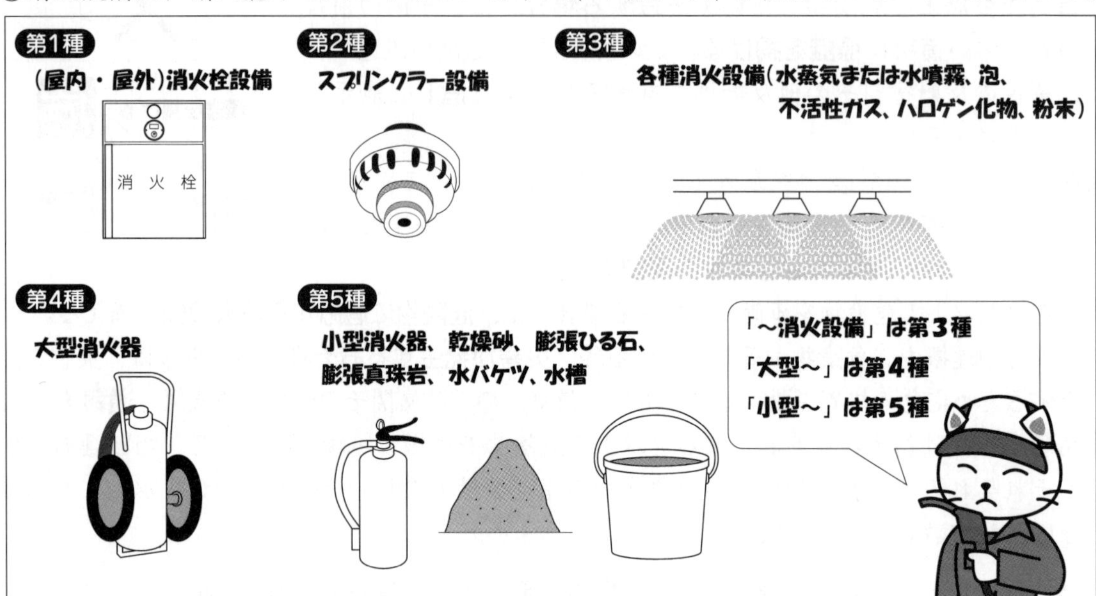

2 消火設備と適応する危険物の火災

①危険物（第４類～第６類）ごとの適応する消火設備は次のとおり。

（政令別表第５　抜粋）

消火設備の区分			建築物その他の工作物	電気設備	第４類	第５類	第６類
第3種（消火設備）	水蒸気または水噴霧消火設備		○	○	○	○	○
	泡消火設備		○	－	○	○	○
	不活性ガス消火設備		－	○	○	－	－
	ハロゲン化物消火設備		－	○	○	－	－
	粉末消火設備	（りん酸塩類）	○	○	○	－	○
		（炭酸水素塩類等）	－	○	○	－	－
		（その他のもの）	－	－	－	－	－
第4種（大型消火器）または第5種（小型消火器）	水消火器	（棒状）	○	－	－	○	○
		（霧状）	○	○	－	○	○
	強化液消火器	（棒状）	○	－	－	○	○
		（霧状）	○	○	○	○	○
	泡消火器		○	－	○	○	○
	二酸化炭素消火器		－	○	○	－	－
	ハロゲン化物消火器		－	○	○	－	－
	粉末消火器	（りん酸塩類等）	○	○	○	－	○
		（炭酸水素塩類等）	－	○	○	－	－
		（その他のもの）	－	－	－	－	－
第５種	水バケツまたは水槽		○	－	－	○	○
	乾燥砂		－	－	○	○	○
	膨張ひる石または膨張真珠岩		－	－	○	○	○

3 所要単位と能力単位

①所要単位は、消火設備の設置の対象となる建築物その他の工作物の規模、または危険物の量の基準の単位をいう。建築物の大きさと危険物の量により、どの程度の消火能力を有する消火設備が必要となるのかの基本単位となる。

②能力単位は、所要単位に対応する消火設備の消火能力の基準の単位をいう。

〔1所要単位の数値〕

種類	構造	1所要単位当たりの数値
製造所・取扱所	耐火構造	延べ面積 100m^2
	不燃材料	延べ面積 50m^2
貯蔵所	耐火構造	延べ面積 150m^2
	不燃材料	延べ面積 75m^2
危険物	−	**指定数量の 10 倍**を1所要単位とする

※例えば、耐火構造で造られた製造所（延べ面積 300m^2）で、ガソリン 2,000ℓを貯蔵し、または取扱う場合、延べ面積の所要単位は 300m^2 ÷ 100m^2 ＝ 3、また、ガソリンの指定数量の倍数は 2,000ℓ ÷ 200ℓ ＝ 10 で所要単位は 1 となり、合計すると所要単位は 4 となる。算出された所要単位に対し、必要な消火能力の単位を単位能力という。例えば、第1類から第6類の消火に対応する乾燥砂であれば 50ℓで単位能力が 0.5 とされている。

③**電気設備**に対する消火設備は、電気設備のある場所の**面積 100m^2** ごとに **1個以上**設けるものとする。

④地下タンク貯蔵所及び移動タンク貯蔵所にあっては、貯蔵所の面積、指定数量の倍数にかかわらず、必要な消火設備は次のとおり。

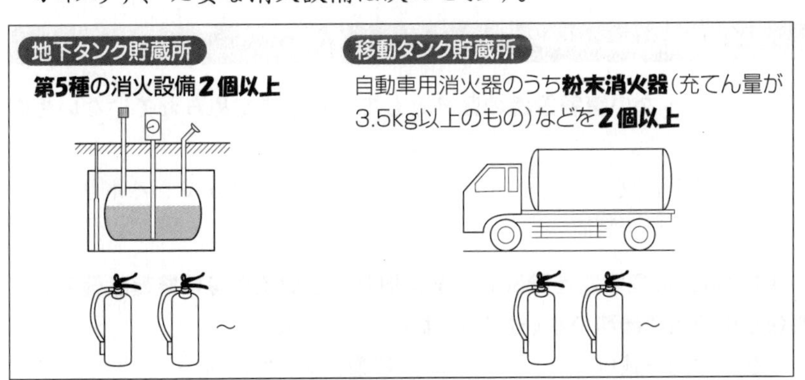

電気設備に設ける消火設備は**100m^{2}ごとに1個以上**

LET'S TRY! こう出る！実践問題

問題6　法令上、製造所等に設置する消火設備の区分として、第２種の消火設備に該当するものは次のうちどれか。

1．スプリンクラー設備　　2．屋内消火栓設備　　3．水蒸気消火設備
4．不活性ガス消火設備　　5．粉末消火設備

問題7　消火設備について、次のうち誤っているものはどれか。

1．屋内消火栓設備は、第１種の消火設備である。
2．泡消火設備は、第２種の消火設備である。
3．消火粉末を放射する大型消火器は、第４種の消火設備である。
4．地下タンク貯蔵所には、第５種の消火設備を２個以上設ける。
5．電気設備に対する消火設備は、電気設備のある場所の面積 $100m^2$ ごとに１個以上設ける。

Ｉ．７－６．警報設備

1 警報設備の設置

①指定数量の **10倍以上**の危険物を貯蔵し、または取扱う製造所等**（移動タンク貯蔵所を除く）**は、火災が発生した場合に自動的に作動する火災報知設備その他の警報設備を設けなければならない。警報設備は、次のとおり区分する。

A　自動火災報知設備
B　拡声装置
C　消防機関に報知ができる電話
D　警鐘
E　非常ベル装置

〔自動火災報知設備を設置しなければならない製造所等〕

製造所	一般取扱所	屋内貯蔵所
屋外タンク貯蔵所	屋内タンク貯蔵所	給油取扱所（※一部対象）

②上記の６施設以外［移送取扱所、移動タンク貯蔵所を除く］については、**B～Eのうち１種類以上**を設ける。

警報設備の設置

移動タンク貯蔵所には不要！

警報設備の設置の要・不要を決める詳細な基準（貯蔵・指定数量等）については省略

LET'S TRY! こう出る！実践問題

問題8　製造所等に設置しなければならない警報設備の区分として、規則で定められていないものは、次のうちどれか。

1．警鐘　　2．拡声装置　　3．消防機関に報知ができる電話
4．自動式サイレン　　5．非常ベル装置

問題9　法令上、指定数量の10倍以上の危険物を貯蔵し、又は取り扱う製造所等に警報設備を設けなければならいが、警報設備の設置義務のないところは次のうちどれか。

1．製造所　　2．屋内貯蔵所　　3．移動タンク貯蔵所
4．給油取扱所　　5．屋内タンク貯蔵所

8 行政命令等

Ⅰ．8－1．措置命令・許可の取消・使用停止命令

1 措置命令

①**市町村長等**は、次に該当する事項が発生した場合、製造所等の所有者、管理者または占有者（所有者等）に対し、該当する**措置を命ずる**ことができる。

〔措置命令の種類〕

命　令	該当事項
危険物の貯蔵・取扱い基準遵守命令	製造所等での危険物の**貯蔵・取扱い**が技術上の基準に違反しているとき。
危険物施設の基準適合命令 **（修理、改造又は移転の命令）**	製造所等の**位置・構造・設備**が技術上の基準に違反しているとき（製造所等の所有者等で権限を有するものに対して行う）。
危険物保安統括管理者または **危険物保安監督者の解任命令**	危険物保安統括管理者もしくは危険物保安監督者が消防法もしくは消防法に基づく命令の規定に違反したとき、またはこれらの者にその業務を行わせることが**公共の安全の維持**、もしくは**災害の発生の防止**に支障を及ぼすおそれがあると認めるとき。
予防規程変更命令	火災予防のため必要があるとき。
危険物施設の応急措置命令	危険物の流出その他の事故が発生したときに**応急の措置**を講じていないとき。
移動タンク貯蔵所の 応急措置命令	管轄する区域にある移動タンク貯蔵所について、危険物の流出その他の事故が発生したとき。

2 無許可貯蔵等の危険物に対する措置命令

①市町村長等は、指定数量以上の危険物について、仮貯蔵・仮取扱いの承認や製造所等の許可を受けないで貯蔵し、または取扱っている者に対し、**危険物の除去、災害防止のための必要な措置**について命ずることができる。

無許可貯蔵等の危険物に対する措置命令

3 緊急使用停止命令

①市町村長等は、公共の安全の維持または災害の発生の防止のため**緊急の必要**があると認めるときは、製造所等の所有者、管理者または占有者（所有者等）に対し、施設の使用を**一時停止**すべきことを命じ、またはその**使用を制限**することができる。

緊急使用停止命令

4 危険物取扱者免状の返納命令

①危険物取扱者が消防法の規定に違反しているとき（※）は、危険物取扱者免状を交付した**都道府県知事**は、危険物取扱者に対し**免状の返納**を命ずることができる。
※**保安講習を受講していない場合**等が該当する。

免状の返納命令

5 許可の取消しまたは使用停止命令

①市町村長等は、製造所等の所有者、管理者または占有者（所有者等）が次のいずれかに該当するときは、その製造所等について**設置許可の取り消し**、または期間を定めて施設の**使用停止**を命ずることができる。

〔許可の取り消しまたは使用停止命令となる対象〕

	該当事項
無許可変更	位置・構造・設備を**無許可で変更**したとき。
完成検査前使用	完成検査済証の**交付前に使用**したとき、 または仮使用の承認を受けないで使用したとき。
措置命令違反	**位置・構造・設備に係る措置命令**に違反したとき。 **（修理、改造または移転命令違反）**
保安検査未実施	政令で定める屋外タンク貯蔵所または移送取扱所の 保安の検査を受けないとき。（完成検査済証 なし！）
定期点検未実施	定期点検の実施、記録の作成・保存がなされていないとき。（定期点検 記録なし！）

6 使用停止命令

①市町村長等は、製造所等の所有者、管理者または占有者（所有者等）が次のいずれかに該当するときは、その製造所等について期間を定めて施設の**使用停止**を命ずることができる。

〔使用停止命令となる対象〕

	該当事項
貯蔵取扱基準遵守命令違反	**危険物の貯蔵・取り扱い基準の遵守命令に違反したとき**。ただし、移動タンク貯蔵所については、市町村長の管轄区域において、その命令に違反したとき。
未選任・管理違反	①**危険物保安統括管理者を定めないとき**、またはその者に危険物の保安に関する業務を統括管理させていないとき。 ②**危険物保安監督者を定めないとき**、またはその者に危険物の取扱い作業に関して**保安の監督をさせていないとき**。
解任命令違反（解任命令に従わなかったとき）	**解任命令が発せられる場合…** ①危険物保安統括管理者もしくは危険物保安監督者がこの法律、もしくはこの法律に基づく命令の規定に違反したとき。 ②またはこれらの者にその業務を行わせることが、**公共の安全の維持**もしくは**災害の発生の防止**に**支障をおよぼすおそれがある**と認めるとき。

命令

LET'S TRY! こう出る！実践問題

問題1　法令上、製造所等が市町村長等から使用停止を命ぜられる事由に該当しないものは、次のうちどれか。

1．製造所等の位置・構造・設備を無許可で仕様変更したとき。
2．製造所等を完成検査済証の交付前に使用したとき。
3．危険物保安監督者を定めたときの届出を怠ったとき。
4．製造所等の定期点検の実施や、その記録の作成・保存がされていないとき。
5．危険物保安監督者の解任命令に従わなかったとき。

問題2　法令上、製造所等における法令違反と、それに対し市町村長等から受ける命令等として、次の組合せのうち誤っているものはどれか。

1．製造所等の位置、構造及び設備が技術上の基準に違反しているとき。
　…………製造所等の修理、改造又は移転命令
2．製造所等おける危険物の貯蔵又は取扱いの方法が、危険物の貯蔵、取扱いの技術上の基準に違反しているとき。…………危険物の貯蔵、取扱基準遵守命令
3．製造所等において危険物の流出その他の事故が発生したときに、所有者等が応急措置を講じていないとき。…………危険物施設の応急措置命令
4．公共の安全の維持又は災害発生の防止のため、緊急の必要があるとき。
　…………製造所等の一時使用停止命令又は使用制限命令
5．危険物保安監督者が、その業務を怠っているとき。
　…………危険物の取扱作業の保安に関する講習の受講命令

問題3　法令上、危険物保安監督者を定めなければならない製造所等において、市町村長等から製造所等の使用停止を命ぜられることがあるものの組み合わせはどれか。

A．危険物保安監督者が定められていないとき。
B．危険物保安監督者が危険物の取扱作業の保安に関する講習を受講していないとき。
C．危険物保安監督者の解任命令の規定に違反したとき。
D．危険物保安監督者を定めたときの届出を怠ったとき。

1．AとB　　2．AとC　　3．BとC　　4．BとD　　5．CとD

Ⅰ．8－2．事故発生時の応急措置

1 措置命令

①製造所等の所有者等は、製造所等について、危険物の流出その他の**事故が発生**したときは、直ちに以下の措置を講じなければならない。
　ⅰ．引き続く危険物の流出及び拡散の防止
　ⅱ．流出した危険物の除去
　ⅲ．その他災害の発生の防止のための**応急の措置**

②事故を発見した者は、直ちに、その旨を**消防署、市町村長の指定した場所、警察署または海上警備救難機関**に通報しなければならない。

③市町村長等は、応急の措置を講じていないと認めるときは、その者に対し、同項の**応急の措置を講ずべき**ことを**命ずる**ことができる。

措置命令

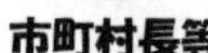

市町村長等

LET'S TRY! こう出る！実践問題

問題4　法令上、製造所等において危険物の流出等の事故が発生した場合の措置について、次のうち誤っているものはどれか。

1．引き続く危険物の流出を防止しなければならない。
2．可燃性蒸気の滞留している場所において危険物を除去する場合は、火花を発する機械器具、工具などの使用に関して、引火防止に十分に気をつけなければならない。
3．災害の拡大を防止するための応急の措置を講じなければならない。
4．発見した者は、直ちに、その旨を消防署、市町村長の指定した場所、警察署又は海上警備救難機関に通報しなければならない。
5．流出した危険物の拡散を防止しなければならない。

問題5　法令上、製造所等で流出した危険物またその他の事故等が発生した場合、当該製造所等の所有者等は応急措置を講じなければならないとされているが、その応急措置について、次のうち誤っているものはどれか。

1．引き続く危険物の流出を防止すること。
2．流出した危険物の拡散を防止すること。
3．流出した危険物を除去すること。
4．現場付近にいる者に消防作業に従事させること。
5．火災等の発生防止の措置を講ずること

第１章　法令まとめ（※一部掲載。その他の数値、語句等は本文テキスト参照。）

〔製造所等における保安規制に必要な人員・業務等〕

項　目	資格等	届出先等	必要とする製造所等	指定数量等	主な業務、内容等
Ⅰ.4-1. 危険物 保安監督者	▪実務経験**6ヶ月**以上 ▪**甲又は乙種**危険物取扱者	市町村長等 届出	▪製造所 ▪屋外タンク貯蔵所 ▪給油取扱所 ▪移送取扱所 ▪一般取扱所 ※指定数量の30倍を超える屋外貯蔵所にも危険物保安監督者が必要となる		▪作業者・危険物施設保安員に対し必要な指示 ▪災害時の応急措置 ▪施設保安員の業務の代行 （施設保安員を置いていない場合） ▪関連する施設の関係者との連絡を保つ
Ⅰ.4-2. 危険物 保安統括管理者	−		▪製造所 ▪一般取扱所	3,000倍以上	▪危険物保安統括管理者を定めなければならない製造所等の所有者等は、当該事業所に自衛消防組織を置かなければならない。
			▪移送取扱所		
Ⅰ.4-3. 危険物施設保安員	−	届出 **不要**	▪製造所 ▪一般取扱所	100倍以上	▪点検の実施 ▪異常時の連絡 ▪装置の管理 ▪点検の記録・保存 ▪火災時の応急措置 ▪その他の保安業務
			▪移送取扱所		
Ⅰ.4-4. 予防規程 Ⅰ.4-5. 予防規程に 定めるべき事項	所有者等が 定める	市町村長等の**認可**	▪製造所 ▪一般取扱所	10倍以上	▪顧客に自ら給油等をさせる給油取扱所（セルフスタンド）にあっては、顧客に対する監視その他保安のための措置に関することを予防規程に定める。
			▪屋外貯蔵所	100倍以上	
			▪屋内貯蔵所	150倍以上	
			▪屋外タンク貯蔵所	200倍以上	
			▪給油取扱所 ▪移送取扱所		
Ⅰ.4-7. 製造所等の 定期点検	−	−	▪製造所 ▪一般取扱所	10倍以上 （もしくは地下タンクを有すもの）	▪危険物取扱者又は危険物施設保安員が行う。ただし、危険物取扱者の立会を受けた場合は、危険物取扱者以外の者が点検を行うことができる ▪原則として**1年に1回**以上行う（タンクの漏れの有無を確認する点検については、点検の期間が別に定められている） ▪定期点検の記録は、**3年間保存**しなければならない。ただし、移動貯蔵タンクの漏れの点検の記録は10年間、屋外貯蔵タンクの内部点検の記録は26年間（または30年間）保存すること。
			▪屋外貯蔵所	100倍以上	
			▪屋内貯蔵所	150倍以上	
			▪屋外タンク貯蔵所	200倍以上	
			▪給油取扱所	地下タンクを有するもの	
			▪移送取扱所 ▪地下タンク貯蔵所 ▪移動タンク貯蔵所		
Ⅰ.5-1. 保安距離	−	−	▪製造所 ▪屋内貯蔵所 ▪屋外貯蔵所 ▪屋外タンク貯蔵所 ▪一般取扱所		（下表）

建築物等	保安距離
電線(7千V超～3.5万V以下)	**3m**以上
電線（3.5万V超）	**5m**以上
敷地外住居	**10m**以上
高圧ガス等の施設	**20m**以上
学校・病院・劇場等	**30m**以上
重要文化財等	**50m**以上

第 Ⅱ 章

基礎的な物理学及び基礎的な化学

❶燃焼と消火

❷基礎的な物理学

❸基礎的な化学

1 燃焼と消火

Ⅱ．1－1．燃焼の化学

1 燃焼の定義

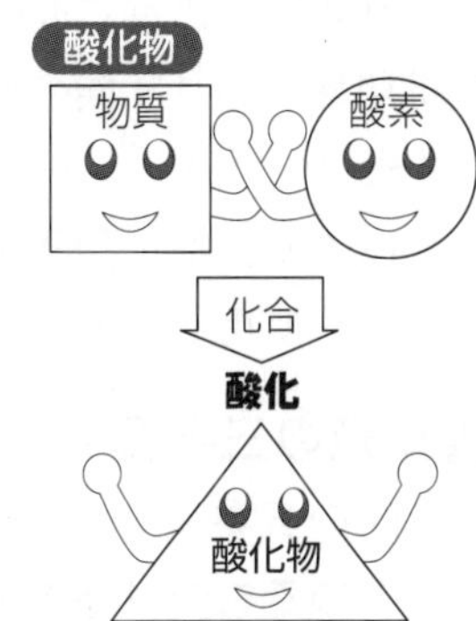

①物質が酸素と化合することを**酸化**という。そして、酸化の結果、生成された物質を**酸化物**という。例えば、炭素は酸素と化合すると二酸化炭素になる。この場合、炭素は酸化されて酸化物の二酸化炭素に化学変化することになる。

②酸化反応のうち、化合が急激に進行して著しく**発熱**し、しかも**発光**を伴うことがある。このように、熱と発光を伴う酸化反応を**燃焼**という。

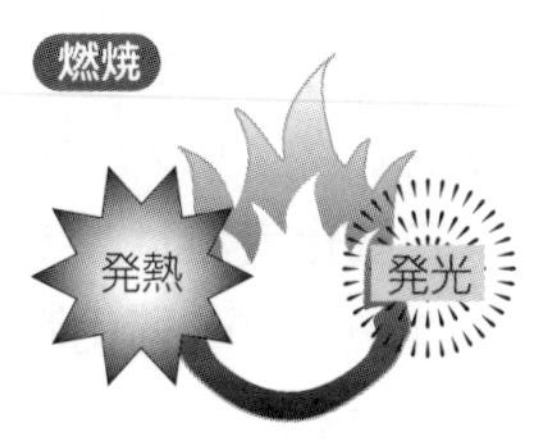

③鉄 Fe は酸化すると"さびる"が、これを燃焼とはいわない。なぜなら、著しい発熱と発光を伴わないためである。また、酸化反応であっても、**吸熱反応**を示すものは、燃焼とはいわない。

例1：N_2 ＋ (1/2) O_2 ＝ N_2O － 74kJ …一酸化二窒素の生成 例2：(1/2) N_2 ＋ (1/2) O_2 ＝ NO － 90kJ …一酸化窒素の生成

④物質は燃焼することにより、**化学的により安定した物質**に変化する。

2 無炎燃焼（燻焼(くんしょう)）

火炎を有しない

①燃焼には火炎を有する有炎燃焼と、火炎を有しない無炎燃焼がある。無炎燃焼は、たばこや線香にみられる。次の特徴がある。

ⅰ．固体の可燃性物質特有の燃焼形態である。

ⅱ．酸素の供給量が増加することにより有炎燃焼に移行することがある。

ⅲ．熱分解による可燃性気体の発生速度が小さい場合や、雰囲気中の酸素濃度が低下した場合など、火炎は維持できないが、表面燃焼は維持できる場合に起こる。

②燻焼(くんしょう)とは多量の発煙を伴い、**炎をあげないで燃焼する**ことをいう。

3 ガスの分解爆発

①アセチレン、エチレン、酸化エチレン等は、たとえ空気等の支燃性（助燃性）ガスが存在せず、単一成分であっても火花、加熱、衝撃、摩擦などにより分解爆発を起こす。この分解爆発では、分子が分解する際に多量の熱を発生する。

例1：アセチレン	$C_2H_2 = 2C + H_2 + 227kJ$
例2：エチレン	$C_2H_4 = C + CH_4 + 127kJ$
例3：酸化エチレン	$C_2H_4O = CO + CH_4 + 134kJ$

4 不活性ガス

①不活性ガスとは、消火剤や反応性の高い物質の保存等に利用される**反応性の低い気体**で、最も一般的に使用されるのは**窒素**や**アルゴン**である。単一種類の元素からなるものと、二酸化炭素（炭酸ガス）のように化合物からなるものがある。

原子、分子と結合しにくい

②周期表の第18族の元素であるヘリウムHe・ネオンNe・アルゴンAr・クリプトンKr・キセノンXe・ラドンRnなどは総称して「**希ガス**（貴ガス）」と呼ばれ、原子はイオン化しにくく、他の**原子や分子と結合して化合物を作ることがほとんどない**ため、不活性ガスとして使用される。不燃性、無色無臭の気体である。

5 燃焼の三要素

①燃焼の三要素とは、燃焼が起こるための次の要素をいい、**どれか1つでも欠けると燃焼は起こらない。**

A　可燃物

火を付けるとよく燃える物質で、水素、一酸化炭素、硫黄、木材、石炭、ガソリン、プロパンなどがある。

二酸化炭素は、それ以上酸化することがないため可燃物にならないが、**一酸化炭素**はさらに酸化することができるため可燃物になる。

B　酸素供給源

空気の他、第1類危険物（酸化性固体）や第6類危険物（酸化性液体）が挙げられる。酸化性の固体や液体は、反応相手に酸素を供給する特性があるため、可燃物と混合すると危険性が高まる。また、第5類危険物（自己反応性物質）は、分子内に酸素を含有しており、さらに自身は可燃性であるため、可燃物と酸素供給源が常に共存している状態といえる。

C　点火源（熱源）

火気の他に火花（金属の衝撃火花や静電気の放電火花）や酸化熱などがある。

②燃焼の際に**酸素の供給が不足**すると、**一酸化炭素CO**が生じるようになる。一酸化炭素は人体に**極めて有毒**である。

燃焼の3要素

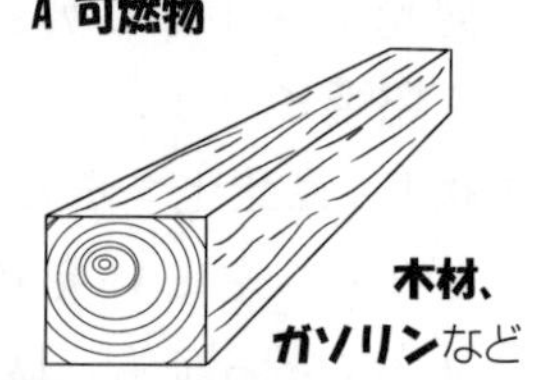

6 炎色反応

①炎色反応は、アルカリ金属やアルカリ土類金属、銅などを無色の炎の中へ入れると、炎がその金属元素特有の色を示す反応である。

リチウム Li	ナトリウム Na	カリウム K	カルシウム Ca	ストロンチウム Sr	バリウム Ba	銅 Cu
赤色	黄色	赤紫色	橙赤色	深赤色	黄緑色	青緑色

LET'S TRY! こう出る！実践問題

問題１　燃焼について、次の文の（　）内のA～Cに当てはまる語句の組合せとして、正しいものはどれか。

「物質が酸素と反応して（A）を生成する反応のうち、（B）の発生を伴うものを燃焼という。有機物が完全燃焼する場合は、酸化反応によって安定な（A）に変わるが、酸素の供給が不足すると生成物に（C）、アルデヒド、すすなどの割合が多くなる。」

	A	B	C
1.	酸化物	熱と光	二酸化炭素
2.	還元物	熱と光	一酸化炭素
3.	酸化物	煙と炎	二酸化炭素
4.	酸化物	熱と光	一酸化炭素
5.	還元物	煙と炎	二酸化炭素

問題２　燃焼の三要素の可燃物または酸素供給源に該当しないものは、次のうちどれか。

1．過酸化水素　　2．窒素　　3．水素

4．メタン　　5．一酸化炭素

Ⅱ．１－２．燃焼の区分

1 気体の燃焼

①可燃物を気体、液体、固体に区分すると、それぞれに応じた方法で燃焼する。

②可燃性ガスは、空気とある濃度範囲で混合していないと燃焼しない。燃焼可能な**濃度範囲を燃焼範囲**という。

③燃焼範囲内の可燃性ガスをつくるには、あらかじめ可燃性ガスと空気を混合させておく**予混合燃焼**と、燃焼の際に可燃性ガスを拡散させ空気と混合させる**拡散燃焼**がある。

④予混合燃焼では、炎が速やかに伝播して燃え尽きる。ただし、部屋などの空間に密閉されていると、温度及び圧力が急上昇して爆発を起こすことがある。また、拡散燃焼では可燃性ガスが連続的に供給されると、定常的な炎を出す燃焼となる。

気体の燃焼

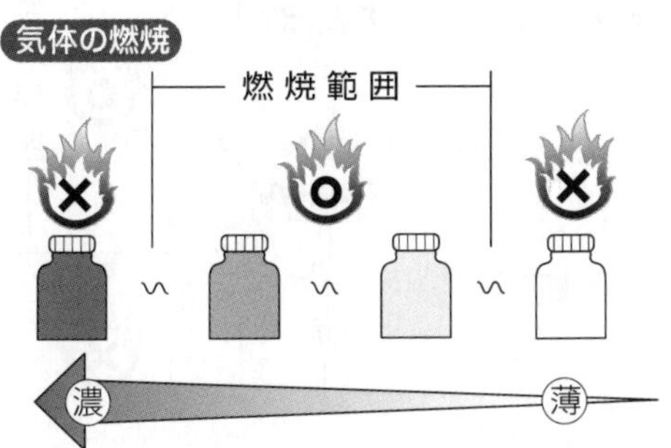

可燃性ガスをつくるには

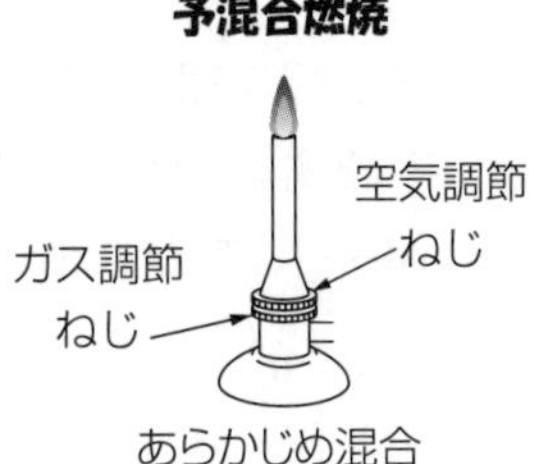

2 液体の燃焼

①アルコールやガソリンなどの可燃性液体は、それ自身が燃えるのではなく、液体の蒸発によって生じた**蒸気**が着火して火炎を生じ、燃焼する。これを**蒸発燃焼**という。したがって、可燃性液体の取扱いの際には、蒸気の漏洩や滞留に充分注意しなければならない。

②燃焼範囲の下限界に相当する濃度の蒸気を発生するときの液体の温度を**引火点**という。

（後述「Ⅱ.1-5. 引火と発火」参照。）

3 固体の燃焼

①固体の燃焼は、**表面燃焼**、**蒸発燃焼**、**分解燃焼**に分類できる。

A　表面燃焼

可燃性固体が熱分解や蒸発を起こさず、固体のまま空気と接触している**表面が直接燃焼**するものである。

※**木炭**、**コークス**、**金属粉**などの燃焼が該当。

B　蒸発燃焼

可燃性固体を加熱したときに熱分解を起こさず、蒸発（昇華）した**蒸気が燃焼**するものである。

※**硫黄**、固形アルコール、**第４類危険物**などの燃焼が該当。

C　分解燃焼

可燃性固体が加熱されて**熱分解**を起こし、**可燃性ガスを発生**させてそれが燃焼するものである。

※**木材**、石炭、紙、プラスチックなどの燃焼が該当。

また、分解燃焼のうち可燃性固体が内部に保有している**酸素**によって燃焼するものがある。これを**内部（自己）燃焼**といい、加熱・衝撃・摩擦等で爆発的に燃焼する。

※**ニトロセルロース**、セルロイド、第５類危険物が該当。

自己燃焼（内部燃焼）…**内部の酸素**が燃焼

※ ニトロセルロース
セルロースの硝酸エステル。セルロースは分子式$(C_6H_{10}O_5)n$で表される鎖状高分子化合物である。ニトロ化で$-NO_2$が化合する。硝化度の高いものは火薬、硝化度の低いものはフィルムなどとして使用する。

4 燃焼範囲

①燃焼範囲は、空気中において燃焼することができる**可燃性蒸気の濃度範囲**のこと。

②可燃性蒸気を空気と混合したとき、その混合気中に占める可燃性蒸気の容量（体積）を「%」で表す。なお、「燃焼」に対しては燃焼範囲というが、対象が「爆発」である場合は爆発範囲という。

固体の燃焼

A 表面燃焼

B 蒸発燃焼…蒸気が燃焼

C 分解燃焼…発生したガスが燃焼

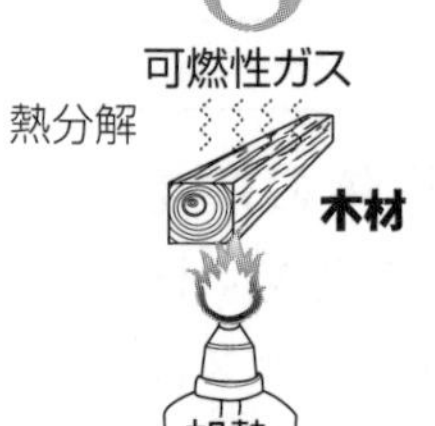

ガソリンの燃焼範囲

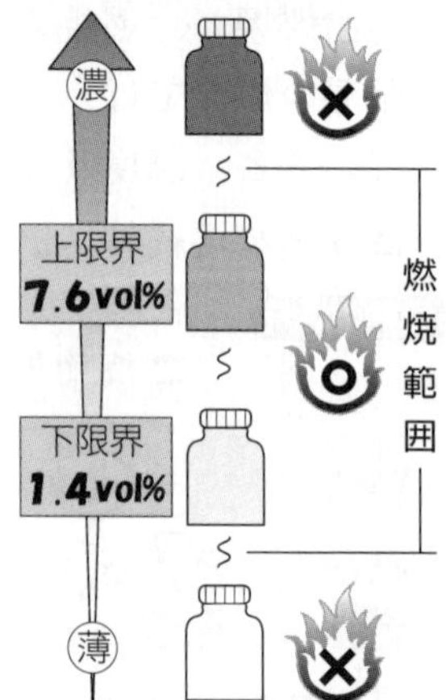

③単位の vol% は、**容量(体積)百分率**を表している。vol は volume（容量、書物の巻、音量などの意味）の略である。

④燃焼限界とは燃焼範囲の**限界濃度**のことをいう。濃い方を**上限界**、薄い方を**下限界**という。燃焼範囲が広く、また下限界の低いものほど引火しやすく危険である。

⑤**ガソリンの燃焼範囲は 1.4 ～ 7.6vol%**となっている。したがって、ガソリンエンジンでは混合気のガソリン蒸気濃度が **1.4 ～ 7.6**vol%であるときに爆発（燃焼）し、下限値未満の薄い濃度や上限値超の濃い濃度では爆発(燃焼)が起こらないことになる。

主な物質の燃焼範囲

物質	燃焼範囲（vol%）
ガソリン	1.4 ～ 7.6
灯油	1.1 ～ 6.0
二硫化炭素	1.3 ～ 50
ジエチルエーテル	1.9 ～ 36
水素	4.0 ～ 75

LET'S TRY! こう出る！実践問題

問題3　可燃物と燃焼の形態の組合せとして、次のうち誤っているものはどれか。

1．木炭……………………表面燃焼
2．灯油……………………蒸発燃焼
3．ガソリン……………蒸発燃焼
4．セルロイド…………内部（自己）燃焼
5．重油……………………表面燃焼

問題4　次の液体の引火点と燃焼範囲の下限値の数値として考えられる組合せのうち、正しいものはどれか。

「ある引火性液体は、液温 40℃のとき濃度 8 vol%の可燃性蒸気を発生した。この状態でマッチの火を近づけたところ引火した。」

	引火点	燃焼範囲の下限値
1．	10℃	11vol%
2．	15℃	4 vol%
3．	20℃	10vol%
4．	40℃	12vol%
5．	45℃	6 vol%

Ⅱ．１－３．有機物の燃焼

1 有機物の燃焼

①ガソリンや灯油などの液体は、蒸発燃焼である。また、木材や石炭などの固体は、分解燃焼である。有機物のうち液体は蒸発燃焼、固体は**分解燃焼**となるものが多い。

※有機物は、生物に由来する炭素原子Cを含む物質の総称である。また、有機化合物の意（後述「Ⅱ.3-9.有機化合物」参照）。

②有機物の燃焼で生じる炎は、一番外側の外炎と、その内側の内炎に区分できる（正確にはこの他、炎の中心部に炎心と呼ばれる部分がある）。

③外炎は酸素との接触が十分であるため、酸化反応が迅速に進行して熱を発生しており、炎の中で最も高温となっている。外炎には CH、C_2 といった反応中間体が存在しており、主に青色の光を放射している。ただし、光はあまり強くなく目立たない。

④**内炎**部分では酸素の供給が不十分となるため、温度が若干低い。また、不完全燃焼が起こっていることから、**炭素の微粒子**（すす）が発生している。この微粒子が熱放射によって主にオレンジ色の光を放射する。炎の中で**一番明るく光って**見える部分である。

⑤燃焼時に発生する**すす**は、黒煙とも呼ばれる。すすは、可燃性ガス中の**炭素粒子**が高温にさらされ燃焼することなく単独で分離したものである。空気の供給が部分的に不足すると発生する。

⑥**不完全燃焼**すると、すすの量が多くなるとともに、可燃性ガス中の炭素が完全に酸化されないことから、**一酸化炭素 CO** の量が多くなる。

有機物の燃焼

蒸発燃焼…液体

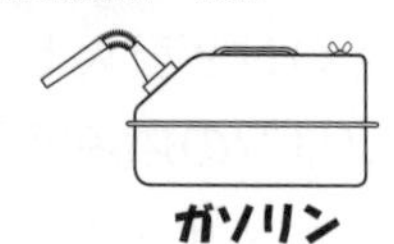

分解燃焼…固体

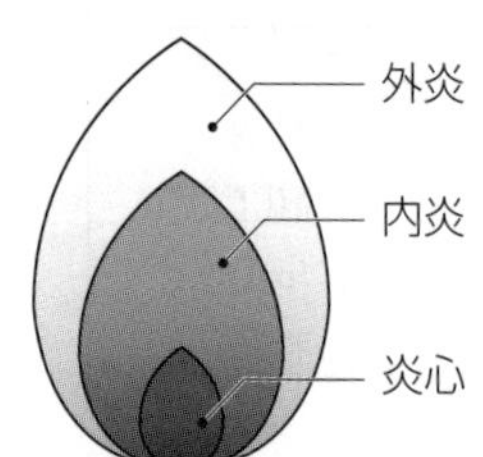

不完全燃焼すると

すす…炭素粒子

すすの量が多くなる

LET'S TRY! こう出る！実践問題

問題5　有機物の燃焼に関する一般的な説明として、次のうち誤っているものはどれか。

1．蒸発、又は分解して生成する気体が炎をあげて燃えるものが多い。
2．燃焼に伴う明るい炎は、主として高温の炭素粒子が光っているものである。
3．空気の量が不足すると、すすの出る量が多くなる。
4．分子中の炭素数が多い物質ほど、すすの出る量も多くなる。
5．不完全燃焼すると、二酸化炭素の発生量が多くなる。

Ⅱ．1－4．燃焼の難易

1 燃えやすい要素

①本来、燃焼の難易は「着火の難易」と「燃焼の継続の難易」に分けて考える必要がある。しかし、それを区分せず、一般的に燃焼の難易をまとめると次のようになる。

〔燃焼の難易〕

燃焼しやすい条件	代表的な物質、説明など
酸化されやすい	水素、炭素など
空気との接触面積が大きい	金属粉など
発熱量（燃焼熱）が大きい	燃焼熱は、１モルの物質が完全燃焼するときの反応熱である。 例　C（黒鉛）＋ O_2 ＝ CO_2 ＋ 395kJ
可燃性蒸気を発生しやすい	液体のガソリンや、固体の硫黄
熱伝導率が小さい	保温効果が良く、熱が蓄積されやすいもの。 熱伝導率は、熱伝導の度合いを示す数値で、金属は熱を良く伝導するため熱伝導率が高い。液体、気体の順に、熱伝導率は小さくなる。
沸点が低い	気化して蒸気を発生しやすいため。
乾燥度が高い （含有水分が少ない）	木材は湿っていると燃えにくい。
周囲の温度が高い	温度が高いと酸化の反応が速くなる。
酸素濃度が**高い**	空気中には酸素が約 21%含有されている。これより酸素濃度が高くなるほど燃焼は激しくなる。また、酸素濃度が 14 ～ 15%以下になると燃焼を継続できなくなる。

2 燃焼の難易に直接関係しないもの

体膨張率

…物質の温度を１℃上げたときの体積の増加量と元の体積の比。

蒸発熱

…液体１g が蒸発するときに吸収する熱量で、**気化熱**ともいう。

燃焼の難易に関係しない

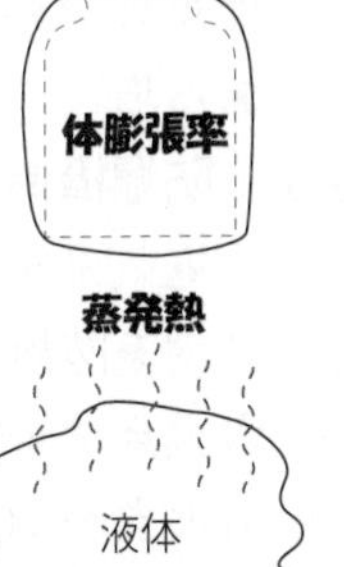

3 燃焼の抑制

①可燃物が燃焼（酸化）するのを**抑制**する働きがあるものに、**ハロゲン**がある。

②**ハロゲン**は、フッ素 F、塩素 Cl、臭素 Br、ヨウ素 I などの元素をいい、いずれも陰イオンになりやすく、**強い酸化作用**がある。

LET'S TRY! こう出る！実践問題

問題6　燃焼の難易と直接関係のないものは、次のうちどれか。

1．体膨張率　　2．空気との接触面積　　3．含水量

4．熱伝導率　　5．発熱量

Ⅱ．１－５．引火と発火

1 引火点と燃焼点

①**引火点**は、次の２つの定義がある。

ｉ．空気中で点火したとき、可燃性液体が燃え出すのに必要な**濃度の蒸気**を液面上に発生する最低の**液温**。

ⅱ．可燃性液体が燃焼範囲の**下限値の濃度**の蒸気を発生するときの液体の温度。

②可燃性液体の温度がその引火点より高い状態では、点火源により引火する危険性がある。

③**燃焼点**とは、**燃焼を継続**させるのに必要な可燃性蒸気が供給される温度をいう。燃焼点は引火点より数℃高い。引火点では燃焼を継続することができない。

④可燃性液体は、液温に相当する可燃性蒸気を液面から発生しており、液温が高くなると蒸気量は多くなり、液温が低くなると蒸気量は少なくなる。また、その温度に相当する一定の蒸気圧を有するので、液面付近では、蒸気圧に相当する蒸気濃度がある。

2 発火点

①**発火点**とは、可燃性物質を空気中で加熱したとき、他から火源を与えなくても**自ら燃焼を開始する**最低温度をいう。

②ガソリンの場合、引火点は**－40℃以下**、発火点は**約300℃**である。また、灯油の場合、引火点は40℃以上、発火点は約220℃。なお、発火点は一般に**引火点より高い温度**である。

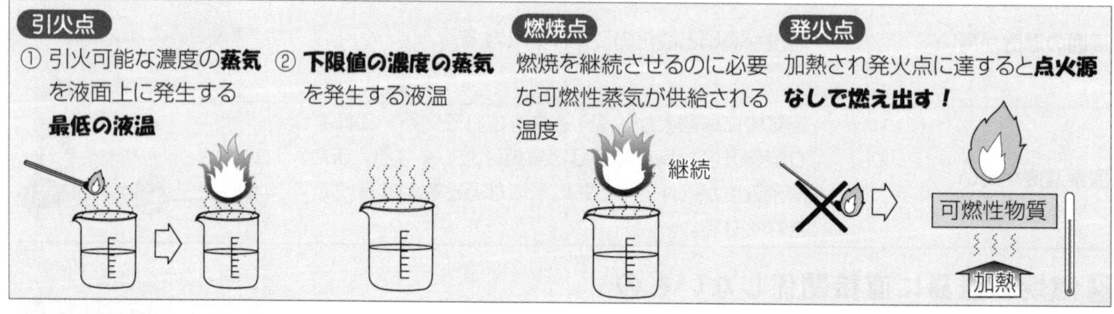

3 防爆構造

①可燃性蒸気や可燃性粉じんが空気と混合して爆発下限界以上の危険雰囲気を生成するおそれのある場所、燃えやすい危険物質や腐食性ガスが存在する特殊な場所に設置する**電気機器は、防爆構造**としなければならない。これは一般に電気機器を使用すると、そこから発生する電気火花や熱が発火源となり、混合気に引火して爆発する危険性があるためである。

②電気設備を防爆構造としなければならない範囲は、次のとおりとする。

ｉ．引火点が40℃未満の危険物を貯蔵し、または取扱う場合

ⅱ．引火点が40℃以上の危険物であっても、その可燃性液体の引火点以上の状態で貯蔵し、または取扱う場合

ⅲ．可燃性微粉が著しく浮遊するおそれのある場合

LET'S TRY! **こう出る！実践問題**

問題7　引火性液体の燃焼について、次のうち誤っているものはどれか。

1．可燃性液体が、爆発（燃焼）下限界の蒸気を発生するときの液体の温度を引火点という。
2．液体の温度が引火点より低い場合は、燃焼に必要な濃度の蒸気は発生しない。
3．引火点は、物質によって異なる値を示す。
4．可燃性液体の温度がその引火点より高いときは、火源により引火する危険がある。
5．液温が引火点に達すると、液体表面からの蒸気に加えて、液体内部からも気化しはじめる。

Ⅱ．1－6．自然発火

1 熱の発生機構

①**自然発火**は、点火源がない状態、または可燃物が加熱されていない状態でも、物質が常温空気中で**自然に発熱**し、**その熱が長時間蓄積**されることで**発火点に達し**、燃焼を起こす現象である。
②熱が発生する機構として、酸化による発熱、化学的な分解による発熱、発酵による発熱、吸着による発熱などがある。
③発熱の機構ごとに、発熱する物質をまとめると、次のとおり。
　ⅰ．**酸化**による発熱…**乾性油、原綿、石炭、ゴム粉、鉄粉**など。
　ⅱ．**分解**による発熱…**セルロイド、ニトロセルロース**（第５類危険物）など。
　ⅲ．発酵による発熱…堆肥、ゴミ、ほし草、ほしわらなど。
　ⅳ．吸着による発熱…**活性炭**、木炭粉末（脱臭剤）など。
　ⅴ．その他の発熱……エチレンがポリエチレンに重合する際の重合反応熱など。

自然発火

熱が長時間蓄積

発火点に達し燃焼

酸化による発熱

乾性油、原綿、石炭
ゴム粉、鉄粉

分解による発熱

セルロイド、
ニトロセルロース

2 乾性油

①動植物油類（第４類危険物）の自然発火は、油類が空気中で酸化され、その**酸化熱が蓄積される**ことで発生する。
②この油類の酸化は、**乾きやすいもの**ほど起こりやすい。乾性油は乾きやすく、空気中で徐々に酸化して固まる。
③乾性油は、その分子内に不飽和結合（C＝C）を数多くもつ。この炭素間の二重結合に酸素原子が容易に入り込むことで、**酸化熱を発生**する。
④**ヨウ素価**は、油脂 100g が吸収するヨウ素のグラム数で、不飽和結合がより多く存在する油脂ほど、この値が大きくなり、不飽和度が高い。ヨウ素価 100 以下を**不乾性油**、100 ～ 130 を**半乾性油**、130 以上を**乾性油**という。

油類の酸化は
乾きやすいものほど
起こりやすい!

ヨウ素価

100 以下　**100～130 以下**　**130 以上**

0――100――130

第2章　基礎的な物理学及び基礎的な化学

3 可燃性粉体のたい積物

①粉体とは、固体微粉子の集合体をいう。

②可燃性の粉体として、**セルロース**、コルク、粉ミルク、砂糖、エポキシ樹脂、ポリエチレン、ポリプロピレン、活性炭、木炭、アルミニウム、マグネシウム、鉄などがある。

③これらのたい積物は、空気の**湿度が高く、かつ含水率が大きい**ほど、発熱と蓄熱が進み、自然発火に至ることが多い。

LET'S TRY! こう出る！実践問題

問題8　蓄熱して自然発火が起こることについて、次の文中の（　）内のA～Cに当てはまる語句の組合せとして、正しいものはどれか。

「ある物質が空気中で常温（20℃）において自然に発熱し、発火する場合の発熱機構は、分解熱、（A）、吸着熱などによるものがある。分解熱による例には、（B）などがあり、（A）による例の多くは不飽和結合を有するアマニ油、キリ油などの（C）がある。」

	A	B	C
1.	酸化熱	セルロイド	乾性油
2.	燃焼熱	石炭	半乾性油
3.	生成熱	硝化綿	不乾性油
4.	反応熱	ウレタンフォーム	不乾性油
5.	中和熱	炭素粉末類	乾性油

Ⅱ．1－7．混合危険

※混合危険とは、２種類またはそれ以上の**物質が混合または接触することで**、**発火**または**爆発の危険**が生じることをいう。

混合危険性を示す物質の組み合わせは次の３つに大別される。

ⅰ．酸化性物質と還元性物質との混合

ⅱ．酸化性塩類と強酸との混合

ⅲ．物質が互いに接触して化学反応を起こし、極めて敏感な爆発性物質をつくる場合

1 酸化性物質と還元性物質との混合

①**酸化性物質**は**第１類**及び**第６類**の危険物があり、**還元性物質**は**第２類**及び**第４類**の危険物がある。

②混合によって直ちに発火するものや、発熱後しばらくして発火するもの、あるいは混合したものに加熱・衝撃を与えることによって発火・爆発を生ずるものなどがある。

酸化性物質は第**1**類･第**6**類
還元性物質は第**2**類･第**4**類

2 酸化性塩類と強酸との混合

①酸化性塩類つまり第１類危険物の**塩素酸塩類**、**過塩素酸塩類**、**過マンガン酸塩類**などは**硫酸**などの**強酸と混合**すると不安定な遊離酸を生成する。これに可燃物が接触すると、発火させることがある。また可燃物自体も分解し、爆発することがある。

3 敏感な爆発性物質をつくる場合

①敏感な物質をつくる反応は比較的知られていないことから災害が発生することがある（例：アンモニアと塩素⇒三塩化窒素、ヨウ素⇒酸ヨウ化窒素、硝酸銀⇒雷銀　など）。

4 水分との接触による発火

①**空気中の湿気を吸収、または水分に接触したときに発火する**ものも、混合危険性物質の一種である（例：ナトリウム、カリウム、マグネシウム粉、アルミニウム粉　など）。

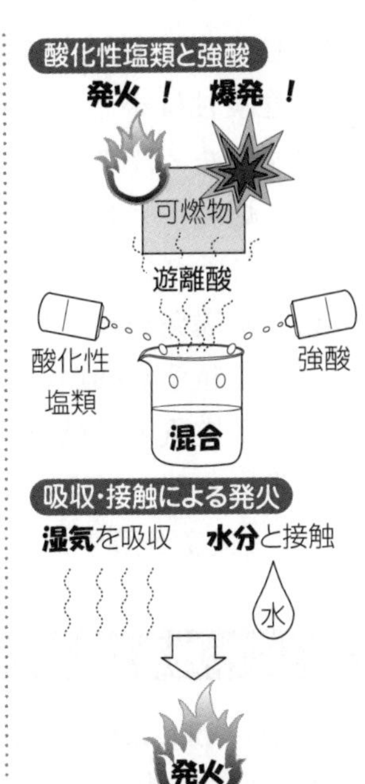

LET'S TRY! こう出る！実践問題

問題９　混合危険や混合危険性物質の説明として、次のうち誤っているものはどれか。

1．一般に、強い酸化性物質と還元性物質とが混ざると混合危険のおそれがある。
2．空気と接触して発火する物質は、混合危険性物質の一種である。
3．混合により直ちに発火・爆発する物質は、混合危険性物質の一種である。
4．水と接触して発熱・発火する物質は、混合危険性物質の一種である。
5．２種類以上の物質を混合し、点火源や衝撃、摩擦等を与えてはじめて発火・爆発する場合の現象は、混合危険に該当しない。

Ⅱ．１－８．粉じん爆発

1 粉じん爆発

①**粉じん爆発**は、可燃性の固体微粒子が空気中に浮遊しているときに起きる爆発である。

②ガス爆発より粉じん爆発の方が**大きく**、着火しにくいものの、爆発時に発生する**エネルギーは**ガス爆発より粉じん爆発の方が**数倍大きい**特性がある。

③粉じん爆発は、爆発時に周囲にたい積している粉じんを舞い上がらせるため、**連続的かつ爆発的な燃焼が持続**する。また、粉じんが燃えながら飛散するため、周囲の可燃物に飛び火する危険性がある。

④有機化合物による粉じん爆発では、**不完全燃焼**を起こしやすい。このため、**一酸化炭素 CO が大量に発生**することがある。

粉じん爆発

固体微粒子

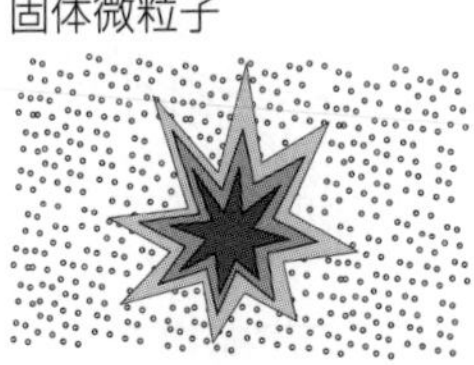

爆発時の**エネルギー**は
ガス爆発より**数倍大きい**

有機化合物による粉じん爆発は不完全燃焼を起こしやすいんじゃ

⑤粉じんの**粒子が大きい**場合、空気中に浮遊しにくいため、爆発の危険性は小さくなる。また、**開放された空間**では粉じんが拡散するため、爆発が起こりにくい。

※「爆発」とは一般に、急激なエネルギーの解放による圧力上昇とそれに起因する爆発音を伴う現象のことをいう。

⑥粉じん爆発が起こりやすい条件は次のとおりである。

ⅰ．粒子が細かいとき

ⅱ．空気中で粒子と空気がよく混ざり合っているとき

ⅲ．空間中に浮遊する粉じん濃度が一定の範囲内にあるとき（濃度が濃すぎても薄すぎても、爆発は起こらない）

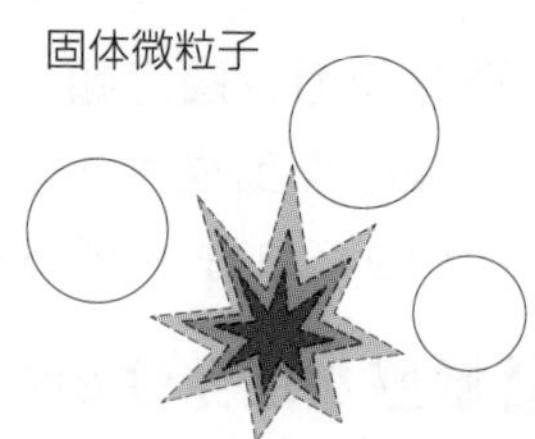

粒子が大きい場合また**開放された空間**では爆発が起こりにくい

LET'S TRY! **こう出る！実践問題**

問題 10　粉じん爆発について、次のうち誤っているものはどれか。

1．可燃性固体の微粉が空気中に浮遊しているときに、何らかの火源により爆発する現象をいう。
2．開放空間では爆発の危険性は低い。
3．粉じんが空気とよく混合している浮遊状態が必要である。
4．粉じんが大きい粒子の場合は、簡単に浮遊しないので爆発の危険性は低い。
5．有機化合物の粉じん爆発では、燃焼が完全になるので一酸化炭素が発生することはない。

Ⅱ．１－９．消火と消火剤

1 消火の三要素（四要素）

①物質が燃焼するのに必要な三要素は、可燃物、酸素供給源、熱源（点火源）の３つで、三要素のうちの**どれか一要素を除去**すると、消火することができる。

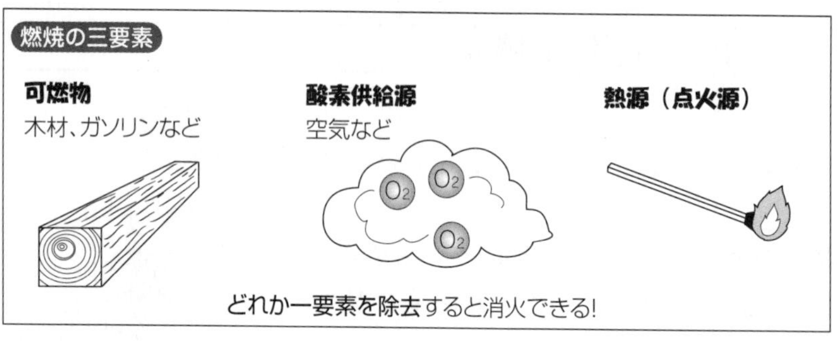

②燃焼の三要素に対し、除去効果による消火（除去消火法）、窒息効果による消火（窒息消火法）、冷却効果による消火（冷却消火法）を**消火の三要素**という。

③消火はこの他、ハロゲン化物消火剤のように燃焼を**化学的に抑制**する消火方法がある。燃焼を抑制することから**負触媒効果**ともいわれ、燃焼という連続した**酸化反応を遅らせる**ことで消火する。この抑制効果による消火も含めて、**消火の四要素**と呼ぶ。

消火の四要素

除去効果
窒息効果
冷却効果
（三要素）
＋
抑制効果

2 除去効果による消火（除去消火）

①**可燃物**をさまざまな方法で**除去する**ことによって消火する方法（例：ロウソクの炎を息で吹き消す動作、燃焼しているガスコンロの栓を閉めてガスの供給を絶つ動作　など）。

除去効果

3 窒息効果による消火（窒息消火）

①**酸素の供給を遮断**することによって消火する方法（例：燃焼物を不燃性の泡、ハロゲン化物の蒸気や**二酸化炭素**などの不燃性ガスなどで覆い空気と遮断する行為、アルコールランプの炎に**ふたをする**動作、たき火に**砂をかける**動作　など）。

②空気中の酸素濃度は**約21%**だが、一般に酸素濃度が**14～15vol%以下**になると燃焼が停止するといわれる。

窒息効果

酸素の供給を遮断

酸素濃度**14～15vol%以下**で燃焼が停止

4 冷却効果による消火（冷却消火）

①燃焼物を**冷やす**ことで消火する方法。

冷却効果

燃焼物を**冷やす**

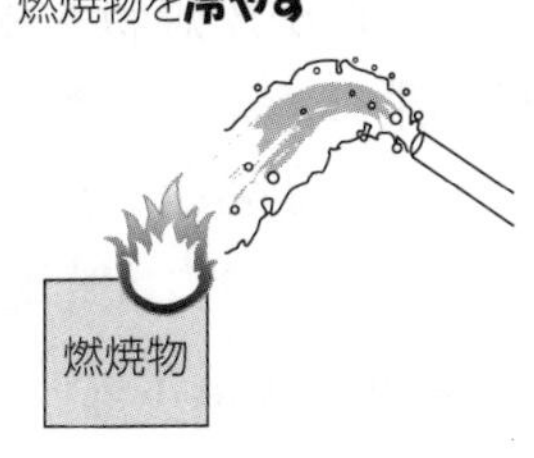

5 火災の区分

①火災は、消火器の種類などから、次のように区分されている。

A　普通火災（A火災）…木材、紙、繊維などの火災

B　油火災（B火災）……ガソリン、灯油、軽油などの火災

C　電気火災（C火災）…電気設備、電気器具、変圧器、モーターなどの火災

6 消火剤の分類と消火効果

〔放水等、水による消火〕

水は、**蒸発熱（気化熱）**と比熱が大きいため**冷却効果**が大きく、普通火災に対し消火剤として広く使われている。

ただし、水は**油火災**（※油は水より軽いため水に浮いて火面を拡げる危険がある）**や電気火災**（※感電の危険がある）**に使えない。**

水は蒸発すると体積が約1,650倍に増える。この水蒸気が空気中の**酸素**と**可燃性ガス**を**希釈**する作用がある。

水による消火

普通火災

油火災　電気火災

〔強化液消火剤〕

強化液消火剤は、水に**アルカリ金属塩（炭酸カリウム）**を加えた**濃厚な水溶液**で、アルカリ性を示す。**－20℃**でも凍結しないため、寒冷地でも使用できる。

この消火剤は、**冷却効果**と燃焼を**化学的に抑制する効果**（**負触媒効果**）を備えている。

普通火災に対しては**冷却効果**が大きく、また水溶液で浸透性があることから**再燃防止効果**もある。

油火災及び**電気火災**には、**噴霧状**に放射することで適応する。また、**油火災**に対しては**抑制効果**が大きい。

強化液消火剤

冷却＋抑制効果

普通火災

油火災

〔泡消火剤〕

泡消火剤は、**一般の泡消火剤**と**水溶性液体用**の２つがある。

一般の泡消火剤は、普通火災に対し**冷却効果**と**窒息効果**により消火する。また、油火災に対しては油面を泡で覆う**窒息効果**により消火する。

一般の泡消火剤は、アルコールなどの水溶性可燃液に泡が触れると溶けて消えてしまうため、水溶性可燃液（**アルコール、アセトン等**）の消火には、**水溶性液体用泡消火剤（耐アルコール泡消火剤）**を用いる。

なお、泡消火剤は**電気火災**（※感電の危険がある）**に使えない。**

泡消火剤

冷却 ＋窒息効果

〔ハロゲン化物消火剤〕

ハロゲン化物消火剤は、主に一臭化三フッ化メタン $CBrF_3$ が使われている。これは常温常圧で気体であるが、加圧されて液体の状態で充填されている。放射すると**不燃性の非常に重いガス**となる。これが燃焼物を覆うことで**燃焼の抑制（負触媒）作用**及び**窒息効果**により消火する。

ガスによる消火作用のため、**油火災**及び**電気火災**に対しては有効であるものの、普通火災に対しては効果が薄い。

ハロゲン化物消火剤

抑制＋窒息効果

〔二酸化炭素消火剤〕

二酸化炭素消火剤は、加圧して液体の状態でボンベに充填されており、経年による変質がほとんどないため、**長期にわたり安定して使用**できる。

放射すると直ちに**ガス化**し、空気より重い（比重約 1.53）ため燃焼物を覆う。主に**窒息効果**により消火するが、蒸発時の冷却効果もある。

燃焼物の周囲に二酸化炭素が充満し、酸素濃度がおおむね **14 ～ 15vol％以下**になると、燃焼は停止する。

非導電性のため、**電気絶縁性がよく**、電気火災の際にも感電することはない。また、金属や電気機器と化学反応を起こしにくい。

気体のため細部まで消火剤がよく届き、消火後の**汚損が少ない。**

二酸化炭素は**人体に対する毒性は弱い**が、閉鎖された空間などで多量に吸い込むと酸欠状態となる危険性がある。したがって、不活性ガス消火設備（第３種）として使用される場合、放出する際には酸欠事故防止のため、退室すること。

ハロゲン化物消火剤と同様に、**油火災及び電気火災**に対しては有効であるが、普通火災に対しては効果が薄い。

二酸化炭素消火剤

窒息効果

CO_2
CO_2
普通火災
油火災
電気火災

〔粉末消火剤〕

粉末消火剤は、燃焼を化学的に抑制する**抑制（負触媒）効果**が大きく、この他に燃焼面を覆うことによる**窒息効果**もある。

粉末消火剤は、主成分の違いにより数種類のものが使われる。

リン酸塩類（リン酸二水素アンモニウム）$NH_4H_2PO_4$ を主成分とする粉末消火剤は、木材等の**普通火災**に対しても適応する。３種類すべての火災に適応することから、この消火剤を充填したものは**粉末（ABC）消火器**と呼ばれる。

一方で、**炭酸水素塩**（炭酸水素カリウムや炭酸水素ナトリウムなど）を主成分にしたものは、油火災と電気火災に適応するが、**普通火災には不適応**である。

炭酸水素ナトリウム $NaHCO_3$ は白色の粉末状で、水溶液は弱い塩基性を示す。加熱によって炭酸ナトリウム、二酸化炭素、水の３つの物質に分解する。**重曹**とも呼ばれる。

炭酸水素カリウムは無色の固体で、水溶液は弱い塩基性を示す。加熱によって二酸化炭素を放出して炭酸カリウムとなる。これを消火剤の主成分としたものは、炭酸水素ナトリウムと見分けやすくするため、紫色に着色するよう定められている。

〔簡易消火用具〕

消火能力のある水、砂または粉状のものと、これを使用するバケツ等の用具をいう。具体的には、水バケツ、乾燥砂、膨張ひる石など。乾燥砂、膨張ひる石、膨張真珠岩は酸素供給を遮断し**窒息させる効果**がある。

粉末消火剤

リン酸塩類消火粉末

抑制＋窒息効果

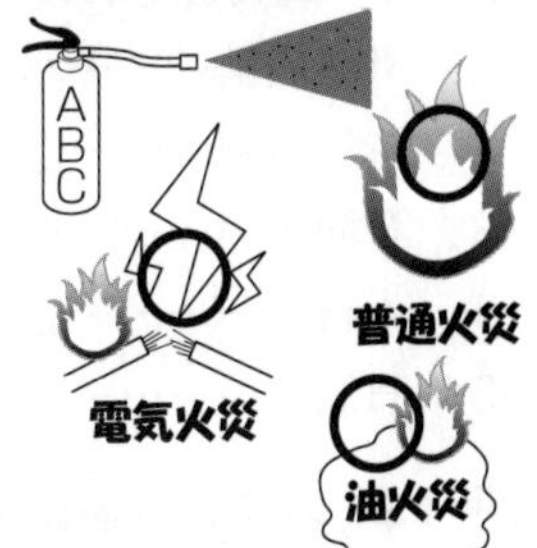

炭酸水素塩消火粉末

リン酸塩類を主成分とする粉末消火剤は**すべての火災に適応**するよ

簡易消火用具

窒息効果

水バケツ　膨張ひる石など

〔消火剤のまとめ〕　○…**適応**、×…**不適応**

消火剤		適応火災 普通火災	油火災	電気火災	アルコールアセトンの消火	消火効果
水		○	×	×	−	冷却
強化液（噴霧放射）		○	○	○	−	冷却・抑制
泡	一般	○	○	×	×	窒息・冷却
	水溶性液体	○			○	窒息
ハロゲン化物		×	○	○	−	窒息・抑制
二酸化炭素		×	○	○	−	窒息・冷却
粉末消火剤	リン酸塩類	○	○	○	−	窒息・抑制
	炭酸水素塩	×				

LET'S TRY! こう出る！実践問題

問題 11　火災とそれに適応する消火器の組合せとして、次のうち不適切なものはどれか。

1．電気設備………ハロゲン化物消火器
2．電気設備………泡消火器
3．石油……………二酸化炭素消火器
4．木材……………強化液消火器
5．石油……………粉末（リン酸塩類）消火器

問題 12　水による消火作用等について、次の文の（　）内のA～Cに当てはまる語句の組合せとして、正しいものはどれか。

「水による消火は、燃焼に必要な熱エネルギーを取り去る（A）効果が大きい。これは水が大きな（B）熱と比熱を有するからである。また、水が蒸発して多量の蒸気を発生し、空気中の酸素と可燃性ガスを（C）する作用もある。」

	A	B	C
1．	冷却	蒸発	希釈
2．	除去	蒸発	抑制
3．	冷却	凝縮	窒息
4．	冷却	凝縮	除去
5．	除去	蒸発	冷却

問題 13　強化液消火剤について、次のうち誤っているものはどれか。

1．アルカリ金属塩類等の濃厚な水溶液である。
2．油火災に対しては、霧状にして放射しても適応性がない。
3．－20℃でも凍結しないので、寒冷地での使用にも適する。
4．電気火災に対しては、霧状にして放射すれば適応性がある。
5．木材などの火災の消火後、再び出火するのを防止する効果がある。

問題 14　消火に関する、次の文の（　）内のA～Cに該当する語句の組合せとして、正しいものはどれか。

「一般的に燃焼に必要な酸素の供給源は空気である。空気中には酸素が約（A）含まれており、この酸素濃度を燃焼に必要な量以下にする消火方法を（B）という。物質により燃焼に必要な酸素量は異なるが、一般に石油類では、空気中の酸素濃度を約（C）以下にすると燃焼は停止する。」

	A	B	C
1．	25vol％	窒息消火	20vol％
2．	21vol％	除去消火	18vol％
3．	25vol％	除去消火	14vol％
4．	21vol％	窒息消火	14vol％
5．	21vol％	除去消火	20vol％

2 基礎的な物理学

Ⅱ．２－１．静電気

1 静電気の発生

①静電気とは静止し動かない状態にある電気を指し、物体の電気的な極性がプラスまたはマイナスに片寄った状態を**帯電**という。

②静電気は、**絶縁抵抗が大きい物質**ほど発生しやすい。

③物体や原子などがもつ電気を**電荷**といい、その量を**電気量**という。電気量の単位は**クーロン（C）**が用いられる。

④二つの物質が接触して離れる際、お互いの間で電子の移動が起こる。**電子を受け取った側はマイナスに帯電**し、**電子を放出した側はプラスに帯電**することで、静電気が発生する。

⑤物体間で電子（電荷）をやりとりをしても、その前後での**電気量**（電荷の量）**の総和は変化しない**。これを**電気量保存の法則**、あるいは**電荷保存則**という。

⑥電子（電荷）には正と負があり、それぞれ正電荷、負電荷という。**同じ極性同士の電荷は反発し合い（斥力）**、**異なる極性同士の電荷は引きつけ合う（引力）**。このような力を静電気力または**クーロン力**という。

⑦**帯電列**とは、２種類の材質を摩擦したときに、プラス側に帯電しやすい材質を上位に、マイナス側に帯電しやすいものを下位に並べた序列の表である。摩擦する材質が帯電列上でより離れていれば、より多くの電荷が移動する。

帯電列	（＋）	ガラス＞ナイロン＞木綿＞ポリエチレン＞テフロン	（－）

⑧一般に、ナイロンやポリエチレン等の**合成繊維**は、木綿等の天然繊維と比べ**静電気が発生しやすい**。

帯電

帯電していない状態

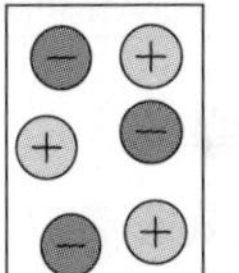
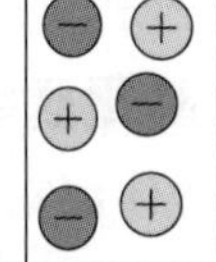

電子の負荷は等しい

帯電状態

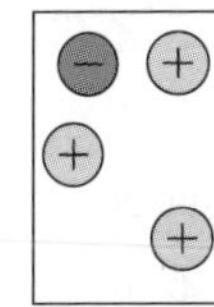
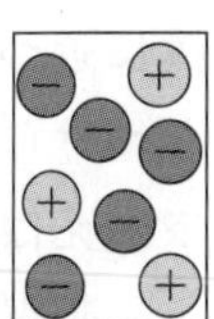

電子が片寄っている

引力と斥力

異なる極性の電荷同士は**引きつけ合う（引力）**

同じ極性の電荷同士は**反発し合う（斥力）**

石油などを原料として合成した高分子化合物から造った繊維を**合成繊維**という!

2 静電気の測定機器

①静電気の測定機器には、**箔検電器**（はくけん）、表面電位（電界）測定器、ファラデーケージ法、クーロンメータがある。

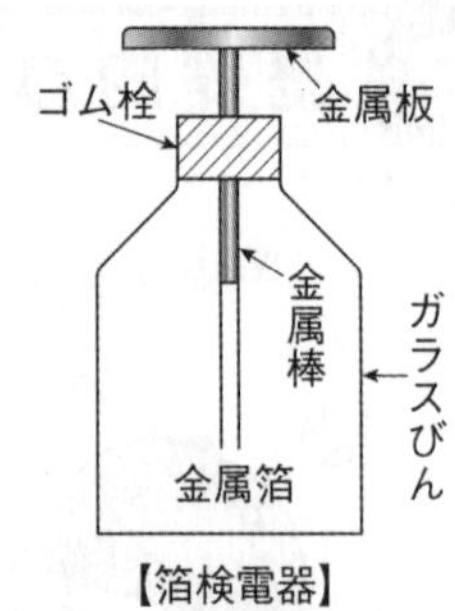

【箔検電器】

3 静電気のエネルギー

①**静電気のエネルギー**は、そこに帯電している**電気量**が大きくなるほど多くなり、**電荷の電圧**が高くなるほど、エネルギーも増す。

②静電気の帯電量（Q）と電圧（V）及び静電容量（C）との間には、次の関係がある。

$$Q = CV$$

③仮に帯電量を一定とすると、静電容量が少なくなるほど、静電気に生じる電圧は高くなる。

④帯電体が**放電するときのエネルギー**（E）は、次の式から求めることができる。

$$E = \frac{1}{2}QV$$

静電気のエネルギー

帯電している**電気量**が大きくなるほど多くなる また、**電荷の電圧**が高くなるほど**エネルギーも増す**

4 静電誘導

①物体が電気を帯びることを帯電といい、帯電した物体を「帯電体」という。この帯電体を導体（電気を通す物質）に近づけると、導体は電荷を帯びて帯電体に引き付けられる。この導体が帯電体に近づくことにより、正（＋）と負（−）に電気分極して引きつけられることを**静電誘導**という。

※例えば、帯電していない導体に、正（＋）の電荷を帯びている帯電体を近づけると、導体は帯電し帯電体に引き寄せられ、導体の帯電体に近い側は負（−）の電荷を帯び、遠い側は正（＋）の電荷を帯びる。

②静電誘導で発生した導体内の正（＋）と負（−）の電荷量は常に同じである。また、帯電体を近づけるほどそれぞれの電荷量は大きくなり、遠ざければ小さくなる。帯電体の電気量を大きくすると静電誘導で発生する電荷量も大きくなる。

静電誘導の例

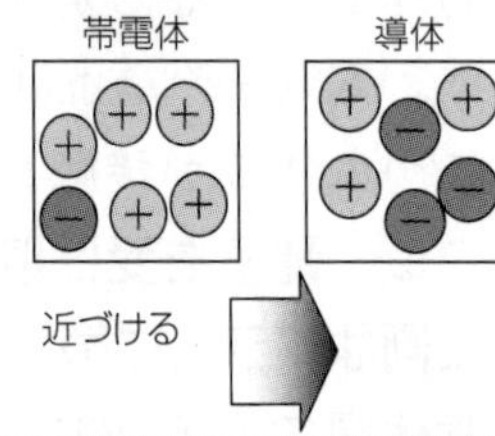

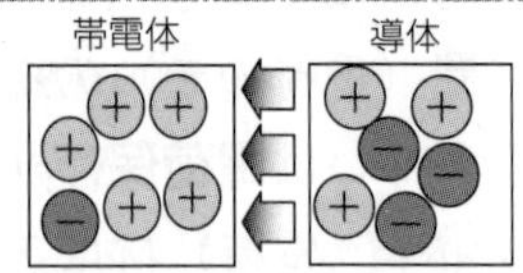

導体は帯電体に引き寄せられる

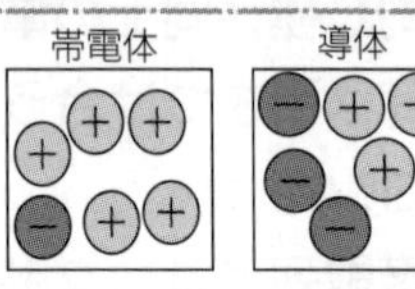

結果、導体の帯電体に近い側が−(負)をおびる

5 静電気の特性

①静電気が発生し、それが放電されずに帯電し続けると、静電気のエネルギーは増加する。この状態で何らかの原因により、静電気が空気中に火花を伴って放電すると、それが火災や爆発の点火源となる。

②静電気による災害を防ぐには、静電気の発生を抑えるとともに、帯電した静電気を意図的に放電させる必要がある。これら２つの対策を静電気の特性からまとめると次のとおりとなる。

〔静電気の発生を抑える〕

i．絶縁物の摩擦や**接触を少なく**する。

ii．絶縁性液体が流動したり、ノズルから噴出する際の**速度を遅く**する。

〔静電気を意図的に放電させる〕

i．静電気が蓄積されやすいものには、あらかじめ**アース（接地）**しておく。具体的には、給油ホース類には内側に導線を巻き込んだものを使用する。また、導電性の靴や服を使用する。

ii．静電気が蓄積されている可能性のあるものは、アース（接地）して放電させる。具体的には、給油作業前に人体または衣服に帯電した静電気を放電させる（※なお、**絶縁性の高い化学繊維の衣服**は帯電しやすいため作業時には着用しないこと）。

iii．床面に水をまくなどして、**湿度を高める**。帯電した静電気は、水蒸気を通して漏れやすい（放電しやすい）。

iv．除電器等を使用し、空気をイオン化（高圧、放射線、静電誘導等による方法）して静電気を除去する。

v．絶縁抵抗の大きい引火性液体のうち、**非水溶性のガソリン**などは電気抵抗率が水溶性のアルコール類より高いため、取扱いに注意する。

vi．タンク内への油の流入、循環、かくはん等の作業後には、静置時間をおいて放電させる。作業直後は、サンプリング作業や検尺作業を避ける。

静電気の発生を抑える

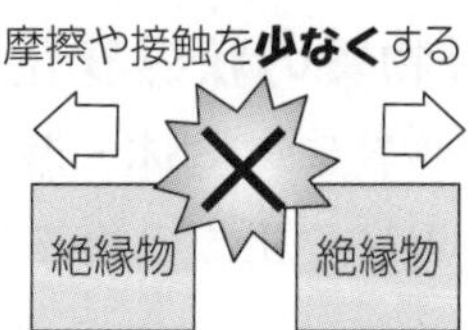

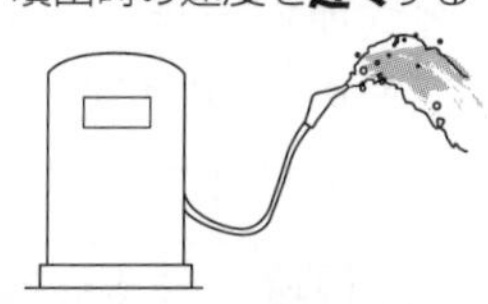

静電気を放電させる

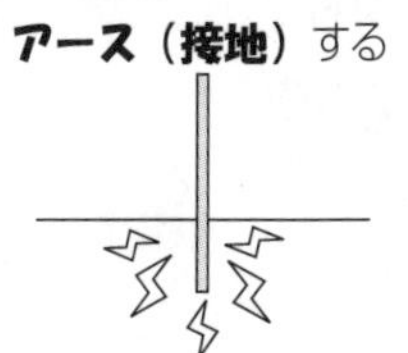

こう出る！実践問題

問題1　静電気に関する説明として、次のうち誤っているものはどれか。

1．静電気は、固体だけでなく、気体、液体でも発生する。
2．静電気の帯電量は、物質の絶縁抵抗が大きいものほど少ない。
3．ガソリン等の液体がパイプやホースの中を流れるときは、静電気が発生しやすい。
4．2種の電気の不導体を互いに摩擦すると、一方が正、他方が負に帯電する。
5．静電気の放電火花は、可燃性ガスや粉じんがあるところでは、しばしば着火源となる。

問題2　静電気に関する説明として、次のうち誤っているものはどれか。

1．静電気による火災には、燃焼物に適応した消火方法をとる。
2．静電気の発生を少なくするには、液体等の流動、かくはん速度などを遅くする。
3．静電気は一般に電気の不導体の摩擦等により発生する。
4．静電気の蓄積は、湿度の低いときに特に起こりやすい。
5．静電気の蓄積防止策として、タンク類などを電気的に絶縁する方法がある。

Ⅱ．２－２．物質の三態

1 物質の状態変化

①物質には**固体・液体・気体**の３つの状態があり、同じ物質でも温度や圧力の条件によって変化する。これを**物質の三態**という。

②物質は温度や圧力により三態に変化する。一般に、温度**20℃**を普通の温度、**１気圧**を普通の圧力としている（**常温常圧**）。

③三態の変化は次のようにまとめることができる。**昇華**の例として、ドライアイスや**ナフタレン（ナフタリン）**が挙げられる。

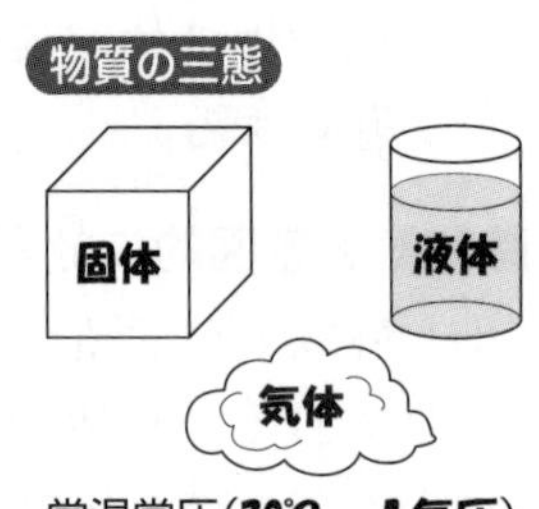

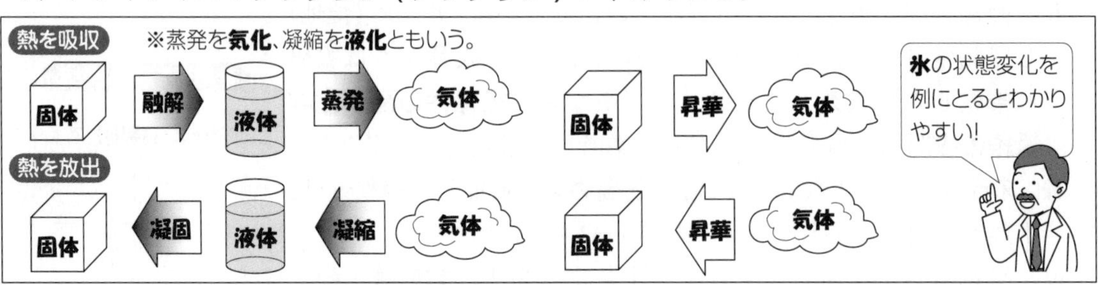

※例えば、氷は周囲から熱（**融解熱**）を吸収すると水となり、水は加熱などによりさらに熱（**気化熱**）を吸収すると水蒸気となる。逆に、水蒸気は温度が下がって熱を放出すると水滴などの水となる。水は冷凍庫などで熱が奪われると氷となる。

④**固体が液体**に変化する温度を**融点**といい、**液体が気体**に変化する温度を**沸点**という。また、**液体が固体**に変化する温度を**凝固点**という。一般に融点より沸点の方が高い。

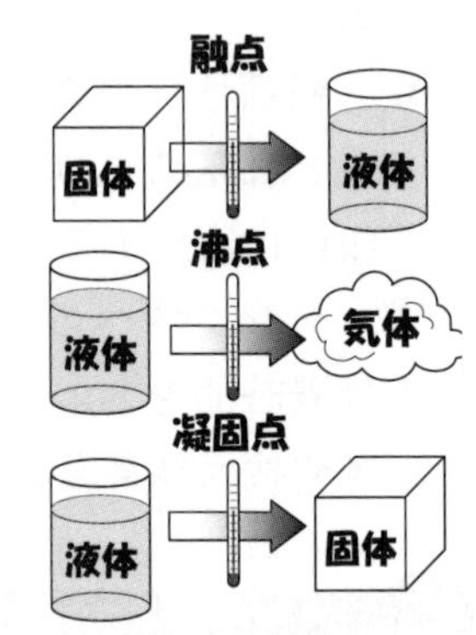

2 物質の状態図

①物質が温度と変化の状態に応じて、どのような状態にあるかを示した図を状態図という。右図のように、状態図は物質の種類によって決まった形となる。

②状態図において３本の曲線で分けられた部分では、物質は固体・液体・気体のいずれかの状態で存在する。また、これらの曲線上では、両側の状態が共存する。

③液体と気体、固体と液体、固体と気体を区切る曲線をそれぞれ蒸気圧曲線、融解曲線、昇華（圧）曲線という。３本の曲線の交点は三重点と呼ばれ、固体・液体・気体の３つの状態が共存している。

④水であっても、圧力の低い状態では昇華が起こる。

⑤物質の温度と圧力を高めていくと、気体と液体の区別がつかなくなり、いくら圧力を高めても凝縮が起こらなくなる。この点を臨界点という。

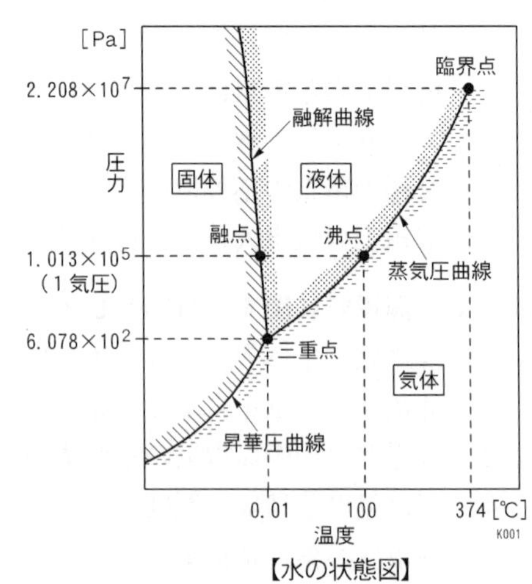

【水の状態図】

3 固体と気体の溶解度

①**溶解**とは、物質が液体中に溶けて均一な液体となる現象をいう。そして、もとの液体を溶媒、溶けて均一になった液体を**溶液**、溶解した物質を**溶質**という。

②溶解度とは、溶媒 100g 中に溶解し得る溶質の最大数をグラム数で表したものである。例えば、溶解度 50 は、溶媒 100g 中に溶解し得る溶質が 50g であることを表している。

③固体の**溶解度**は、一般に温度が高くなるほど大きくなる。しかし、**気体の溶解度**は、温度が高くなるほど小さくなり、また、圧力が高くなるほど大きくなる。例えば、炭酸水は温度が低く、また、圧力が高くなるほど多くの炭酸を水に溶かすことができる。

溶解とは

均一な液体になる現象

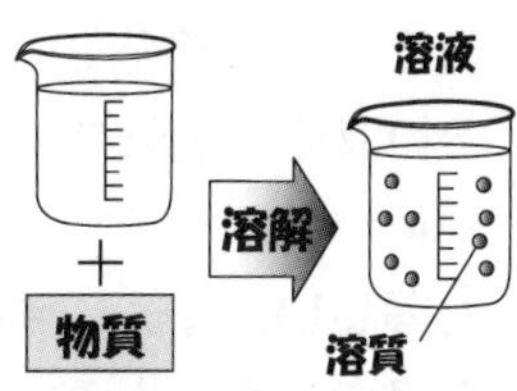

気体の溶解度

温度上昇で、小さくなる！
圧力上昇で、大きくなる！

4 凝固点降下と沸点上昇

①純粋な物質（液体）であれば、凝固点と沸点は物質ごとに定まっている。しかし、不揮発性の物質を液体に溶解させると、その希釈溶液は**凝固点降下**または**沸点上昇**を起こす。

※例えば、融雪剤・凍結防止剤に使われる塩化カルシウム（$CaCl_2$）は、路面上にまくことで雪や氷を溶かすことができるが、これは水に塩化カルシウムが溶けることで、凝固点降下が起きていることによる。また、沸騰した味噌汁は非常に熱い。これは、沸点上昇により 100℃を超えているためである。

②不揮発性の物質が溶液（溶媒）に溶けた希釈溶液に起こる凝固点降下や沸点上昇は、**溶質の種類に関係なく**、溶液中の**溶質の物質量**（溶液のモル濃度）に**比例**する。

不揮発性の物質を液体に溶解させると**凝固点降下**、**沸点上昇**を起こす

LET'S TRY! **こう出る！実践問題**

問題3　物質の状態変化の説明について、次のうち誤っているものはどれか。

1．真冬に湖水表面が凍った。……………………………………………凝固
2．ドライアイスが徐々に小さくなった。……………………………凝縮
3．洋服箱に入れたナフタリンが自然に無くなった。………………昇華
4．冬季に、コンクリート壁に結露が生じた。………………………凝縮
5．暑い日に、打ち水をしたら徐々に乾いた。………………………蒸発

Ⅱ．2－3．沸点と飽和蒸気圧

1 沸点

①液体を加熱すると気泡が液体内部から発生し、液体の温度はそれ以上、上昇しなくなる。この現象を「**沸騰**」といい、この時の温度を**沸点**という。液体内部から発生している気泡は、その物質の蒸気（気体）である。

沸点

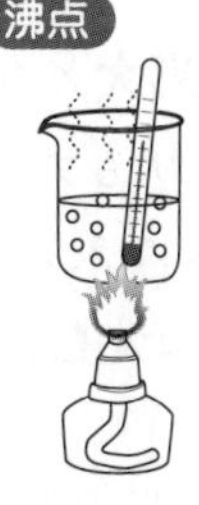

沸騰した時の温度

2 飽和蒸気圧

①液体が蒸発する際の空間が限定されると、その蒸発はある一定の状態まで進み、見かけ上はそれ以上蒸発しなくなる。この状態では、蒸発と凝縮（液化）が平衡しており、空間はその液体の蒸気で飽和されている。このときの蒸気圧力を**飽和蒸気圧**という。

②液体が沸騰しているとき、その**蒸気圧**は**大気圧（外圧、外気圧）と等しい**。また、**沸点**はその液体の蒸気圧が大気圧と等しくなる温度ともいえる。

沸騰時の飽和蒸気圧=大気圧

水は**1気圧100℃**で沸騰

③水は1気圧 100℃で沸騰するが、同時に水の 100℃における飽和蒸気圧は1気圧であるともいえる。また、高地では気圧が低いため、水の沸点も下がる。すなわち液体の飽和蒸気圧は温度が下がると低くなる。

④液体の温度ごとの飽和蒸気圧を調べるには、大気圧を変化させたときの沸点を測定する。そのときの大気圧がその液体の温度（沸点）における飽和蒸気圧となる。

⑤一般に、液体の**温度が上昇**すると、その外気中に存在しうる飽和蒸気の容量も増えるため、**飽和蒸気圧は増大**する。

LET'S TRY! こう出る！実践問題

問題4　次の文の（　）内のA～Cに当てはまる語句の組合せとして、正しいものはどれか。

「液体の飽和蒸気圧は、温度の上昇とともに（A）する。その圧力が大気の圧力に等しくなるときの（B）が沸点である。したがって、大気の（C）が低いと沸点も低くなる。」

	A	B	C
1.	減少	温度	圧力
2.	増大	湿度	温度
3.	減少	圧力	温度
4.	増大	温度	圧力
5.	減少	圧力	湿度

Ⅱ．２－４．比重と蒸気比重

1 比重

①固体、または液体の比重は**水を基準**としたとき、その物質の密度と水の密度との比をいう。水の密度はおよそ1g/cm³ であるが、気圧と温度で多少変化する。そこで、比重の算出にあたっては、1気圧・4℃の水を標準としている。また、このときの**水の密度は最大**となる。

②比重が1よりも大きい物質は水に入れると**沈み**、1よりも小さい物質は水に入れると**浮かぶ**（例：比重 1.3 の二硫化炭素（CS_2）は水に沈む。比重約 0.8 の灯油は水に浮かぶ）。

比重

※1気圧、4℃の水を基準「1」とする

水に沈む 比重1.3

水に浮かぶ 比重0.8

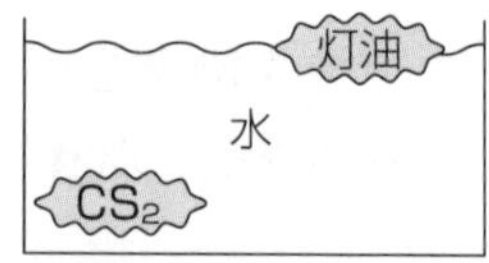

2 蒸気比重

①比重が水を基準としているのに対し、蒸気比重は空気（※0℃、1気圧を標準）を基準としたとき、その物質の気体または蒸気の密度との比のことをいう。

②蒸気比重が1よりも大きい蒸気（気体）は空気中に放出すると低所に移動し、1よりも小さい蒸気（気体）は高所に移動する。たとえば、一酸化炭素（CO）は蒸気比重がほぼ1となるため、火災が発生している建物内ではまんべんなく充満する。また、天然ガス燃料の主成分であるメタンは1より大幅に小さいため、大気中に放出されてもすぐに上方に拡散し、危険性は低い。一方、蒸気比重3～4のガソリン蒸気や蒸気比重4.5の灯油蒸気は、低所に滞留するため相応の配慮が必要となる。

蒸気比重

※0℃、1気圧の空気を基準「1」とする

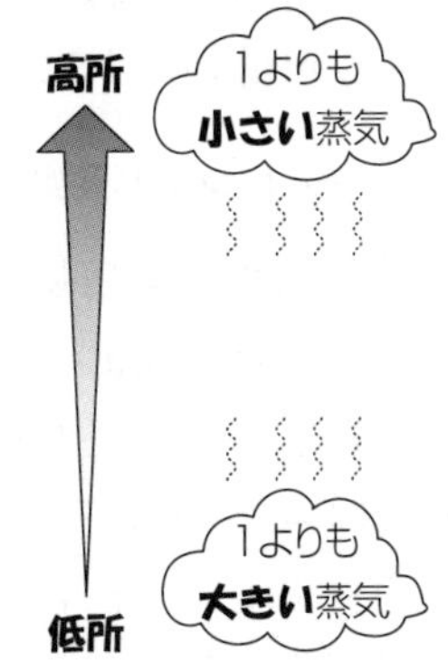

Ⅱ．2－5．ボイルの法則・シャルルの法則・ドルトンの法則

1 ボイルの法則

①「温度が一定のとき、気体の体積は圧力に反比例する」法則。

$$V\text{（体積）} = \frac{\text{［一定］}}{P\text{（圧力）}}$$

②ボイルの法則に従うと、温度が一定のとき、**圧力（P）を2倍**にすると**体積（V）は2分の1**になる。

ボイルの法則

圧力を2倍にすると

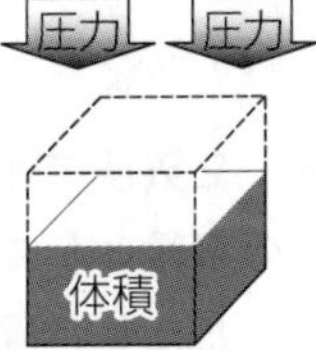

体積は2分の1になる

2 シャルルの法則

①「圧力が一定のとき、一定質量の気体の体積は、温度1℃上昇または下降するごとに、0℃における体積の**273分の1ずつ**膨張または収縮する」法則。

※「0℃における体積の273分の1」は、0℃における絶対温度が273K（ケルビン）であることに由来する。

②絶対温度は－273℃を基準とし、単位にK（ケルビン）を用いる。

－273℃＝0K　　0℃＝273K　　100℃＝373K

③絶対温度を用いてシャルルの法則を言い換えると、「圧力が一定のとき、一定質量の気体の体積は絶対温度に比例する」となる。

$$\frac{V\text{（体積）}}{T\text{（温度）}} = \text{［一定］}$$

④シャルルの法則に従うと、圧力が一定のとき、温度（T）を273Kから373Kにすると、体積（V）は（373/273）倍になる。

⑤273K時の体積をV_1、373K時の体積をV_2とすると、次の等式が成り立つ。

$$\frac{V_1}{273} = \frac{V_2}{373}$$

シャルルの法則

気体の体積は0℃における体積の**273分の1**ずつ膨張又は収縮

3 理想気体

①ボイルとシャルルの法則に従う仮想的な気体を**理想気体**という。

②実在する気体は、厳密には2つの法則に従わない。温度が高く圧力が低いときに理想気体に近づく。

4 ドルトンの法則

①混合気体の全圧は、各成分気体の圧力の和に等しい。これを**ドルトンの法則**または**分圧の法則**という。

②各成分気体の圧力を**分圧**、混合気体が示す圧力を**全圧**という。

③気体Aと気体Bより成る混合気体の全圧をP、気体A、Bの分圧をP_A、P_Bとすると次のようになる。

P(全圧)＝P_A(気体Aの圧力)＋P_B(気体Bの圧力)

理想気体

温度が高く圧力が低いときに理想気体に近づく

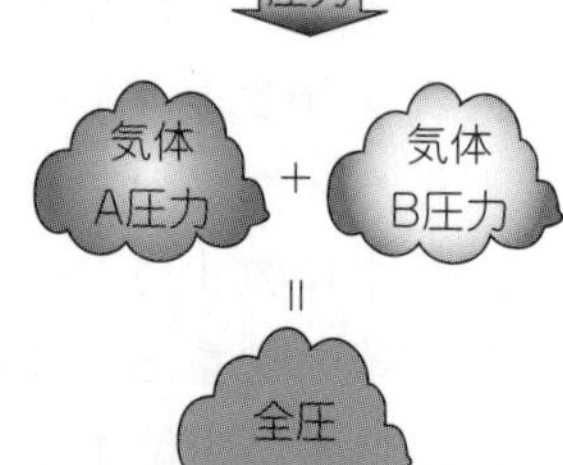

LET'S TRY! こう出る！実践問題

問題5　次の（　）内に当てはまる数値はどれか。

「圧力が一定のとき、一定量の理想気体の体積は、温度を1℃上昇させるごとに、0℃の体積の（　）ずつ増加する。」

1．173分の1　2．273分の1　3．256分の1　4．327分の1　5．372分の1

問題6　2気圧で12ℓの理想気体を容器に入れたところ、内部の圧力が4気圧となった。この容器の容積として、次のうち正しいものはどれか。

ただし、理想気体の温度は変化しないものとする。

1．3ℓ　2．6ℓ　3．12ℓ　4．24ℓ　5．48ℓ

Ⅱ．2－6．熱量と比熱

1 熱量

①温度の異なる物体同士が接触したとき、高温体から低温体へ熱が伝わる。この伝わる熱のエネルギーを**熱量**という。単位は、エネルギーと同じJ（ジュール）を用いる。

2 比熱

①比熱とは、ある物質**1g**の温度を**1℃**または**1K**だけ高めるのに要する熱量をいう。単位はJ/（g·K）を用いる。

②同じ質量の物体でも、温まりやすさは異なる。比熱はこの温まりやすさ・温まりにくさを表す。比熱の大きな物体ほど、温まりにくく冷めにくい。

③**水**（15℃）の比熱は約4.19J/（g·K）であるのに対し、鉄（0℃）の比熱は約0.44J/（g·K）である。鉄は水より温まりやすく、冷めやすい。また、**水**は気体（常温常圧）を除くと**最も比熱の大きい物質**である。

熱量

高温体から低温体へ伝わる**熱のエネルギー**

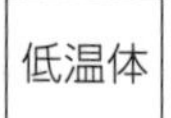

比熱

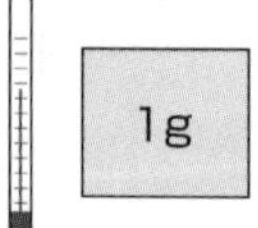

物質**1g**の温度を**1℃**又は**1K**だけ高めるのに要する熱量

水は気体を除くと最も比熱の**大きい**物質

3 熱容量

①熱容量とは、ある物体の温度を**1℃または1Kだけ高めるのに要する熱量**をいう。物体の質量をm、比熱をcとすると、その物体の熱容量Cは次の式で表すことができる。

C（J/K）＝m（g）×c（J/（g·K））

4 熱量の計算

①物体の質量をm、物体の比熱をcとすると、その物体の温度をt（K）上げるのに必要な熱量Qは次の式で表すことができる。

Q（J）＝m（g）×c（J/（g·K））×t（K）

LET'S TRY! こう出る！実践問題

問題7　0℃のある液体100gに12.6kJの熱量を与えると、この液体の温度は何℃になるか。ただし、この液体の比熱は2.1J/（g·K）とする。

1．40℃　2．45℃　3．50℃　4．55℃　5．60℃

Ⅱ．2－7．熱の移動

※熱の移動の方法には、**伝導、対流、放射**（ふく射）の３つがある。

1 伝導

①熱が物体の**高温部から低温部へ**物体中を伝わって移動する現象（例：コップにお湯を入れると**コップが熱くなる**）。

②物体には、熱が伝わりやすいものと伝わりにくいものがあるが、**熱伝導率**はこの熱の伝わりやすさを表す数値で、**数値が大きいものほど熱を伝えやすい。**

③固体、液体、気体について熱伝導率を比較すると、**固体が最も大きく、気体が最も小さい。**つまり、固体は熱を伝えやすいが、気体は熱を伝えにくい。

④**銀**は、すべての物体中、**熱伝導率が最も大きい。**

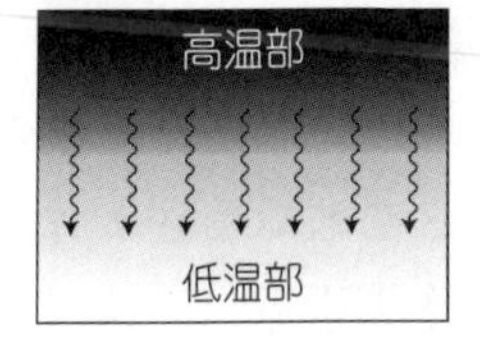

熱が物体中を移動する現象

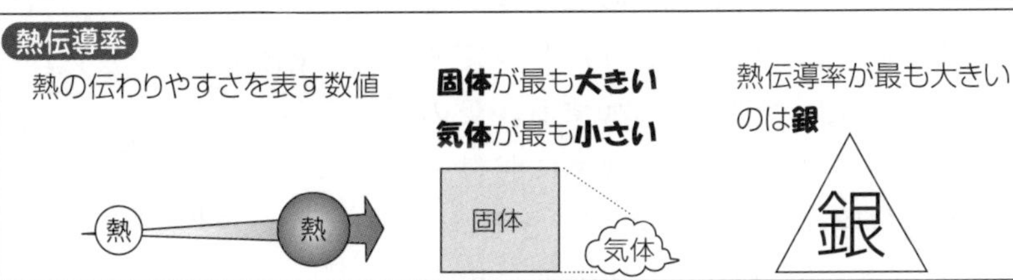

2 対流

①熱が**液体または気体**を介して移動する現象。したがって、固体の場合は対流が起こらない（例：**ストーブの暖房**で天井近くが暖かくなる、水を沸かすと**表面から温かくなる**　など）。

対流

熱が**液体または気体**を介して**移動**する現象

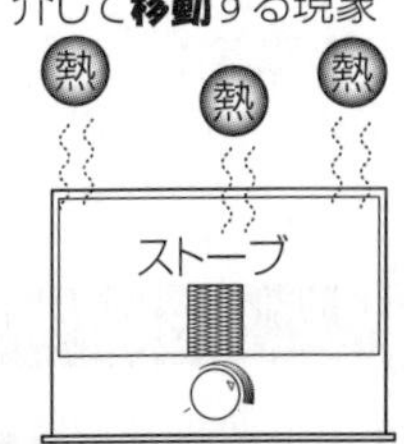

固体の場合は対流が起こらない

3 放射（ふく射）

①熱せられた物体が熱（放射熱）を放射する現象。

②放射熱は真空中でも伝わり、直進する。また、**物体**に吸収されたり、反射する（例：**太陽の日光**にあたると暖かい　など）。

放射

熱せられた物体が**熱を放射**する現象

LET'S TRY! こう出る！実践問題

問題８　熱の移動について、次のうち誤っているものはどれか。

1．ストーブに近づくと、ストーブに向いた方が熱くなるのは放射熱によるものである。
2．ガスこんろで水を沸かすと、水が表面から温かくなるのは熱の伝導によるものである。
3．コップにお湯を入れると、コップが熱くなるのは、熱の伝導によるものである。
4．冷却装置で冷やされた空気により、室内全体が冷やされるのは、熱の対流によるものである。
5．太陽で地上の物が温められて温度が上昇するのは、放射熱によるものである。

Ⅱ．２－８．熱膨張

1 線膨張と体膨張

①熱膨張は、物体の**体積**が温度の上昇に伴って**増大**する現象である。増加する体積は、以下のようになる。

増加する体積＝元の体積×（上昇した温度－元の温度）×体膨張率

②熱膨張は、棒状の物体の**長さが増加**する**線膨張**と、縦・横・奥行きの**体積が増加**する**体膨張**とがある。

③**線膨張率**は、温度が1℃上昇することによる長さ増加の元の長さに対する比である。例えば、長さ10mmの物体が1℃上昇することで長さが10.1mmになった場合、線膨張率0.01となる。

④**体膨張率**は、温度が1℃上昇することによる体積の増加の、元の体積に対する比である。例えば、一辺10mmの立方体が1℃上昇することで、一辺がそれぞれ10.1mmになったと仮定すると、体積は1000mm^{3}から約1030.3mm^{3}に増加する。この場合、体膨張率は0.0303となる。なお、同一の物体における体膨張率は、一般に**線膨張率の約３倍**と見なすことができる。

⑤体膨張率は一般に固体が最も小さく、液体、気体の順に大きくなる。

熱膨張

物体の**体積**が温度の上昇に伴って**増大**する

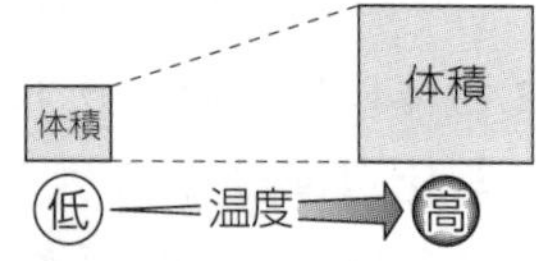

線膨張と体膨張

線膨張

棒状の物体の**長さ**が増加

体膨張

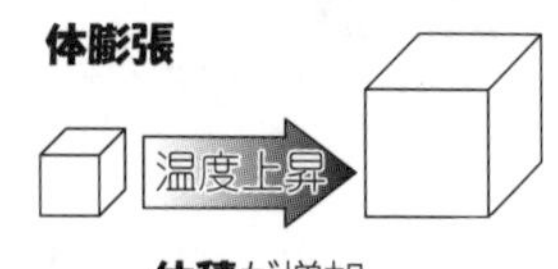

体積が増加

LET'S TRY! こう出る！実践問題

問題９　タンクや容器に液体の危険物を入れる場合、空間容積を必要とするのは、次のどの現象と関係があるか。

1．酸化　　2．還元　　3．蒸発　　4．熱伝導　　5．体膨張

Ⅱ．２－９．物理変化と化学変化

1 物理変化

①物理変化は、**化学組成の変化なし**に起こる変化をいう。すなわち、**物質の状態や形が変わるだけの変化**である。原油の分留（混合物を蒸留して分けること）は、物理変化を利用したものである（例：固体・液体・気体の三態変化、ニクロム線に電気を通じると発熱する、**氷が溶けて水になる**、食塩水を煮詰めると食塩の結晶が析出する、ドライアイスが気体になる　など）。

〔物理変化のまとめ〕

物質の三態（融解・蒸発・気化・昇華・凝固・凝縮・液化）、潮解、風解、溶解、混合、析出、分留、蒸留など。

2 化学変化

①化学変化は、物質を構成する**原子の結合の組換え**が伴う変化をいう。すなわち、２種類以上の物質から、**性質が異なる物質になる変化**である（例：木炭が燃えると灰になる、鉄がさびるとぼろぼろになる、水に電気を通すと分解して酸素と水素になる、紙が濃硫酸に触れると黒くなる　など）。

〔化学変化のまとめ〕

酸化、還元、中和、燃焼、分解、発酵、腐敗など。

3 化合

①化合は２種以上の物質が化学的に結合し、**別の物質**ができることをいう。また、化合の結果、新たにできる物質を**化合物**という。

物理変化

化学組成の変化なしに起こる変化!
例えば**氷が溶けて水になる**変化もその一つ!

化学変化

2種類以上の物質から**性質が異なる物質**へ

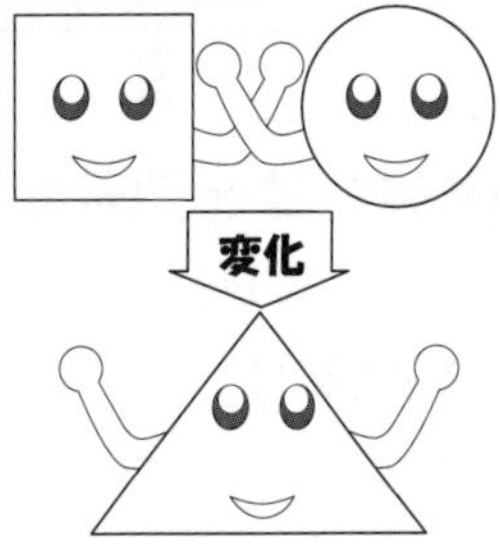

化合

2種類以上の物質が**結合**

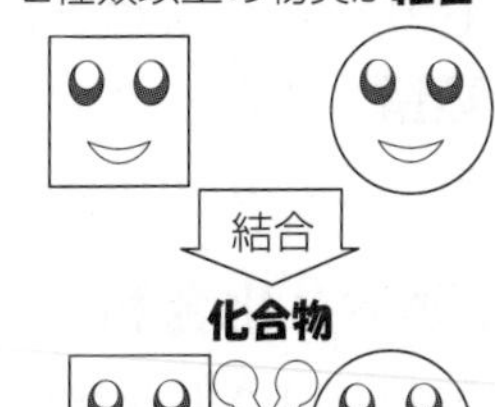

こう出る！実践問題

問題 10　物質の物理変化について、次のうち正しいものはどれか。

1．気体の体膨張率は、圧力に関係するが温度の変化には関係しない。
2．固体と液体は、1℃上がるごとに約 273 分の 1 体積が増える。
3．固体の体膨張率は、気体の体膨張率の 3 倍である。
4．水の密度は、約 4℃のとき最大である。
5．液体の体膨張率は、気体の体膨張率よりはるかに大きい。

問題 11　物理変化と化学変化について、次のうち誤っているものはどれか。

1．ドライアイスが二酸化炭素（気体）になるのは、化学変化である。
2．氷が水になるのは、物理変化である。
3．鉄がさびるのは、化学変化である。
4．ニクロム線に電気を通じると発熱するのは、物理変化である。
5．鉛を加熱すると溶けるのは、物理変化である。

3 基礎的な化学

この章では化学の基礎について学習する。化学変化など、ひとつひとつの用語をしっかりと理解したうえで先に進もう！"イオン化傾向"といった暗記要素もあるからがんばって覚えるんじゃ！

Ⅱ. 3－1. 単体・化合物・混合物

1 純物質と混合物

①すべての物質は純物質と混合物に分類することができる。

②**純物質**は、化学的にみて**単一の物質から成る**もので、一定の化学組成をもつ（例：窒素（N_2）、酸素（O_2）、水（H_2O）、二酸化炭素（CO_2）、メタノール（CH_3OH）　など）。

③**混合物**は、**2種**または**それ以上の物質**が化学的結合をせずに混じり合ったもの（例：**空気**、**ガソリン**、**灯油**、**食塩水**　など）。**蒸留**や**ろ過**などの物理的操作によって２種以上の純物質に分離できる。ガソリンや灯油は、複数の炭化水素から成る混合物。

2 単体と化合物

①純物質はさらに**単体**と**化合物**に区分することができる。

②**単体**は、１種類の元素から成る純物質である（例：水素（H_2）、酸素（O_2）、硫黄（S）、リン（P）、水銀（Hg）　など）。単体の名称は、通常元素名と同じである。ただし、オゾン（O_3）のように元素名と単体の名称が異なるものもある。

③**化合物**は、２種類以上の元素からなる純物質である。水（H_2O）は、水素が酸素と燃焼することで生成する。また、電気分解により水素と酸素に分解できる（例：水（H_2O）、ジエチルエーテル（$C_2H_5OC_2H_5$）、エタノール（C_2H_5OH）、二酸化炭素（CO_2）、塩化ナトリウム（NaCl）、硝酸（HNO_3）　など）。

④純物質は、それぞれ固有の融点・沸点、密度などを示すが、混合物では、これらの値が混合の割合によって変化する。たとえば、水の沸点は100℃で一定であるのに対し、食塩水の沸点は100℃よりやや高く、水が蒸発するにつれてさらに高くなる。

純物質

単一の物質から成るもの

混合物

2種、又はそれ以上の物質が化学的結合をせずに混じり合ったもの

単体

1種類の元素から成る純物質

H_2　O_2　O_3

化合物

2種類以上の元素から成る純物質

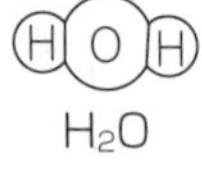

同素体

元素は同じだが、**原子の配列や結合が異なり性質も違う**単体

同一元素…酸素とオゾン等

3 同素体と異性体

①**同素体**は、同一元素から成るが、その原子の配列や結合が異なり、性質も違う単体をいう（例：酸素（O_2）とオゾン（O_3）、黄リンと赤リン（いずれもリンP）、ダイヤモンドと黒鉛（いずれも炭素C）など）。また、硫黄（S）は、斜方硫黄（黄色）、単斜硫黄（淡黄色）、ゴム状硫黄（褐色）の同素体が存在する。

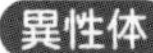

原子の種類、数は同じだけど構造が異なる物質じゃ

②**異性体**は、同じ数、同じ種類の原子を持っているが、**異なる構造をしている物質**をいう。エタノール（C_2H_5OH）とジメチルエーテル（CH_3OCH_3）は、いずれも炭素C２個、水素H６個、酸素O１個で構成されているが、構造が全く異なるため、異性体である。

【エタノール】9-104　【ジメチルエーテル】

こう出る！実践問題

問題１　物質の分類として、次のうち誤っているものはどれか。

1．水素は単体である。
2．水は化合物である。
3．砂糖水は混合物である。
4．酸素とオゾンは同素体である。
5．メタノールとエタノールは異性体である。

問題２　単体、化合物および混合物について、次の組合せのうち正しいものはどれか。

	単体	化合物	混合物
1．	酸素	空気	水
2．	ナトリウム	ガソリン	ベンゼン
3．	硫黄	エタノール	灯油
4．	アルミニウム	食塩水	硫黄
5．	水素	ジエチルエーテル	二酸化炭素

問題３　同素体の組合せとして、次のうち誤っているものはどれか。

1．ダイヤモンドと黒鉛（グラファイト）
2．黄リンと赤リン
3．酸素とオゾン
4．斜方硫黄と単斜硫黄
5．銀と水銀

Ⅱ．3－2．化学の基礎

1 原子と原子量

①**原子**は、物質を構成する最小の微粒子である。また、その原子の種類を**元素**という。

②すべての原子の中心には正の電荷をもつ原子核があり、その周囲の電子核では負の電荷をもつ電子が取り巻いている。また、原子核は、正の電荷をもつ陽子と電荷をもたない中性子からなり、すべての原子で「陽子の数＝電子の数」であるため、原子全体では電気的に中性である。

③原子に含まれる陽子の数は、原子の種類ごとに決まっており、この陽子の数を**原子番号**という。また、元素は簡単な記号で表され、これを元素記号という。

原子と元素記号

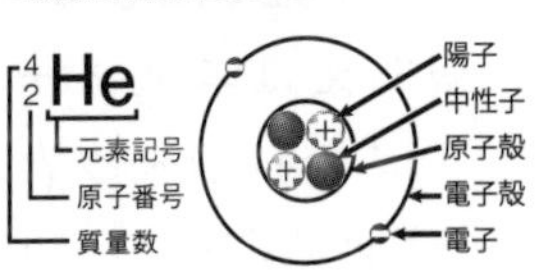

・質量数＝陽子の数＋中性子の数
・原子番号＝陽子の数＝電子の数
・中性子の数＝質量数－原子番号

④原子１個の質量は非常に微少で、化学式などで取扱う際に不便である。そこで、炭素原子を基準に、その原子質量を12として他の元素の原子の質量を相対的に表したものが**原子量**である。

2 分子と分子量

①**分子**とは、２以上の原子から構成される物質を指す。実は、水素や酸素は大気中にあるとき、原子がそれぞれ２個結合した状態で存在している。この場合、水素分子及び酸素分子と呼ぶ。

②**分子量**とは、分子の中に含まれている原子量の総和をいう。

③**分子式**とは、分子を構成する原子の元素記号と数を用いて、その分子の組成を表すものである（例：水素分子の分子式はH_2であり、分子量は$1 \times 2 = 2$である。酸素分子の分子式はO_2であり、分子量は$16 \times 2 = 32$である。また、水の分子式はH_2Oであり、分子量は$1 \times 2 + 16 = 18$である）。

3 「モル」という単位

①**１モル**とは、炭素原子12gに含まれる原子の数（6.02×10^{23}）を基準とし、これと同じ数の**原子や分子の集まり**をいう。すなわち、個数の単位のひとつである。物質量ともいう。また、6.02×10^{23}という数を**アボガドロ定数**という。

②１モルすなわち6.02×10^{23}個あたりの原子や分子の質量を求めるには、単純にその原子量や分子量にgを付けるだけでよい。

※例えば、酸素分子１モルの質量は、酸素Oの原子量が16であるため$16 \times 1 = 16 \Rightarrow 16$gであり、二酸化炭素$CO_2$ 1モルの質量は、$12 + 16 \times 2 = 44 \Rightarrow 44$gとなる。

4 化学式と化学反応式

①**化学式**は、元素記号を組み合わせて物質の構造を表示する式である。いくつかの表示方式がある。

②**示性式**は、構造式を簡単にして官能基（※後述「Ⅱ.3-9. 有機化合物」参照）を明示した化学式。分子式では構造に二つ以上の可能性が生じる場合があるが、それを避けることができる。

※例えばエタノールの分子式はC_2H_6Oであるが、示性式ではC_2H_5OHと表現する。これにより、ジメチルエーテルCH_3OCH_3の可能性が排除される。また、ジエチルエーテルの示性式は、$C_2H_5OC_2H_5$となる。

③**化学反応式**は、化学式を用いて化学変化の内容を表した式である。**反応物質**の化学式を左辺に、**生成物質**の化学式を右辺に書き、矢印（⟶）で結ぶ。化学反応式では、**左辺と右辺で**それぞれの**原子数が等しく**なるように化学式の前に係数を付ける。ただし、係数は最も簡単な整数比になるようにし、１は省略する。

（例：$2H_2 + O_2 \longrightarrow 2H_2O$）

主な元素の原子量

元素	原子量
水素（H）	**1**
炭素（C）	**12**
窒素（N）	**14**
酸素（O）	**16**

分子

２種類以上の原子から構成される物質のこと

分子量とは…
分子の中に含まれている原子量の総和

１モルとは

炭素原子**12g**には
6.02×10^{23}個の原子が
含まれている

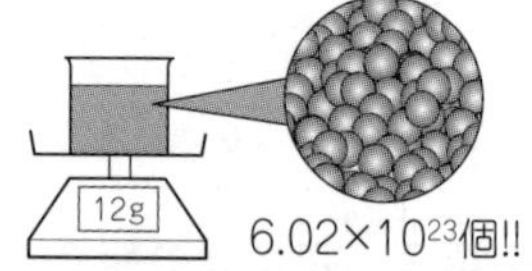

１モルの基準
6.02×10^{23}
アボガドロ定数という

化学式と化学反応式

示性式

エタノール	ジエチルエーテル
C_2H_5OH	$C_2H_5OC_2H_5$

化学反応式

左辺		右辺
反応物質	⟶	**生成物質**
$2H_2+O_2$		$2H_2O$

5 アボガドロの法則

①すべての気体は、同温同圧において同じ体積内に同数の分子を含むという法則である。

②この法則に従って、標準状態（0℃・1気圧）における**1モルの気体**の体積を調べると、**22.4ℓ**となることが判明している。

アボガドロの法則

標準状態における
1モルの気体の体積は
22.4ℓ

6 熱化学方程式

①化学反応式に反応熱を書き加え、両辺を等号で結んだものを**熱化学方程式**という。反応熱は右辺の最後に加える。

②**反応熱**とは、1モルの反応物質が化学反応に伴って発生または吸収する熱量をいう。標準の状態として、温度が25℃、圧力 1.013×10^5Pa が定められており、必ず＋、－の符号が付く。**＋**は**発熱反応**を表し、**－**は**吸熱反応**を表す。

③反応熱の種類は次のとおりである。

A　**燃焼熱**…1モルの物質が完全燃焼する際に発生する反応熱。
（例：$C + O_2 = CO_2 + 394kJ$）

B　**生成熱**…化合物1モルが単体から生成する際の反応熱。
（例：$C + 2H_2 = CH_4 + 75kJ$）

C　**中和熱**…酸と塩基が中和して1モルの水が生成するときの反応熱。（例：$HCl + NaOH = NaCl + H_2O + 56kJ$）

④**反応熱**は、反応物質と生成物質が同じであれば、反応途中の経路によらず**一定**である。これを**ヘスの法則**と呼ぶ。

⑤ヘスの法則の説明によく取り上げられるのが、炭素Cが二酸化炭素 CO_2 に変化する経路と、炭素C⇒一酸化炭素CO⇒二酸化炭素 CO_2 と変化する経路である。いずれの経路も、総発熱量は同じになる。

熱化学方程式

例えば水が蒸発するときは吸熱している。打ち水はこの原理を利用しているんじゃ

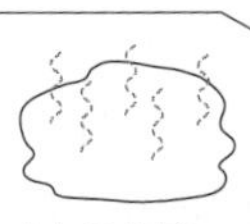

H_2O(液)
$=H_2O$(気)$-44.0kJ$

反応熱

発熱反応	吸熱反応
＋	－

ヘスの法則は
質量保存の法則ともいう

7 3つの濃度

①溶液中に含まれる溶質の割合を濃度という。

②溶液に含まれる溶質の質量の割合を百分率（%）で表した濃度を質量パーセント濃度という。

$$\text{質量パーセント濃度(\%)} = \frac{\text{溶質の質量(g)}}{\text{溶液の質量(g)}} \times 100$$

③溶液1ℓ中に含まれる溶質の量を物質量で表した濃度をモル濃度という。

$$\text{モル濃度(mol/ℓ)} = \frac{\text{溶質の物質量(mol)}}{\text{溶液の体積(ℓ)}}$$

④質量モル濃度は、溶媒1kg中に溶けている溶質の物質量で表した濃度である。

$$\text{質量モル濃度(mol/kg)} = \frac{\text{溶質の物質量(mol)}}{\text{溶媒の質量(kg)}}$$

LET'S TRY! **こう出る！実践問題**

問題4　次の原子について、陽子・中性子・質量数の数として、正しい組合せはどれか。

$^{27}_{13}Al$

	陽子	中性子	質量数
1.	13	14	27
2.	13	27	27
3.	14	13	27
4.	14	27	13
5.	27	14	13

問題5　メタノールが完全燃焼したときの化学反応式について、次のうち正しいものはどれか。

1．$CH_3OH + O_2 \longrightarrow CO_2 + 2H_2O$
2．$CH_3OH + O_2 \longrightarrow CH_4 + CO_2 + 2H_2O$
3．$2CH_3OH + 3O_2 \longrightarrow 2CO_2 +$ 4H2O
4．$4CH_3OH + O_2 \longrightarrow 2CH_3COOH + 2H_2 + 4H_2O$
5．$4CH_3OH + O_2 \longrightarrow 2CH_3CHO + CO_2 + 4H_2O$

問題6　次の（1）と（2）の式から導かれた、化学式 $C + O_2 \longrightarrow CO_2$ で発生する反応熱はいくらになるか。

（1）$C + 1/2\ O_2 = CO + 111kJ$
（2）$CO + 1/2\ O_2 = CO_2 + 283kJ$

1．55kJ （吸熱）　2．142kJ（吸熱）　3．173kJ（発熱）
4．394kJ（発熱）　5．505kJ（発熱）

Ⅱ．３－３．反応速度と化学平衡

1 反応速度

①反応速度は、化学反応が進む速度である。反応物質または生成物質について、その濃度の時間的変化率により表すことが多い。

②化学反応が起きるためには、反応する物質の粒子が互いに衝突することが必要である。従って、粒子の**衝突頻度**が多くなるほど、**反応速度は速く**なる。

反応速度を左右する要因として、次のものが挙げられる。

- ⅰ．**濃度**が**高い**ほど、衝突頻度が高くなるため反応は速くなる。また、固体は細かくすると反応速度が大きくなる。
- ⅱ．**圧力**が**高い**ほど、一定体積中の粒子数が増えるため反応は速くなる。
- ⅲ．**温度**が**高い**ほど、粒子の運動が活発となり反応は速くなる。
- ⅳ．触媒を使用すると、化学変化の際に必要となるエネルギーが**減少**して、より反応しやすくなる。結果、反応は速くなる。

③**触媒**は、反応の前後でそれ自身は変化せず、**反応速度を速める**物質をいう。触媒を使用すると、**活性化エネルギーが小さく**なり、

反応速度

粒子の衝突頻度が多くなるほど**速く**なる

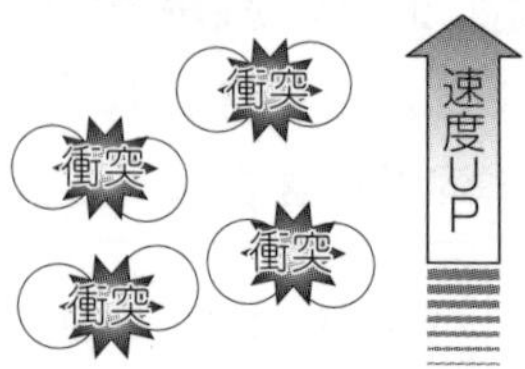

反応速度が速くなる要因
ⅰ **濃度**が高い
ⅱ **圧力**高い
ⅲ **温度**が高い
ⅳ **触媒**を使用する

反応が促進される。単に触媒といった場合、反応速度を速める正触媒を指す。しかし、ハロゲン化物消火剤のように燃焼速度を抑える**負触媒**もある。(※触媒は化学反応式に記入されることはなく、**触媒の有無で反応熱の値が変化することはない。**)

2 化学平衡

①化学反応において、左辺から右辺に進む反応を**正反応**、逆に右辺から左辺に進む反応を**逆反応**という。

②正反応と逆反応が同時に進行する反応を**可逆反応**といい、左辺と右辺を ⇄ 記号で結ぶ。また、正反応のみが起こり逆反応が起こらない、一方のみ進行する反応を不可逆反応という。

③**化学平衡**とは、可逆反応において正反応と逆反応の速さが等しく、見かけ上の変化がない状態をいう。ただし、内部では正反応と逆反応が同時に進行している。

化学平衡

左辺から右辺に進む反応
正反応

右辺から左辺に進む反応
逆反応

同時に進行する反応
可逆反応

3 ルシャトリエの法則

①可逆反応が平衡にあるときに濃度・温度・圧力・体積等が変化すると、その**変化を打ち消す方向に平衡が移動する**という法則である。平衡移動の法則ともいう。

②物質 X･Y･Z は気体とし、[X + Y ⇄ 2Z] であるとき、物質 X の**濃度**を上げると、平衡は物質 X を減らす方向、すなわち右辺方向に移動する。同様に、物質 Z の濃度を上げると、平衡は左辺方向に移動する。

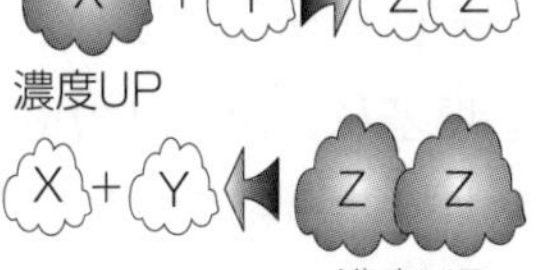

③ [X + Y ⇄ 2Z +熱量] であるとき、**温度**を上げると、平衡は温度を下げる方向、すなわち左辺方向に移動し、温度を下げると平衡は右辺方向に移動する。

④ [X + Y ⇄ Z] であるとき、圧力を上げるとする。このとき、総気体分子数は左辺が 2mol、右辺は 1mol であるため、左辺の方が圧力が高い。従って、平衡は圧力の低い(総分子数が少ない)右辺方向に移動し、逆に圧力を下げると、平衡は左辺方向に移動する。

LET'S TRY! こう出る!実践問題

問題7 一般的な物質の反応速度について、次のうち正しいものはどれか。

1. 触媒は、反応速度に影響しない。
2. 気体の混合物では、濃度は気体の分圧に反比例するので、分圧が低いほど気体の反応速度は大きくなる。
3. 固体では、反応物との接触面積が大きいほど反応速度は小さくなる。
4. 温度を上げれば、必ず反応速度は小さくなる。
5. 反応物の濃度が濃いほど、反応速度は大きくなる。

問題8 可逆反応が平衡状態にあるとき、条件を変えると、その影響をやわらげる向きに反応が進み、新しい平衡状態になる。平衡移動の条件として関係のないものはどれか。

1. 濃度　2. 圧力　3. 温度　4. 触媒　5. 体積

Ⅱ．3－4．酸と塩基（アルカリ）

1 酸

①**酸**は、水に溶解すると電離して**水素イオン**（H^+）を生じる物質、または他の物質に**水素イオン**（H^+）を与えることができる物質をいう。

②水素イオン（H^+）は、**青色**のリトマス試験紙を**赤く**する。

③酸は、次のように電離（※電気解離の略で、イオンに分かれること）する。

（例：塩酸　$HCl \rightleftarrows H^+ + Cl^-$）

（例：硫酸　$H_2SO_4 \rightleftarrows 2H^+ + SO_4^{2-}$）

④酸から生じる水素イオン（H^+）は、水溶液中では水 H_2O と結合し、**オキソニウムイオン H_3O^+** として存在する。

2 塩基（アルカリ）

①**塩基**（アルカリ）は、水に溶解すると電離して**水酸化物イオン**（OH^-）を生じる物質、または他の物質から**水素イオン**（H^+）を受け取ることができる物質をいう。

②水酸化物イオン（OH^-）は、**赤色**のリトマス試験紙を**青く**する。

③塩基は、次のように電離する。

（例：水酸化ナトリウム　$NaOH \rightleftarrows Na^+ + OH^-$）

（例：水酸化カリウム　$KOH \rightleftarrows K^+ + OH^-$）

3 中和

①**中和**とは、酸と塩基（アルカリ）の溶液を当量ずつ混ぜるとき、中性となって**塩と水のできる反応**をいう。

②塩は、酸の水素原子を他の陽イオンに置きかえた化合物、または塩基の水酸基（OH）を他の陰イオンに置きかえた化合物をいう（例：$HCl + NaOH \rightleftarrows NaCl + H_2O$）。この場合、酸（HCl）と塩基（NaOH）が中和して、塩（NaCl）と水（H_2O）ができている。

4 pH（水素イオン指数）

① pH（ペーハー）は、**水素イオン濃度**を表す数値である。

② pH＝**7**で中性を示す。**7**より大きく **14** に近づくほど強い**アルカリ性**を示す。また、7より小さく0に近づくほど強い**酸性**を示す。

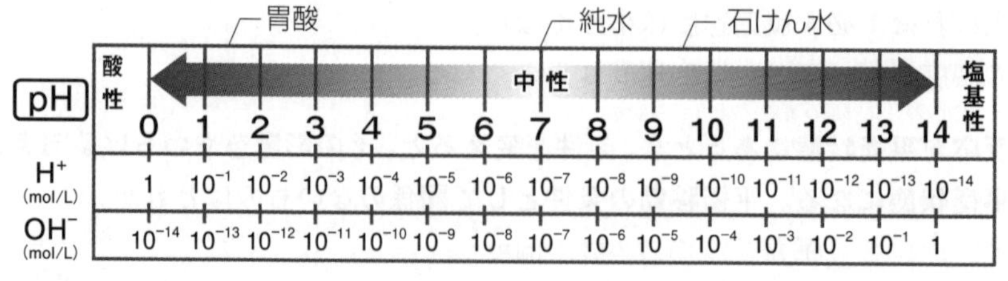

酸

水に溶解すると電離して **H^+を生じる**

他の物質に**H^+を与える**ことができる

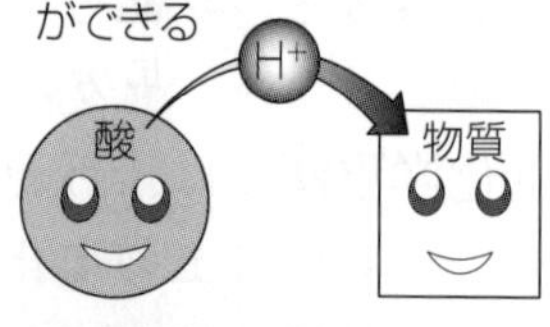

塩基（アルカリ）

水に溶解すると電離して **OH^-を生じる**

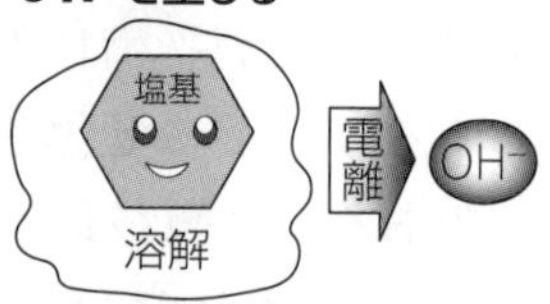

他の物質から**H^+を受け取る**ことができる

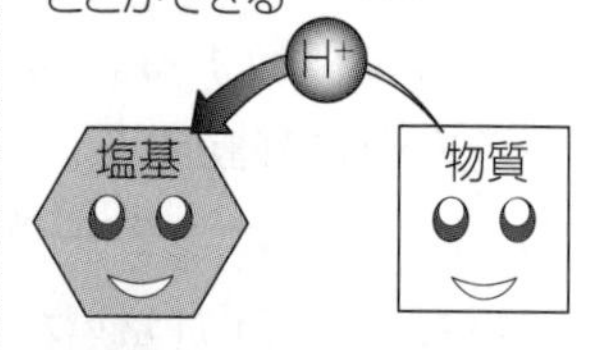

中和

当量の酸と塩基（アルカリ）を混ぜると**塩と水のできる反応**

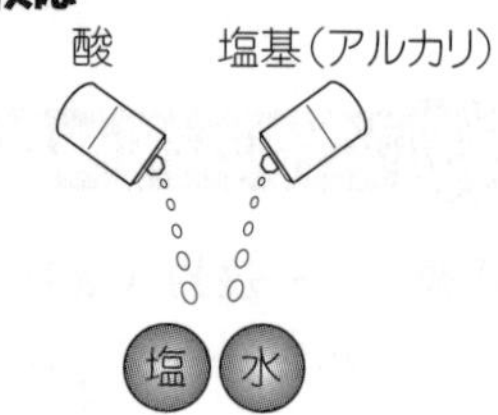

5 酸化物の酸と塩基

①**酸性酸化物**は、水と反応して酸を生じるか、塩基と反応して塩を生じる。非金属元素の酸化物に多くみられる（例：二酸化炭素（CO_2）、二酸化硫黄（SO_2）、二酸化窒素（NO_2）、二酸化ケイ素（SiO_2）など）。

（例：$CO_2 + H_2O \rightleftarrows H^+ + HCO_3^- \rightleftarrows 2H^+ + CO_3^{2-}$）

②**塩基性酸化物**は、水と反応して塩基、酸と反応して塩を生じる。金属元素の酸化物に多くみられる。（例：酸化カルシウム（CaO）、酸化ナトリウム（Na_2O）、酸化銅Ⅱ（CuO）など）。

（例：$CuO + 2HCl \rightarrow CuCl_2 + H_2O$　　※酸化銅Ⅱは非水溶性。）

③**両性酸化物**は、塩基に対しては酸性、酸に対しては塩基性を示す酸化物である。

（例：酸化アルミニウム（Al_2O_3）、酸化亜鉛（ZnO）など）。

酸化物の酸と塩基

酸性酸化物
CO_2、SO_2、NO_2、SiO_2

塩基性酸化物
CaO、Na_2O、CuO

両性酸化物
Al_2O_3、ZnO

“二酸化○○”や“酸化○○”とかのことね。

第2章 基礎的な物理学及び基礎的な化学

LET'S TRY! こう出る！実践問題

問題９　酸と塩基の説明について、次のうち誤っているものはどれか。

1. 酸とは、水に溶けて水素イオンH^+を生じる物質、または他の物質に水素イオンH^+を与えることができる物質をいう。
2. 酸は、赤色のリトマス紙を青色に変え、塩基は、青色のリトマス紙を赤色に変える。
3. 塩基とは、水に溶けて水酸化物イオンOH^-を生じる物質、または他の物質から水素イオンH^+を受け取ることができる物質をいう。
4. 酸性・塩基性の強弱は、水素イオン指数（pH）で表される。
5. 中和とは、酸と塩基が反応し互いにその性質を打ち消しあうことをいう。

Ⅱ．３－５．酸化と還元

1 狭義における酸化と還元

①狭い意味で、物質が**酸素と化合**することを**酸化**、酸化物が**酸素を失う**ことを**還元**という。

$C + O_2 \longrightarrow CO_2$……酸化
$CO_2 + C \longrightarrow 2CO$…二酸化炭素は還元し、炭素は酸化する

酸化と還元（狭義）

酸化

還元

酸素を失う

2 広義における酸化と還元

①広い意味では、物質が**水素または電子を失う**ことを**酸化**といい、物質が**水素または電子を得る**ことを**還元**という。

②電子の授受にまで酸化と還元の定義を広げると、酸化と還元は常に同時に起きていることになり、これを**酸化還元反応**という。

③物質ＡとＢがあり、Ａは酸化によりＣに変化し、Ｂは還元によりＤに変化したとする。この場合、Ａ・ＢからＣ・Ｄへの変化全体を酸化還元反応といい、Ａ→Ｃの酸化とＢ→Ｄの還元は同時に進行する。

酸化と還元（広義）

酸化

還元

3 酸化剤と還元剤

①**酸化剤**は、相手物質を**酸化させる**物質をいい、自身は同時に**還元**される。

②**還元剤**は、相手物質を**還元させる**物質をいい、自身は同時に**酸化**される。

③一般に酸化剤になりやすいものは、酸素（O_2）である。

④また、還元剤になりやすいものとして、水素（H_2）、一酸化炭素（CO）、ナトリウム（Na）、カリウム（K）がある。特に、**ナトリウムやカリウムなどの金属**は、陽イオンになることで相手物質に電子を与えやすい。

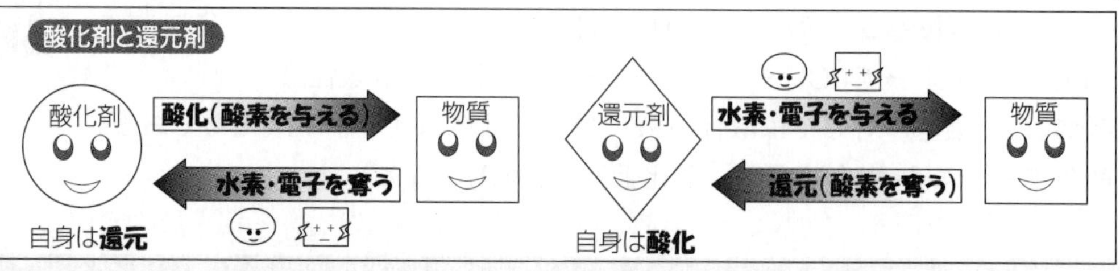

LET'S TRY! こう出る！実践問題

問題 10　次の反応のうち、下線部の物質が還元されているものはどれか。

1．木炭が燃焼して、二酸化炭素になった。
2．黄リンが燃焼して、五酸化リンになった。
3．エタノールが燃焼して、二酸化炭素と水になった。
4．二酸化炭素が赤熱した炭素に触れて、一酸化炭素になった。
5．銅を空気中で熱したら、黒く変色した。

問題 11　酸化と還元の説明について、次のうち正しいものはどれか。

1．ある物質が水素を失うことを還元という。
2．ある物質が電子を受け取ることを酸化という。
3．同一反応系において、酸化と還元は同時に起こる。
4．酸化剤は、電子を奪われやすく酸化されやすい物質で、反応により酸化数が増加する。
5．反応する相手の物質によって酸化剤として作用したり、還元剤として作用する物質はない。

Ⅱ．３－６．元素の分類

1 典型元素と遷移元素

①**典型元素**は元素の周期表において、1族、2族及び 12 族から 18 族までの元素をいう。典型元素は**族ごとに化学的性質が似ている**という特性がある。また、希ガス以外の典型元素は、族が同じだと価電子の数が同じになるという特徴がある。

〔典型元素の例〕

- **アルカリ金属**

水素を除く第 1 族の元素をいう。1 価の陽イオンになりやすく、水酸化ナトリウムなど、水溶液は強い塩基性を示す。

（例：リチウム（Li)、ナトリウム（Na)、カリウム（K）など）

アルカリ金属

水素を除く第1族の元素

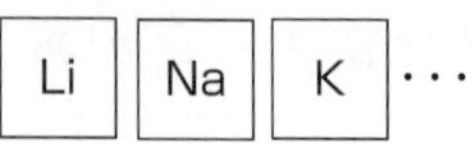

▪ハロゲン

第 17 族に属する元素の総称で、いずれも**1価の陰イオン**になりやすく、電子を放出することから強い酸化作用がある。また、水素や金属と反応しやすく、ハロゲン単体ではいずれも有毒。ある物質にハロゲンを結合させることを**ハロゲン化**という。

(例：⇒フッ素（F)、塩素（Cl)、臭素（Br)、ヨウ素（I） など)

▪希ガス

第 18 族に属する元素の総称で、いずれも**化学的に安定**していて気体であることから、**不活性ガス**とも呼ばれる。

(例：ヘリウム（He)、ネオン（Ne)、アルゴン（Ar） など)

②**遷移元素**は、周期表において３族から 11 族までの元素をいう。原子の価電子は１個または２個であり、族ごとに特性が緩やかに変化する。

元素の周期表 （※７周期以降は省略）

	1族	2族	3族	4族	5族	6族	7族	8族	9族	10族	11族	12族	13族	14族	15族	16族	17族	18族
1周期	1 H 水素 1.008																	2 He ヘリウム 4.003
2周期	3 Li リチウム 6.941	4 Be ベリリウム 9.012											5 B ホウ素 10.81	6 C 炭素 12.01	7 N 窒素 14.01	8 O 酸素 16.00	9 F フッ素 19.00	10 Ne ネオン 20.18
3周期	11 Na ナトリウム 22.99	12 Mg マグネシウム 24.31											13 Al アルミニウム 26.98	14 Si ケイ素 28.09	15 P リン 30.97	16 S 硫黄 32.07	17 Cl 塩素 35.45	18 Ar アルゴン 39.95
4周期	19 K カリウム 39.10	20 Ca カルシウム 40.08	21 Sc スカンジウム 44.96	22 Ti チタン 47.87	23 V バナジウム 50.94	24 Cr クロム 52.00	25 Mn マンガン 54.94	26 Fe 鉄 55.85	27 Co コバルト 58.93	28 Ni ニッケル 58.69	29 Cu 銅 63.55	30 Zn 亜鉛 65.41	31 Ga ガリウム 69.72	32 Ge ゲルマニウム 72.64	33 As ヒ素 74.92	34 Se セレン 78.96	35 Br 臭素 79.90	36 Kr クリプトン 83.80
5周期	37 Rb ルビジウム 85.47	38 Sr ストロンチウム 87.62	39 Y イットリウム 88.91	40 Zr ジルコニウム 91.22	41 Nb ニオブ 92.91	42 Mo モリブデン 95.94	43 Tc テクネチウム 99	44 Ru ルテニウム 101.1	45 Rh ロジウム 102.9	46 Pd パラジウム 106.4	47 Ag 銀 107.9	48 Cd カドミウム 112.4	49 In インジウム 114.8	50 Sn スズ 118.7	51 Sb アンチモン 121.8	52 Te テルル 127.6	53 I ヨウ素 126.9	54 Xe キセノン 131.3
6周期	55 Cs セシウム 132.9	56 Ba バリウム 137.3		72 Hf ハフニウム 178.5	73 Ta タンタル 180.9	74 W タングステン 183.8	75 Re レニウム 186.2	76 Os オスミウム 190.2	77 Ir イリジウム 192.2	78 Pt 白金 195.1	79 Au 金 197.0	80 Hg 水銀 200.6	81 Tl タリウム 204.4	82 Pb 鉛 207.2	83 Bi ビスマス 209.0	84 Po ポロニウム 210	85 At アスタチン 210	86 Rn ラドン 222

（凡例）1……原子番号　H……元素記号　水素……元素名　1.008……原子量　／　非金属元素　金属元素

典型元素

1族、2族及び12族から18族までの元素。
典型元素は**族ごとに化学的性質が似ている。**

2 金属と非金属

①**金属**は、一般に**展性**、**延性**に富み、光沢をもつ。また、熱や電気を通しやすい。これは、自由電子によって電気や熱エネルギーが運ばれるためである。**粉末にした金属**は、空気との接触面積が広くなることから、**燃焼**しやすくなる。

②比重が**4より小さいものを軽金属**、**4より大きいものを重金属**と区分する。**軽金属**はアルミニウム（Al)、マグネシウム（Mg)、カルシウム（Ca)、カリウム（K)、リチウム（Li）など。

③一般に**金属元素**の原子は**陽イオン**になることが多く、非金属元素と**イオン化結合**による化合物（塩化ナトリウムなど）をつくる傾向が大きい。

粉末状の金属

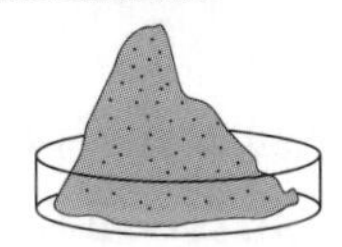

金属は**展性、延性**に富む
粉末の金属は**燃焼しやすい**

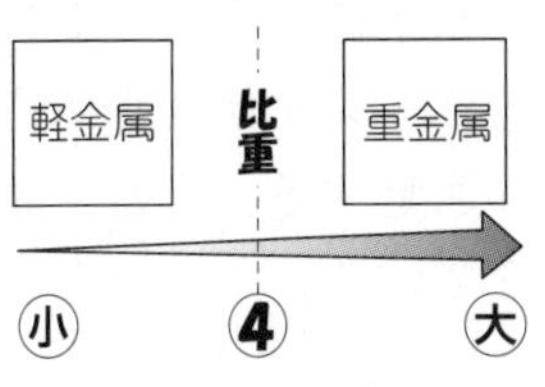

④**非金属**は、金属としての性質をもたないものである。
(例：炭素（C)、**ケイ素**（Si)、**リン**（P）　など)

⑤**非金属元素**はすべて典型元素であり、族ごとに性質が類似している。また、非金属元素は**陰イオン**になることが多い。

⑥金属は、多数の原子が規則正しく配列して結晶をつくっている。このとき、各金属原子の価電子は、もとの原子に固定されずに、金属中を自由に動き回ることができる（**自由電子**)。

⑦金属では、この自由電子が原子同士を結びつける役割をしており、自由電子による金属原子間の結合を**金属結合**という。

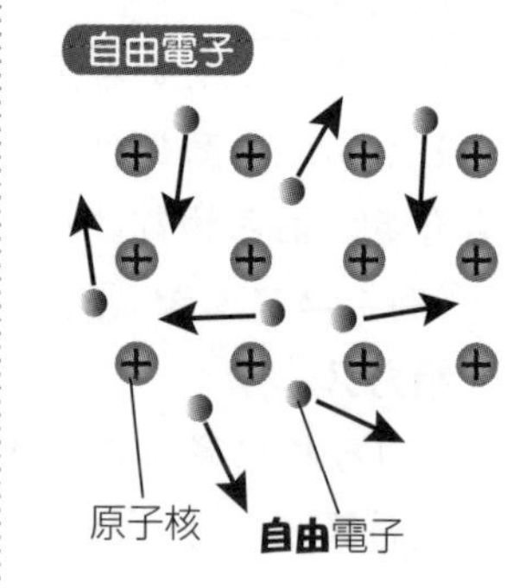

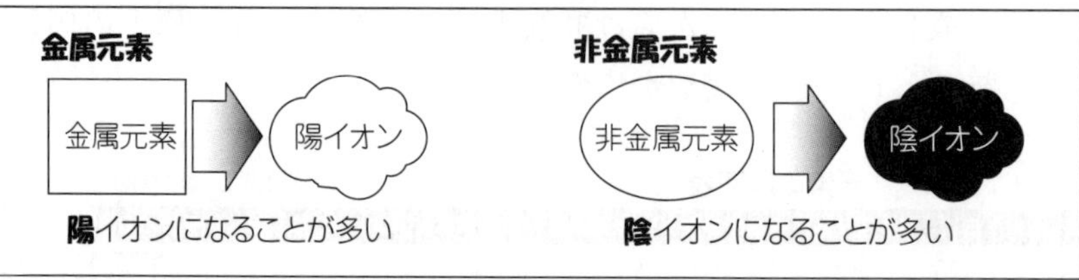

LET'S TRY! こう出る！実践問題

問題 12　金属について、次のうち誤っているものはどれか。

1．金属の中には水よりも軽いものがある。
2．イオンになりやすさは金属の種類によって異なる。
3．希硫酸と反応しない金属もある。
4．金属は燃焼しない。
5．比重が約４以下の金属を一般に軽金属という。

Ⅱ．３－７．イオン化傾向

1 イオン化列

①金属は電解質の水溶液に溶け出すと**陽イオン**になる。金属の種類によって、イオンへのなりやすさは異なり、このイオンへのなりやすさを**イオン化傾向**という。

②金属をイオン化傾向の大きい順に並べたものを、**金属のイオン化列**という。

③水素は金属ではないが、金属と同じく陽イオンになるため、イオン化列に組み入れることが多い。

④鉄や亜鉛を酸に溶かしたとき水溶液から水素ガスが発生するのは、鉄や亜鉛が水素よりイオン化傾向が大きく、水素イオンが原子に戻るためである。

⑤イオン化傾向が大きい金属は、**化学変化しやすい**ため取扱いに注意する。また、イオン化傾向が小さい金属は科学的に安定している。

イオン化列
金属は電解質の水溶液に溶け出すと**陽**イオンになる

イオン化傾向の大きいものほど、酸化されやすくて、かつ、還元力も大きいということみたいね。

【語呂合わせ】

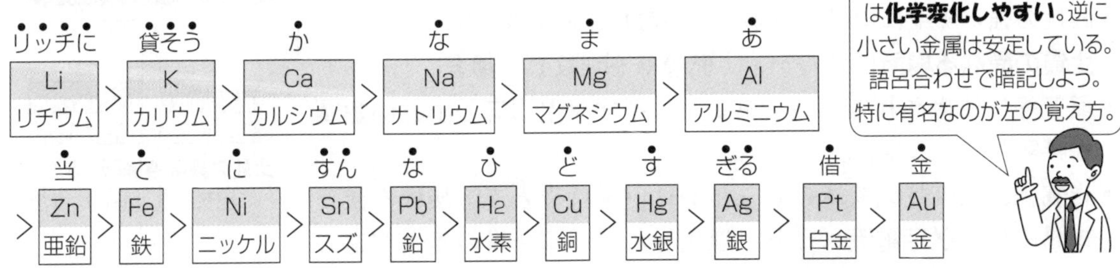

金属のイオン化列	イオン化傾向大（反応性大）⬅⬅⬅**イオン化傾向**➡➡➡イオン化傾向小（反応性小）																
		Li	K	Ca	Na	Mg	Al	Zn	Fe	Ni	Sn	Pb	H_2	Cu	Hg	Ag	Pt	Au
水との反応（**水素発生**）	常温で反応 (Li～Na)																	
	熱水で反応 ※1 (Li～Mg)																	
	高温水蒸気と反応 (Li～Fe)																	
酸との反応 ※2	塩酸や希硫酸と反応して、**水素発生** (Li～Pb)																	
	硝酸や熱濃硫酸に溶ける (Li～Ag)																	
	王水（濃硝酸と濃塩酸を体積比 1：3 で混合した溶液。強い酸化力がある）に溶ける (Li～Au)																	
常温の空気中での酸化		速やかに酸化				※3	表面に酸化被膜をつくる							※4	酸化されない			

※ 1：Al の反応性は低い。
※ 2：Al、Fe、Ni は濃硝酸に浸すと表面に酸化膜ができ、不動態となるため、濃硝酸には溶けない。
※ 3：Mg は加熱すると燃焼する。
※ 4：Cu は乾燥空気中では酸化されにくいが、強熱したり湿気があると酸化される。

LET'S TRY! こう出る！実践問題

問題 13　次の金属の組合せのうち、イオン化傾向の大きな順に並べたものはどれか。

1．Al > K > Li
2．Pb > Zn > Pt
3．Fe > Sn > Ag
4．Cu > Ni > Au
5．Mg > Na > Ca

Ⅱ．3－8．金属の腐食

1 金属の腐食

①金属は、貴金属を除き、環境中の酸や酸素と反応して表面から変質していく。このことを**腐食**という。

②一般の金属材料は自然環境の中で使用中に腐食する。これは金属が精錬前の鉱石（酸化物）に戻ろうとする作用ともいえ、特に地中に埋設された金属体はこの作用を強く受ける。

③地下に埋設された鋼製のタンクや配管は、防食皮膜等が劣化した部分から鉄が陽イオンとなって周囲の土壌に溶け出し、**残された電子**が配管等を移動することで腐食電池が形成され腐食が進行する。

金属の腐食

残された電子が配管等を移動する事で腐食が進行する

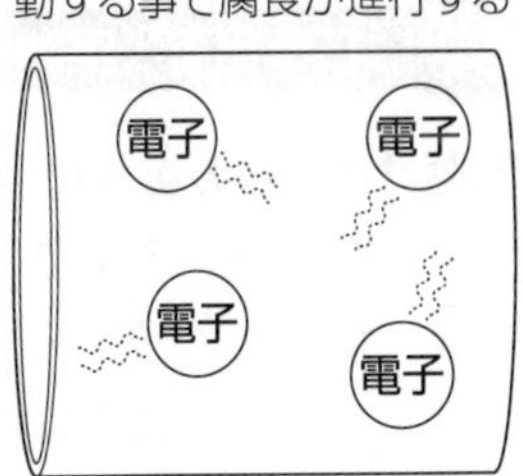

〔腐食が起こりやすい状況〕

- 酸性の強い土中に埋設した場合（※酸により腐食する）。
- **土質の異なる場所**にまたがって配管等を埋設した場合。
- 配管等に使用されている金属より、**イオン化傾向の小さい金属**が接触している場合。
- 送電線、直流電気鉄道のレールが近い場所や直流溶接機を使う工場では、**迷走電流**により、埋設されている金属の腐食が進む（金属から土中に電気が流れる際、金属は陽イオンとなって放出されるため、腐食が進行する（※電食）。
- 金属製の配管等を酸性のものや海水に浸した場合。
- 本来、鉄は強**アルカリ性**の環境下では耐食性を持つ酸化物皮膜**（不動態皮膜）**で覆われているため**腐食は進行しない**が、強アルカリ性であるコンクリート内で**中性化**が進むと、中に埋め込まれている鉄筋などの鉄は腐食が進行する。

〔腐食の防止対策〕

- 埋設の際にコンクリートを使用する場合、調合には海砂ではなく山砂を使用する。
- 電気防食設備を設ける。
- 地下水と接触しないようにする。
- 施行時に塗覆装面を傷つけないようにする。傷が付くとそこから腐食する。
- 配管をさや管で覆ったり、スリーブを使用する。
- 鉄製の配管やタンクを埋没する場合、イオン化傾向が鉄よりも大きい亜鉛やアルミニウムなどの金属でアースする。
- 配管等に**エポキシ樹脂塗料**を塗布する。
- 鉄よりイオン化傾向の大きい金属**（マグネシウム、アルミニウム、亜鉛等）**を鉄とつないで、それぞれを地中に埋没させる**流電陽極法**という腐食防止方法がある。イオン化傾向の大きい金属は、地中にイオンとなって放出されるため、腐食がより速く進む。一方、イオン化傾向の小さい鉄は、イオン化せずにそのままの状態を維持するため、腐食を防ぐことができる。

腐食が起こりやすい状況

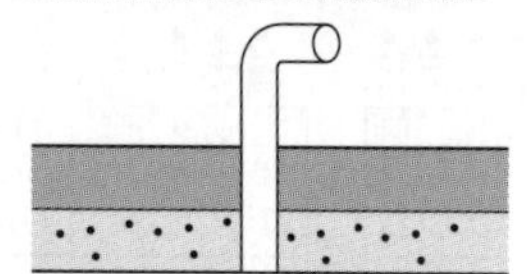

土質の異なる場所にまたがって配管等を埋設した場合

迷走電流により埋設されている金属の腐食が進む

コンクリート内で**中性化**が進むと中に埋め込まれている鉄は腐食が進行してしまうんじゃ

腐食の防止対策

配管等に**エポキシ樹脂塗料**を塗布する

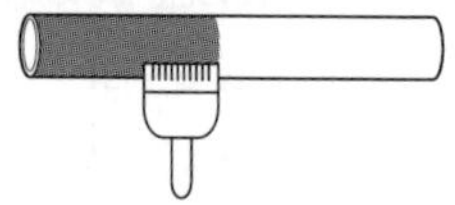

流動陽極法

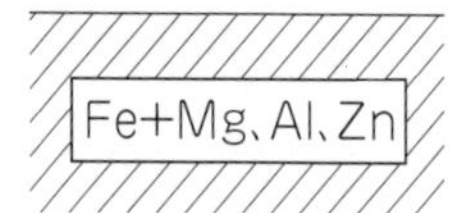

鉄より**イオン化傾向の大きい金属**を鉄とつないで地中に埋没

LET'S TRY! こう出る！実践問題

問題14　鉄の腐食について、次のうち誤っているものはどれか。

1．酸性域の水中では、水素イオン濃度が高いほど腐食する。
2．濃硝酸に浸すと、不動態被膜を形成する。
3．アルカリ性のコンクリート中では、腐食は防止される。
4．塩分の付着したものは、腐食しやすい。
5．水中で鉄と銅が接触していると、鉄の腐食は抑制される。

Ⅱ．３－９．有機化合物

1 有機化合物の分類

①**有機化合物**は、**炭素Ｃを含む**化合物の総称である。炭素は４本の「腕」をもっていることから、さまざまな原子と化合物を造ることができる。ただし、炭素の化合物であっても、二酸化炭素 CO_2、一酸化炭素 CO、炭酸カルシウム $CaCO_3$ は無機化合物に分類される。

②**無機化合物**は、有機化合物以外の化合物の総称をいう。

③有機化合物は、鎖式化合物と環式化合物に大別される。

Ａ　**鎖式**(さしき)**化合物**…分子構造が**鎖状**になっている化合物。
（例：エチレン、プロパン　など）

Ｂ　**環式化合物**…原子が**分子内で環をつくって結合**している化合物。（例：ベンゼン（C_6H_6）　など）

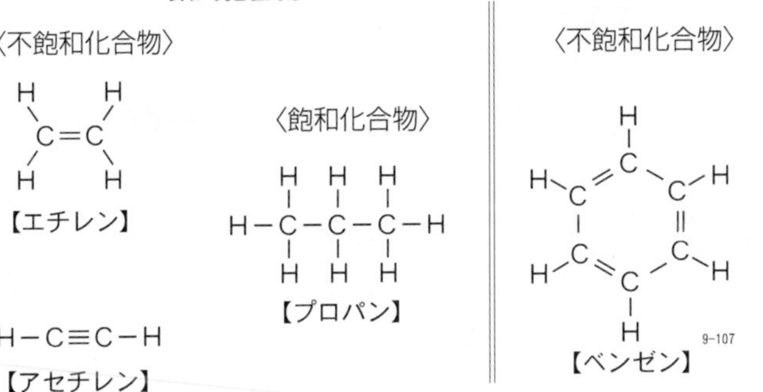

④**飽和化合物**は、有機化合物のうち炭素が単結合（**アルカン**）のみからなり、二重結合や三重結合を含まないものをいう。プロパンが該当する。一方、炭素間に二重結合（**アルケン**）や三重結合（**アルキン**）のある有機化合物を**不飽和化合物**という。エチレンなどが該当する。

2 官能基による分類

①官能基は、有機化合物の分子構造の中にあって、同族体に共通に含まれ、かつ同族体に共通な反応性の要因となる原子団または結合形式をいう。

※例えば、メタノール（CH_3OH）やエタノール（C_2H_5OH）などのアルコール類には**ヒドロキシ基**（水酸基）**OH** があり、これが水溶性（親水性）を示す要因となっている。

〔官能基の分類〕

Ａ　**炭化水素類**…炭素と水素のみから成る化合物の総称である。

Ｂ　**アルコール類**…アルコール類は、鎖式炭化水素の水素原子Ｈをヒドロキシ基 OH で置換した形の化合物の総称である。C − OH の炭素原子に結合している炭素原子の数で、

有機化合物

炭素Ｃを含む化合物の総称。炭素は4本の腕を持つ

無機化合物

有機化合物以外の化合物の総称

有機化合物の種類

鎖式化合物

環式化合物

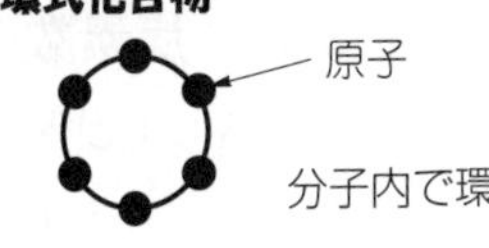

飽和化合物

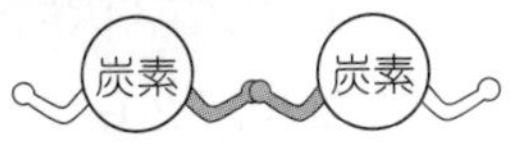

単結合（１本の腕）のみで二重結合や三重結合を含まない

不飽和化合物

二重結合、三重結合

官能基

同族体に共通する結合形式

第１級、第２級、第３級と区別する。例えば、エタノール C_2H_5OH は、C − OH の炭素に結合している炭素の数は１個（CH_3）であることから、第１級アルコールということになる。また、第２級アルコールは炭素に結合している炭素数が２個、第３級アルコールは炭素に結合している炭素数が３個となっている。

エタノール

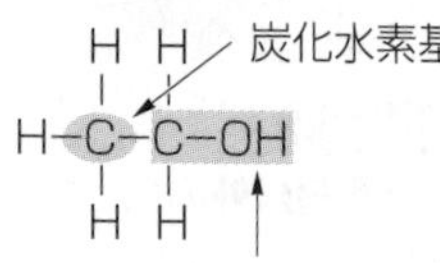

アルコールの分類

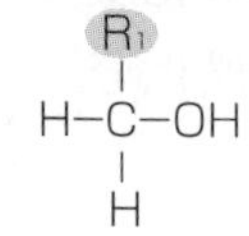

第１級アルコール

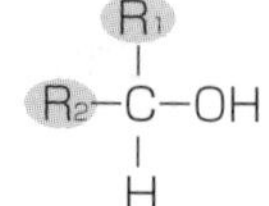

第２級アルコール

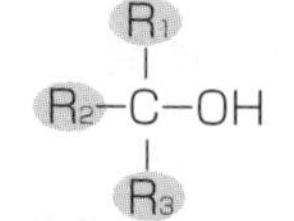

第３級アルコール

※一般にR_1、R_2、R_3は炭化水素基を示している

アルコール類は、**分子量の小さいものは水によく混ざり**刺激性の味をもつ**液体**であるが、分子量の**大きいものは固体**で**水に溶けにくく**なる。

また、**炭素数**が少ないアルコールを低級アルコール、炭素数が多い（６個以上）アルコールを高級アルコールという。低級アルコールは無色の液体であり、高級アルコールは蝋状の固体である。**融点**及び**沸点**は、炭素数の少ないものほど低く、炭素数が多いものほど高くなる。

エタノール等の**第１級アルコール**を**酸化**すると**アルデヒド**になり、さらにそのアルデヒドを酸化すると**カルボン酸**になる。また、**第２級アルコール**を酸化すると、**ケトン**が生成される。第３級アルコールは、酸化されにくい。なお、メタノール CH_3OH は炭素原子どうしの結合を持たないが、酸化するとホルムアルデヒド HCHO となるため、一般に第１級アルコールに含まれる。

アルコール R − OH に**ナトリウム**を加えると、**水素ガス**を発生。

$$2R-OH + 2Na \longrightarrow 2R-ONa + H_2$$

C　アルデヒド…アルデヒド基（− CHO）をもつ化合物の総称。一般式 R − CHO で表される。酸化されるとカルボン酸になる。ホルムアルデヒドやアセトアルデヒドなど。

D　ケトン…ケトン基（− CO −）に２個の炭化水素が結合した化合物。一般式 R − CO − R′ で表される。
アセトン…$CH_3-CO-CH_3$

E　アミン…アミノ基（− NH_2）に炭化水素が結合した化合物。一般式 R − NH_2 で表される。アニリン…$C_6H_5-NH_2$

F　カルボン酸…カルボキシ基（− COOH）をもつ有機酸の総称。一般式 R − COOH で表される。アルデヒドが酸化するとカルボン酸になる。（例：酢酸　など）

アルコール類

分子量（小）　分子量（大）

水によく混ざる

水に溶けにくい

低級アルコール

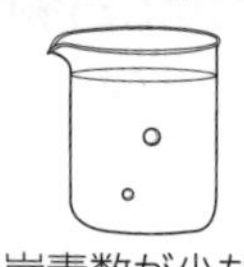

炭素数が少ない

高級アルコール

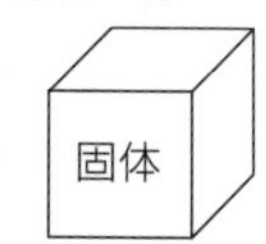

炭素数が多く、蝋状の固体

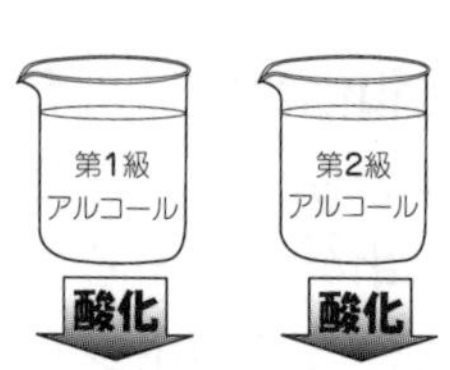

H − C(=O) − H
【ホルムアルデヒド】

CH_3 − C(=O) − H
【アセトアルデヒド】 9-106

CH_3 − C(=O) − CH_3
【アセトン】 9-106

CH_3 − C(=O) − OH
【酢酸】 9-106

G　エーテル…酸素原子に２個の炭化水素基が結合した形の有機化合物の総称。一般式 R − O − R′ で表される。
（例：ジエチルエーテル　など）

ジエチルエーテルは酸を触媒としてエタノールの脱水縮合で合成される。

$C_2H_5-O-C_2H_5$

9-106
【ジエチルエーテル】

$2C_2H_5-OH + H_3O^+ \longrightarrow C_2H_5-O-C_2H_5 + H_2O + H^+$
エタノール
【ジエチルエーテルの合成】

エーテル
酸素原子
炭化水素基　炭化水素基

（ニトロベンゼン構造式：ベンゼン環の炭素の一つに NO_2、他の炭素に H）
9-106
【ニトロベンゼン】

H　ニトロ化合物…ニトロ基（$-NO_2$）が炭素原子に直接結合している有機化合物の総称。
（例：ニトロベンゼン、トリニトロトルエン $C_6H_2(NO_2)_3CH_3$　など）

I　エステル…カルボン酸などの有機酸とアルコールとが脱水反応により結合して生成する化合物の総称。（例：酢酸エチル　など）

〔エステルの例〕

名前	示性式
酢酸エチル	$CH_3COOCH_2CH_3$
酢酸メチル	CH_3COOCH_3
酢酸ブチル	$CH_3COOC_4H_9$
ギ酸エチル	$HCOOC_2H_5$
ギ酸メチル	$HCOOCH_3$
酪酸エチル	$C_3H_7COOC_2H_5$

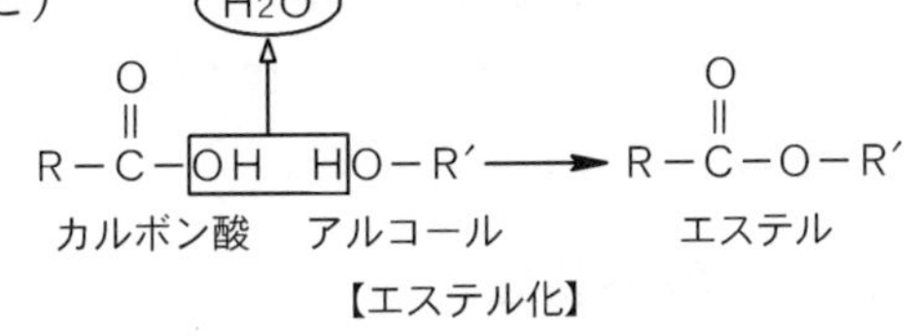

【エステル化】

$CH_3-C(=O)-OH + C_2H_5OH \longrightarrow CH_3-C(=O)-O-C_2H_5 + H_2O$
酢酸　エタノール　酢酸エチル
9-106
【脱水による酢酸エチルの合成】

3 有機化合物の特性

①構成元素は、炭素 C、酸素 O、水素 H、窒素 N などであり、**元素自体の種類は少ない。**

②炭素と水素からなる有機化合物を**完全燃焼**させると、**二酸化炭素 CO_2** と**水 H_2O** を生じる。

③一般に**水には溶けにくい。**ただし、アルコール、アセトン、ジエチルエーテルなどの**有機溶媒**には**よく溶ける。**

④第４類危険物（引火性液体）は、多くが有機化合物である。

⑤無機化合物に比べ、一般に**融点及び沸点の低い**ものが多い。

⑥無機化合物に比べ、一般に分子量が大きい。

⑦無機化合物に比べ、**種類が多い。**

⑧**熱分解**は、有機化合物などを、**酸素を存在させずに加熱**することで行われる化学反応（分解）である。有機化合物は、**約300℃**を超えると複雑な構造を持つそれぞれの構成分子の運動が激しくなり、分子間の結合が途切れバラバラになり始める。

有機化合物の構成元素

無機化合物に比べ**融点及び沸点が低い**ものが多く、**種類も多い**ニャン！

4 高分子化合物

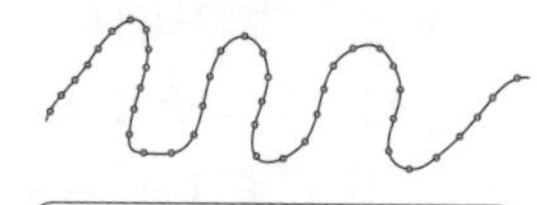

①分子量の大きい化合物の総称である。特に、**分子量 10,000 以上**の化合物を指す。

②１種類の分子（**単量体**）が２個以上結合して、分子量の大きい新たな分子を生成する反応を**重合**という。また、重合によって結合された化合物を**重合体**という。

③重合には、付加重合と縮合重合がある。

④付加は、不飽和結合を含む化合物が、その結合を開いて新たに原子団などと付加する反応をいう。また、**付加重合**は付加反応を繰り返すことで、高分子を生成する反応をいう。ポリエチレンは**エチレンの付加重合**によって生成される。

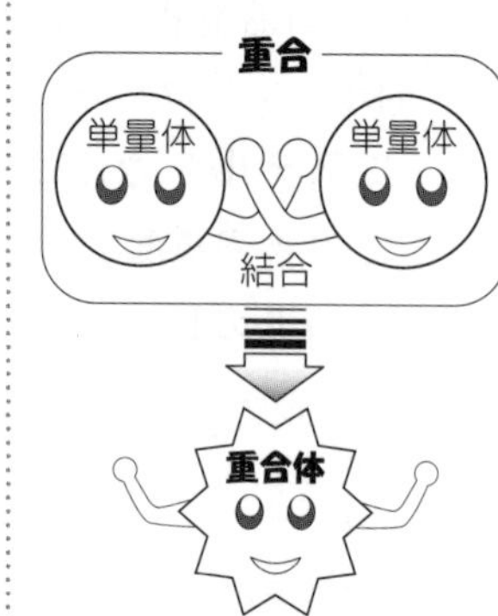

⑤**縮合**は、複数の化合物（特に有機化合物）が、互いの分子内から水やアルコールなどの小分子を取り外して結合（縮合）する反応をいう。また、**縮合重合**は縮合反応が連鎖的につながって高分子が生成されることをいう。塗料は、縮合重合によって硬化して塗膜を形成するものが多い。

5 プラスチックの熱特性

①プラスチック（樹脂）は、熱を加えたときの変化から**熱可塑性樹脂**と**熱硬化性樹脂**に分類される。

②**熱可塑性樹脂**は、加熱すると軟化し、別の形に変形しうる性質をもつ樹脂である。**ポリエチレン、ポリプロピレン、ポリ塩化ビニル樹脂**などが該当する。

③**熱硬化性樹脂**は、加熱すると分子がところどころで結合し、不溶不融の状態に硬化する性質をもつ樹脂である。**メラミン樹脂、エポキシ樹脂、フェノール樹脂、尿素樹脂**、などが該当する。

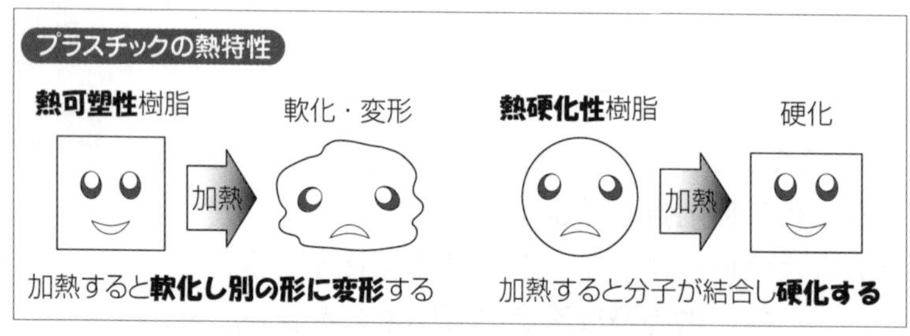

LET'S TRY! こう出る！実践問題

問題 15　有機化合物に関する説明として、次のうち正しいものはどれか。

1．ほとんどのものは、水によく溶ける。
2．危険物の中には、有機化合物に該当するものはない。
3．無機化合物に比べ、一般に融点が高い。
4．無機化合物に比べ、種類は少ない。
5．完全燃焼すると、二酸化炭素と水蒸気を発生するものが多い。

Ⅱ．3－10．主な気体の特性

1 酸素

①常温、常圧で**無色無臭**の気体（※**液体酸素は淡青色**）である。
②大気中に体積の割合で**約 21%**（※多くは窒素）含まれている。
③酸素自体は**不燃性**であるが、燃焼を助ける**支燃性**がある。酸素濃度が高くなるにつれて、可燃物の燃焼は激しくなる。
④実験室では、触媒を使用して**過酸化水素**を分解してつくられる。
⑤**反応性に富み**、高温では一部の貴金属、希ガス元素を除き、他のほとんどの元素と**化合物**（特に酸化物）**を作る。**
⑥８個の電子を持っており、最外殻には**６個の価電子**がある。

酸素

燃焼を助ける**支燃性がある**

2 二酸化炭素

①**無色無臭**の**不燃性**気体である。
②**炭素**または**炭素化合物の完全燃焼**により生成する。
③１モルあたりの空気質量が約 29g であるのに対し、二酸化炭素 CO_2 は 44g(12 + 16 × 2)であるため、空気よりはるかに**重い**。
④二酸化炭素は水に溶け（約 30% 位）、その水溶液（炭酸水）は**弱酸性**を示す。
⑤常圧では液体にならず、－ 79℃で昇華して固体（ドライアイス）となる。ただし、加圧した状態で温度を下げると容易に液化する。

二酸化炭素

・完全燃焼で生成
・空気より**重い**

・水に30%位溶けて**弱酸性**

3 一酸化炭素

①炭素または炭素化合物の**不完全燃焼**により生成するほか、二酸化炭素が高温の炭素と接触し還元されることでも発生する。

$$CO_2 + C \longrightarrow 2CO$$

②空気中で点火すると、**青白い炎**をあげて燃焼し、二酸化炭素になる。
③**空気より軽く**、無色・無臭の**可燃性**の気体である。
④人体に極めて**有毒**である。
⑤一酸化炭素は**水にほとんど溶けない。**
⑥一酸化炭素は沸点が－ 192℃で、液化しにくい。

一酸化炭素

・不完全燃焼で生成
・空気より**軽い**

・水に**溶けない**

4 水素

①原子番号１の元素で物質中**最も軽く**、空気中で**拡散しやすい。**
②無色・無臭の気体である。
③**淡青色の炎**をあげて燃焼し、**水を生じる。**炎は**見えにくい。**
④容積の**燃焼範囲は４%～ 75%**と**非常に広い。**
⑤**水には溶けにくい。**

水素

・物質中**最も軽い**
・空気中で**拡散しやすい**
・無色無臭

5 アセチレン

①構造式H－C≡C－Hで、三重結合（**アルキン**）をもつ直線型分子である。このため、他の物質と付加反応を起こしやすい。
②**純粋**なものは**無臭**だが、市販されているものは通常、硫黄化合物などの不純物を含むため、特有のにおいを持つ。
③酸素と混合して完全燃焼させたときの炎の温度は3,330℃にも及ぶため、**鉄の切断**や**溶接**に広く使われている。
④実験では、**炭化カルシウム（カーバイト）**に水を作用させて作る。
⑤アセチレンに水を加えると、**アセトアルデヒド**を生成する。

6 窒素

①原子番号7の元素で、無色・無味・無臭の気体である。液体窒素は無色透明で**流動性が大きい。**
②大気中の体積の割合で**約78%**を占めている。
③**不燃性**で、**水に溶けにくく**、常温では不活性である。消火剤としても使用される。
④**高温・高圧では、多くの元素と直接化合**するため、アンモニアや酸化窒素など**多くの窒化物**を作る。
⑤タンパク質を構成する要素で、さらに言えばタンパク質を構成するアミノ酸の要素でもある。アンモニウム塩、硝酸塩、タンパク質などとして、生体中に存在する。

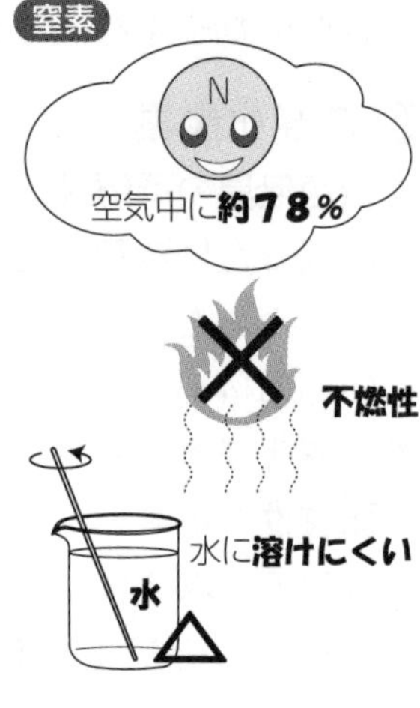

7 希ガス（貴ガス）

①希ガスとは、元素周期表の第18族に属するヘリウム（He）・アルゴン（Ar）などをいう。
②希ガスの原子はとても安定しているため、他の原子と結合しにくい。そのため、他の物質と反応しにくく、ほとんど化合物をつくらない。

LET'S TRY! こう出る！実践問題

問題16 次の文の（ ）内のA～Dに当てはまる語句の組合せとして、正しいものはどれか。

「二酸化炭素は、炭素または（A）の（B）燃焼の他、生物の呼吸や糖類の発酵によっても生成する。二酸化炭素は、空気より（C）気体で、水に溶け、弱い（D）性を示す。」

	A	B	C	D
1．	無機化合物	不完全	重い	アルカリ
2．	炭素化合物	完全	重い	酸
3．	酸素化合物	不完全	軽い	アルカリ
4．	無機化合物	完全	軽い	酸
5．	炭素化合物	不完全	軽い	アルカリ

問題17 次のガス又は水蒸気のうち、空気より軽いものはどれか。

1．ガソリン　2．エタノール　3．水素　4．ベンゼン　5．灯油

第 Ⅲ 章

危険物の性質並びにその火災予防及び消火の方法

❶危険物の性質

❷第４類危険物の共通項目

❸第４類危険物の種類と特徴

❹事故事例と対策

1 危険物の性質

Ⅲ．１－１．危険物の分類

1 第1類　酸化性固体（不燃性／固体）

①比重は１より大きい。
②加熱・衝撃・摩擦に**不安定である**（分解しやすい）。
③酸化性が強く、他の物質を強く酸化させる（強酸化剤）。
④可燃物との接触・混合は爆発の危険性がある。
⑤物質そのものは燃焼しない（**不燃性**）。
⑥多量の酸素を含有し、**加熱により分解して酸素を放出**する。
⑦多くは無色、または白色である。

酸化性固体

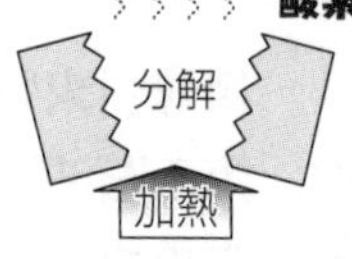

2 第2類　可燃性固体（可燃性／固体）

①酸化されやすい（燃えやすい）。
②火炎で着火しやすく、**比較的低温**（40℃未満）で**引火しやすい。**
③可燃性固体（固形アルコールなど）の燃焼は主に蒸発燃焼である。
④一般に比重は**1より大きく、水に溶けない。**
⑤燃焼により有毒ガスを発生するおそれがある。
⑥水、または酸の接触により発火・発熱のおそれがある。

可燃性固体

火炎で**着火しやすい**
40℃未満で**引火しやすい**

3 第3類　自然発火性物質 及び 禁水性物質

（可燃性、一部不燃性／固体または液体）

①空気にさらされると**自然発火する**ものがある。
②水と接触すると発火、または可燃性ガスを発生するものがある。
③多くは、自然発火性と禁水性の両方の性質をもつ。

自然発火性・禁水性物質

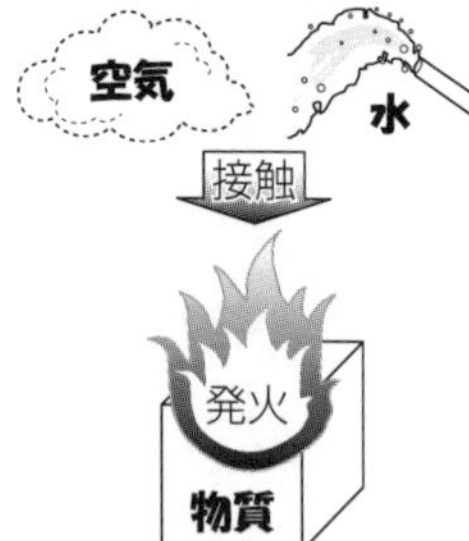

4 第4類　引火性液体（可燃性／液体）

①蒸気を発生させ、引火や爆発のおそれのあるものがある。
②蒸気比重は**1より大きく**、蒸気は**低所に滞留**する。
③液比重は１より小さく、**水に溶けない**ものが多い。
④非水溶性のものは電気の不導体のため静電気を発生しやすい。

引火性液体

5 第５類　自己反応性物質（可燃性／固体または液体）

①内部（自己）燃焼する物質が多い。
②加熱すると爆発的に燃焼する（**燃焼速度が速い**）。
③分子内に**酸素を含有している**ため、酸素がなくても自身で酸素を出して**自己燃焼**する。
④加熱、衝撃、摩擦などで発火・爆発のおそれがある。

自己反応性物質

燃焼速度が速い

6 第６類　酸化性液体（不燃性／液体）

①物質そのものは燃焼しない（**不燃性**）。
②他の物質を強く酸化させる（強酸化剤）。
③**酸素を分離**して**他の燃焼を助ける**ものがある。
④多くは腐食性があり、皮膚に接触すると危険。蒸気は有毒である。
⑤比重は１より大きい。

酸素を分離して**他の燃焼を助ける**

LET'S TRY! こう出る！実践問題

問題１　第１類から第６類の危険物の性状について、次のうち妥当なものはどれか。

1．１気圧において、常温（20℃）で引火するものは、必ず危険物である。
2．すべての危険物には、引火点がある。
3．危険物は、必ず燃焼する。
4．すべての危険物は、分子内に炭素、酸素または水素のいずれかを含有している。
5．危険物は、１気圧において、常温（20℃）で液体または固体である。

問題２　危険物の類ごとに共通する性状として、次のうち妥当でないものはどれか。

1．第１類の危険物は、加熱、衝撃、摩擦などにより分解し、容易に酸素を放出して可燃物の燃焼を助けるものが多い。
2．第２類の危険物は、微粉状にすると、空気中で粉じん爆発を起こすものが多い。
3．第３類の危険物は、空気または水と接触することにより発熱し、可燃性ガスを発生して発火するものが多い。
4．第５類の危険物は、自ら酸素を含む自己燃焼性のものが多い。
5．第６類の危険物は、加熱、衝撃、摩擦などにより、発火・爆発するものが多い。

問題３　危険物の類ごとの一般的性状について、次のＡ～Ｅのうち、妥当なものはいくつあるか。

Ａ．第１類の危険物は、酸化性の固体であり、衝撃、摩擦等により酸素を放出し、周囲の可燃物の燃焼を著しく促進する。
Ｂ．第２類の危険物は、可燃性の液体であり、比重は１より小さい。
Ｃ．第３類の危険物は、自己反応性の物質であり、多くは分子中に酸素を含んでいる。
Ｄ．第５類の危険物は、自然発火性または禁水性の固体であり、空気または水との接触により発火するおそれがある。
Ｅ．第６類の危険物は、不燃性の液体または固体であり、有機物と混触すると、発火・爆発するおそれがある。

1．1つ　　2．2つ　　3．3つ　　4．4つ　　5．5つ

2 第４類危険物の共通項目

Ⅲ．２－１．第４類危険物の性状

1 共通する性状

①第４類危険物は引火性の**液体**（常温・常圧）であるため、流動性が高く、火災になった場合に拡大する危険性がある。

②液体の**比重は１より小さいものが多い。**

③燃焼範囲の上限値は60vol％以下のものが多く、発火点は**650℃以下**である。（例：アニリン＝発火点615℃）

〔非水溶性と水溶性〕

- 非水溶性（水に溶けない）のものが多いが、**水溶性のものもある。**（例：**メタノール**、**エタノール**、エチレングリコール　など）
- **非水溶性**のものは、**流動、かくはん**などにより**静電気が発生**し、**電気の不導体**であることから**静電気が蓄積されやすい。**このため、静電気の火花により引火することがある。

〔蒸気〕

- **燃焼範囲の広い**ものは、危険性が高い。
- **蒸気比重**は、**すべて１より大きい**（空気より**重い**）。このため、蒸気は**低所に滞留**するか、低所を伝わって遠くに流れやすい。
- 蒸気は**特有の臭気**を帯びるものが多い。
- 可燃性蒸気は、**沸点の低い**ものほど発生が容易で、液温の上昇に従い発生量が多くなるため、引火の危険性は高まる。

〔発火点〕

- **二硫化炭素（90℃）を除き**発火点**100℃以上**のものが多く、発火点に達すると火源がなくとも**自ら発火**し燃焼する。

〔引火点〕

- 常温（20℃）で引火するものと、引火しないものがある。
- 二硫化炭素（－30℃以下）やジエチルエーテル（－45℃）などは、引火点が特に低い。

引火性の液体で、比重は**１より小さいものが多く、**水に溶けないものが多い！

非水溶性の液体

流動、かくはん等により**静電気が発生**する。**不導体**のため静電気が蓄積されやすい！

蒸気

蒸気比重は**すべて１より大きい。**特有の臭気がある。

発火点

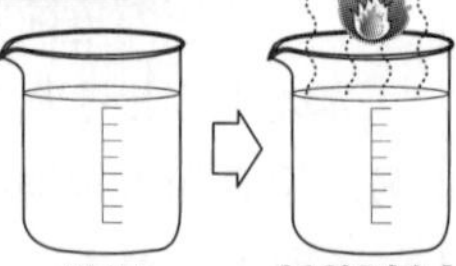

ほとんどが発火点**100℃以上**

- **引火点が低い**ものほど、引火の危険性が高く、**揮発性が高い**ため蒸発しやすい。
- 水溶性のものは、注水して**濃度を薄く**すると、その蒸気圧が減って**引火点が高く**なる。
- 蒸気は燃焼範囲を有し、この**下限値**に達する**液温が低いもの**ほど引火の危険性は大きい。
  蒸気比重の小さいものは、引火点が低い場合が多い。

引火点

- 引火点が**低い**もの
  →**揮発性が高い！**
- **蒸気比重の小さい**もの
  →引火点も**低い！**

LET'S TRY! **こう出る！実践問題**

問題１　第４類の危険物の一般的性状について、次の文の（　）内のＡ～Ｄに当てはまる語句の組合せとして、妥当なものはどれか。

「第４類の危険物は、引火点を有する（A）であり、その比重は１より（B）ものが多く、蒸気比重は１より（C）ものが多い。また、電気の（D）であるものが多く、静電気が蓄積されやすい。」

	A	B	C	D
1.	液体	大きい	小さい	不導体
2.	液体または固体	大きい	小さい	不導体
3.	液体	小さい	大きい	不導体
4.	液体または固体	小さい	大きい	導体
5.	液体	小さい	大きい	導体

Ⅲ．２－２．第４類危険物の消火

1 消火の方法

①第４類危険物の火災における消火では、可燃物の除去消火や冷却消火が困難である。このため、空気を遮断する**窒息消火**や**燃焼の抑制（負触媒効果）**による消火が効果的である。
使用する消火剤は、以下の消火剤などである。

強化液消火剤（霧状）	ハロゲン化物消火剤	粉末消火剤
二酸化炭素消火剤	泡消火剤	

②特に、**強化液**消火剤は**霧状**に放射しなくてはならない。**棒状に放射すると**危険物が**飛散して危険**である。

③第４類危険物は、**比重が１より小さい**ものがほとんどである。このため、消火のために注水すると、**危険物が水に浮いて**燃焼範囲が広がってしまう。消火のための**注水は不適当**である。

④アルコール等の**水溶性液体**は、一般の泡消火剤の使用により泡を溶かして消してしまう特性があるため、一般の泡消火剤は不適当である。泡が溶けない**水溶性液体用の泡消火剤**を使用する。

消火の方法

窒息消火や燃焼の**抑制による消火**が効果的

消火剤

強化液消火剤（**霧状**）

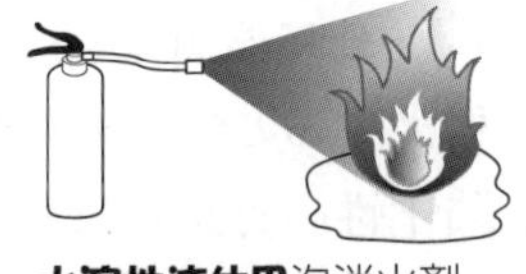

水溶性液体用泡消火剤
（アルコール用）

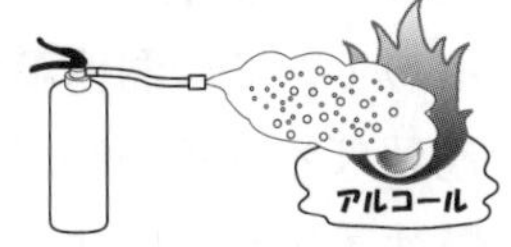

第３章　危険物の性質並びにその火災予防及び消火の方法

〔主な水溶性の危険物〕
- 特殊引火物……**アセトアルデヒド、酸化プロピレン**
- 第１石油類……**アセトン、**ピリジン
- アルコール類…すべて（**メタノール、エタノール、**
  イソプロピルアルコール（2-プロパノール））
- 第２石油類……**酢酸、アクリル酸、プロピオン酸**
- 第３石油類……**エチレングリコール**、グリセリン

こう出る！実践問題

問題２　ベンゼンやトルエンの火災に使用する消火器として、次のうち妥当でないものはどれか。

1．消火粉末を放射する消火器
2．棒状の強化液を放射する消火器
3．二酸化炭素を放射する消火器
4．霧状の強化液を放射する消火器
5．泡を放射する消火器

問題３　第４類の危険物の火災における消火効果等について、次のうち妥当でないものはどれか。

1．重油の火災に、泡消火器は効果がある。
2．トルエンの火災に、ハロゲン化物消火器は効果がある。
3．ガソリンの火災に、二酸化炭素消火器は効果がない。
4．ベンゼンの火災に、リン酸塩類等の粉末消火器は効果がある。
5．軽油の火災に、棒状注水するのは効果がない。

Ⅲ．２-３．第４類危険物の貯蔵・取扱い

1 貯蔵・取扱いの方法

①**火炎**、**高温体**、**火花**と接近、または接触しないようにする。
②近くに**粉末消火器**を備えておく。
③換気を行い、蒸気の濃度は**燃焼下限界の 1/4 以下**にする。
④容器に入れて**密栓**し、**冷暗所**に貯蔵する。また、気温等により液体が膨張すると容器を破損したり、栓から溢れ出ることがあるため、**容器内上部**に膨張のための**余裕空間**を確保する。
⑤貯蔵していた**空容器**は、可燃性蒸気が残留している場合があるため、**ふたをしっかり締めて**、通気・換気のよい部屋に保管する。
⑥事故等で**流出**した時は土嚢（どのう）等で囲み、河川への流出を防ぐ。

貯蔵・取扱いの方法

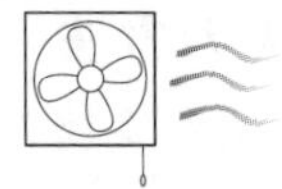

換気を行い、蒸気の濃度は
燃焼下限界の1/4以下

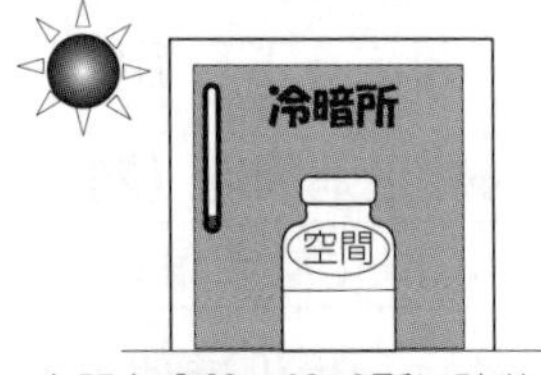

容器を**密栓**、**冷暗所**に貯蔵

2 火災予防

①みだりに蒸気を発生させない。可燃性蒸気は空気と混合して、引火すると爆発的に燃焼し危険である。
②**酸化性**の物品とは同一の室に**貯蔵しない。**
③**詰替**等で蒸気が発生する場合、通風・換気をよくする。蒸気比重は１（空気）より大きいため、発生した蒸気は**低所に滞留**するので、この**滞留蒸気**は**換気装置**により**屋外の高所**へ排出する。
④電源スイッチの開閉時は電気火花が発生し、可燃性蒸気に引火する危険性があるため、可燃性蒸気が滞留する恐れのある場所で使用する**電気設備**は**防爆構造**とする。

火災予防

3 静電気による火災の予防

①**流動**や**動揺**させたりすると**静電気が蓄積**するため、ホース等で移し替える際は**遅い流速**で行う。また、ホース、配管、タンク、タンクローリー等は**接地**※して静電気を逃がし、**帯電を防止**する。

※接地（アース）とは、貯蔵タンク本体や注入ノズル、ホースを地中と接続して、発生した静電気を地中に逃がすことをいう。金属線等の電気抵抗の小さい導体を用いる。

- 液体の移し替えは**低い**流速で行う
- **接地**して静電気を逃がす

②**静電気**が発生する恐れのある作業を行うときは、**床面に散水**して**湿度を高め**静電気が蓄積しないようにする。また、作業者は帯電防止処理を施した履物、作業服を着用する。

4 貯蔵タンクの清掃

①**貯蔵タンクを清掃**する際は、洗浄用水蒸気を**低速**で噴出させ静電気の発生を抑える、タンクを**接地**して静電気の蓄積を防ぐ、タンク内の可燃性蒸気を**窒素**に置換する、作業服及び靴は帯電防止のものを使用する、などの処置が必要となる。

5 ガソリンが入っていたタンクやドラム缶の危険性

①ガソリンの入っていたタンクやドラム缶は、**空になっても危険**。これはタンク等の内部にわずかに残存するガソリンが**蒸気**となり、燃焼範囲内の混合気が作られるためである。

②ガソリンが入っていたタンクに灯油を注入する場合、タンク内に残存するガソリン蒸気が、燃焼範囲の上限値を超える濃い蒸気であっても、注入された**灯油に溶解吸収され**てガソリンの蒸気濃度が下がり、燃焼範囲内の混合気となるため注意が必要。

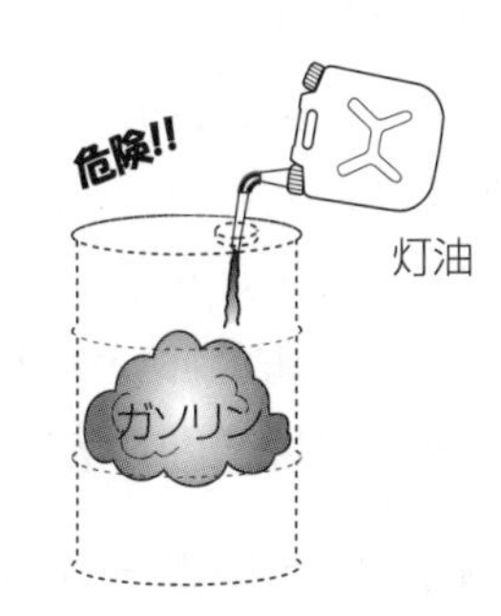

こう出る！実践問題

問題4　第４類の危険物の貯蔵、取扱いの方法として、次のＡ～Ｄのうち、妥当なもののみの組み合わせはどれか。

Ａ．引火点の低いものを室内で取り扱う場合には、十分な換気を行う。
Ｂ．室内の可燃性蒸気が滞留するおそれのある場所では、その蒸気を屋外の地表に近い部分に排出する。
Ｃ．容器に収納して貯蔵するときは、容器に通気孔を設け、圧力が高くならないようにする。
Ｄ．可燃性蒸気が滞留するおそれのある場所の電気設備は、防爆構造のものを使用する。

1．ＡとＢ　　2．ＡとＣ　　3．ＡとＤ　　4．ＢとＣ　　5．ＣとＤ

問題5　第４類の危険物の火災予防の方法について、次のうち妥当でないものはどれか。

1．火気、加熱をさけて貯蔵し取り扱うこと。
2．酸化性の物品とは同一の室に貯蔵しないこと。
3．可燃性蒸気が発生し内圧が上昇しやすいので、容器にはガス抜き口を設けること。
4．静電気が発生するおそれがある場合は、接地して静電気を除去すること。
5．発生する蒸気の濃度が、燃焼範囲の下限値より十分低くなるよう換気すること。

3 第4類危険物の種類と特徴

Ⅲ．３－１．特殊引火物の性状

1 特殊引火物とは

①**特殊引火物**とは、１気圧において**発火点が 100℃以下**のもの、または**引火点が－ 20℃以下で沸点が 40℃以下**のものをいう。

②特殊引火物は、次の特性がある。

ⅰ．引火点が低い⇒引火しやすい。

ⅱ．沸点が低い⇒揮発性が高く、蒸発しやすい。

ⅲ．**燃焼範囲が広い**⇒蒸気が燃焼しやすい。

2 ジエチルエーテル（$C_2H_5OC_2H_5$）

比重	0.7	蒸気比重	2.6	燃焼範囲	1.9 ～ 36vol%
沸点	35℃	引火点	**－45℃**	発火点	160℃

①無色の液体で、刺激臭がある。

②水には**少し溶け**、アルコールには、よく溶ける。

③**空気**との接触や**日光**にさらされると、**酸化**されて激しい**爆発性の過酸化物**を生成する。これは熱や衝撃で、爆発の危険性が高い。

④**電気の不導体**で、**静電気**を発生しやすい。蒸気には**麻酔性**がある。

⑤二酸化炭素、耐アルコール泡（**水溶性液体用泡消火剤**）等を用いた窒息消火が有効。

⑥冷暗所で貯蔵し、容器（**金属製**や**遮光性のあるガラス製**）に収納した場合は**密栓**する。

3 二硫化炭素（CS_2）

比重	**1.3**	蒸気比重	2.6	燃焼範囲	1.3 ～ 50vol%
沸点	46℃	引火点	－ 30℃以下	発火点	**90℃**

①無色の液体。通常は特有の不快臭（純粋なものは無臭）がある。

②**水に溶けにくく**、エタノールによく溶ける。

③**蒸気**は特に**有毒**である。二硫化炭素は殺虫剤にも使われている。

特殊引火物

ジエチルエーテル
二硫化炭素など

発火点**100℃以下**

引火点
−20℃以下

沸点
40℃以下

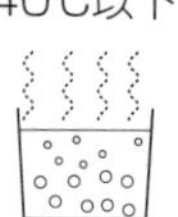

ジエチルエーテル

- 引火点が**最も低い**
- 刺激臭
- 水に**少し溶ける**

二硫化炭素

- 無色の液体
- 不快臭（蒸気は有毒）
- 静電気を発生しやすい
- **青い炎**で燃焼
- 水に**溶けにくい**
- 蒸気は**有毒**

④容器、またはタンクに二硫化炭素を収納する場合、**可燃性蒸気**の発生を**抑制**するために、**液面上に水を張って貯蔵**する**水没貯蔵法**が用いられる。この方法は、比重が水より大きく水に難溶であることを利用している。

⑤空気中では**青い炎**で燃える。燃焼すると二酸化炭素と有毒な**二酸化硫黄**（亜硫酸ガス）を発生する。

⑥**電気の不導体**で、**静電気**を発生しやすい。

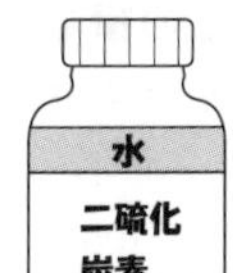

・液面上に水を張って貯蔵（**水没貯蔵法**）

4 アセトアルデヒド（CH_3CHO）

比重	0.8	蒸気比重	1.5	燃焼範囲	4.0 ～ 60vol%（**極めて広い**）
沸点	21℃	引火点	− 39℃	発火点	175℃

①**無色**の液体で、**刺激臭**がある。また、揮発性が高い。

②**水や有機溶媒によく溶ける。**

③還元性があり、人体ではエタノールの酸化により生成され、一般に二日酔いの原因とされている。また、**酸化すると酢酸**になる。

④**空気**と長時間接触する、または接触した状態で**加圧**すると、**爆発性の過酸化物**を生成するおそれがある。また、熱、または**光で分解**し、メタン（CH_4）と一酸化炭素（CO）になる。

⑤容器等に貯蔵する場合は、室素等の**不活性ガスを封入**する。また、容器やタンクの材質は鋼製を使用する。**一般の泡消火剤は不適当**。耐アルコール泡、ハロゲン化物等の消火剤が有効。

アセトアルデヒド

・無色の液体
・刺激臭
・水、有機溶媒に**溶ける**

・**不活性ガス**を封入して貯蔵

有機溶媒とは有機溶剤ともいって、**水に溶けない物質を溶かす、常温常圧で液体である有機化合物の総称**じゃ。エタノールやベンゼン、アセトンなど。

5 酸化プロピレン（$CH_2-CH-CH_3$、CH_2とCHがOで結合）

比重	0.8	蒸気比重	2.0	燃焼範囲	2.3 ～ 36vol%
沸点	35℃	引火点	− 37℃	発火点	449℃

①無色の液体で、エーテル臭がある。

②**水によく溶け**、エタノール、ジエチルエーテルにも溶ける。

③容器等に貯蔵する場合は、室素等の**不活性ガスを封入**する。

④**一般の泡消火剤は不適当**。耐アルコール泡、ハロゲン化物等の消火剤が有効。

⑤**重合**しやすい性質がある。

酸化プロピレン

・無色の液体
・エーテル臭
・水に**よく溶ける**

・**不活性ガス**を封入して貯蔵

LET'S TRY! こう出る！実践問題

問題１　特殊引火物の性状について、次のうち妥当でないものはどれか。

1．引火点は－ 20℃以下のものがある。
2．水に溶けるものがある。
3．40℃以下の温度で沸騰するものがある。
4．水より重いものがある。
5．発火点が 100℃を超えるものはない。

問題2　空気との接触や日光の下で、激しい爆発性の過酸化物を生成しやすいものは次のうちどれか。

1．ジエチルエーテル　　2．二硫化炭素　　3．ベンゼン
4．ピリジン　　5．エチルメチルケトン

問題3　次のうち、貯蔵の際、水を張って蒸気の発生を抑制する物質はどれか。

1．アセトアルデヒド　　2．酸化プロピレン　　3.二硫化炭素
4．酢酸エチル　　5．キシレン

問題4　アセトアルデヒドの性状について、次のうち妥当でないものはどれか。

1．常温（20℃）で引火の危険性がある。
2．刺激臭のある無色の液体である。
3．水や有機溶媒によく溶ける。
4．酸化するとエタノールになる。
5．燃焼範囲はガソリンよりも広い。

Ⅲ．３-２．第１石油類の性状

1 第１石油類

①**第１石油類**は、１気圧で**引火点が 21℃未満**（特殊引火物を除く）のものをいう。

②**ガソリン**、**ベンゼン**、**トルエン**など**非水溶性**のものと、**アセトン**、**ピリジン**など**水溶性**のものがある。

③蒸気比重は**１より大きい**ものが多いため、地上を這って離れた低所に滞留することがある。

④取扱場所に設置するモーター等の電気設備は、すべて防爆構造のものとする。

⑤電気の不良導体が多く、静電気を蓄積しやすい。このため、作業者は静電気が発生しやすい化学繊維などの衣類を着用しないようにする。

第1石油類

非水溶性　　水溶性

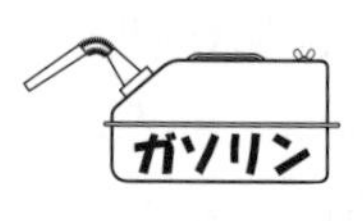

第1石油類は種類が多いわね

2 ガソリン（CmHn）

比重	0.65 ～ 0.75	蒸気比重	3～4	燃焼範囲	1.4 ～ 7.6 vol%
沸点	40 ～ 220℃	引火点	− 40℃以下	発火点	300℃

①自動車ガソリンは**オレンジ色に着色**されている。

②揮発しやすく、特有の臭気がある（付臭剤を使用していない）。

③皮膚に触れると**皮膚炎**を起こすことがある。また、その蒸気を吸入すると**頭痛やめまい**等を起こす。

④電気の**不導体**で、流動などの際に**静電気**が発生しやすい。

⑤**炭素数４～ 10** 程度の**炭化水素の混合物**である。

⑥不純物として、微量の**有機硫黄化合物**が含まれる。

⑦日本工業規格により自動車ガソリン、航空ガソリン、工業ガソリンの**３種類**に分けられている。

ガソリン

- 蒸気を吸収すると頭痛、めまい等起こす
- 静電気を発生しやすい

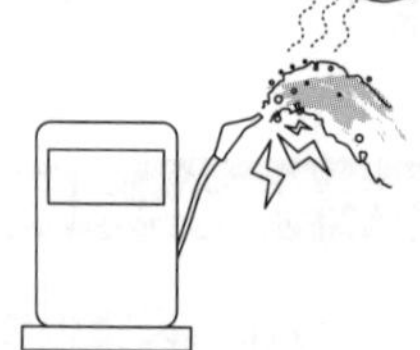

- 自動車用ガソリンは**オレンジ色**に着色
- 炭素数**4～10**程度の炭化水素の混合物

⑧自動車用ガソリンには、オクタン価向上剤（ノッキング防止剤）としてエーテル類を添加したものがある。

⑨第１類、第６類危険物の酸化性物質（過酸化水素、硝酸など）と混合すると、酸化発熱・発火・爆発したり、爆発性の過酸化物を生成する危険性がある。

3 ベンゼン（C_6H_6）

比重	0.9	蒸気比重	2.8	燃焼範囲	1.2 ～ 7.8vol%
沸点	80℃	引火点	－ 11.1℃	発火点	498℃
凝固点（融点）		5.5℃			

①無色で、**芳香族特有の甘い香り**をもつ。

②**水には溶けない。**一方、アルコールやジエチルエーテルなど多くの**有機溶剤にはよく溶ける。**一般に**樹脂**、**油脂**等をよく溶かす。

③揮発性があり、蒸気は強い**毒性**をもつ。

④電気の**不導体**で、流動により**静電気**が発生しやすい。

4 トルエン（$C_6H_5CH_3$）

比重	0.9	蒸気比重	3.1	燃焼範囲	1.1 ～ 7.1vol%
沸点	111℃	引火点	4℃	発火点	480℃

①無色で、芳香族特有の臭気がある。

②**水には溶けない。**ただし、アルコールやジエチルエーテルなど多くの**有機溶剤にはよく溶ける。**

③蒸気の毒性はベンゼンより弱いが、長期にわたる吸入は危険。

④**濃硝酸**と濃硫酸の混合物（混酸）と反応し、第５類危険物のトリニトロトルエン（$C_6H_2CH_3(NO_2)_3$）を生成することがある。

5 酢酸エチル（$CH_3COOC_2H_5$）

比重	0.9	蒸気比重	3.0	燃焼範囲	2.0 ～ 11.5vol%
沸点	77℃	引火点	－4℃	発火点	426℃

①無色で、果実臭がある。

②水には少し溶け、ほとんどの有機溶剤に溶ける。

③流動や揺動により静電気が発生しやすい。

6 メチルエチルケトン（$CH_3COC_2H_5$）

比重	0.8	蒸気比重	2.5	燃焼範囲	1.4 ～ 11.4vol%
沸点	80℃	引火点	－9℃	発火点	404℃

①無色で、特異な臭気がある。

②**水に少し溶け**、アルコール、ジエチルエーテルには**よく溶ける。**

③泡消火剤は、**水溶性液体用**のものを使う。また、水を霧状に噴霧すると、冷却作用と希釈により消火できる。

※別名**エチルメチルケトン**で、両方の名称で出題されている。

オクタン価の向上

・自動車用ガソリンに**エーテル**を添加するとオクタン価が高くなる。

ベンゼン

・無色
・**甘い香り**（蒸気は**毒性**）
・有機溶剤に**溶ける**
（水に溶けない）

・静電気を発生しやすい

・樹脂、油脂等をよく溶かす

トルエン

・無色
・特有の臭気
・有機溶剤に**溶ける**（水に溶けない）

・蒸気の毒性はベンゼンより弱い

酢酸エチル

・無色
・果実臭
・水に少し溶ける
・有機溶剤に溶ける

・**静電気**を発生しやすい

エチルメチルケトン

・無色
・特異な臭気
・水に**少し溶ける**
・**有機溶剤に溶ける**

・**水溶性液体用**の泡消火剤を使う

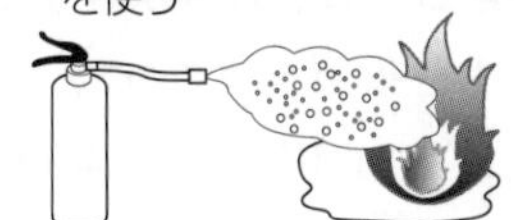

第3章 危険物の性質並びにその火災予防及び消火の方法

7 アセトン（CH_3COCH_3）

比重	0.8	蒸気比重	2.0	燃焼範囲	2.5 ～ 12.8vol%
沸点	56℃	引火点	− 20℃	発火点	465℃

①無色で、特異な臭気がある。
②**水によく溶け**、アルコール、ジエチルエーテル（エーテル）、クロロホルムなどにもよく溶ける。**両親媒性**（りょうしんばいせい）（水にも油にも溶ける性質）がある。
③常温で高い揮発性を有する。
④第６類危険物の**過酸化水素**や**硝酸**と混ぜてはならない。混合すると、**酸化作用**により**発火**することがある。
⑤マニキュアの除光液やプラスチック系接着剤、塗料の溶剤などに使われている。
⑥泡消火剤は、**水溶性液体用**のものを使う。また、水を霧状に噴霧すると、冷却作用と希釈により消火できる

・無色
・特異な臭気
・水にも油にも溶ける（両親媒性）

・**過酸化水素**、**硝酸**と混合すると発火する
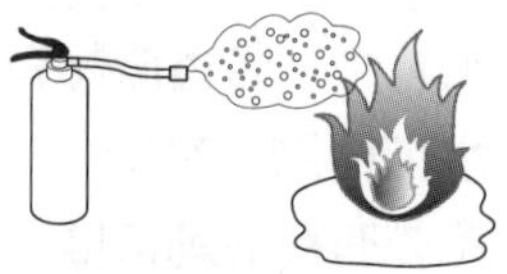
・**水溶性液体用**の泡消火剤を使う

8 ピリジン（C_5H_5N）

比重	0.98	蒸気比重	2.7	燃焼範囲	1.8 ～ 12.4vol%
沸点	115.5℃	引火点	20℃	発火点	482℃

①無色で、特異な悪臭がある。
②**水によく溶ける**。これは、ピリジンの窒素原子が水と水素結合を形成しやすいためである。また、アルコール、ジエチルエーテル（エーテル）にもよく溶ける。

・無色
・特異な悪臭
・水によく溶ける

LET'S TRY! こう出る！実践問題

問題5　自動車ガソリンの性状について、次のうち妥当でないものはどれか。

1．水より軽い。
2．オレンジ系の色に着色されている。
3．自然発火しやすい。
4．引火点は一般に－40℃以下である。
5．燃焼範囲は、おおむね１～８vol％である。

問題6　ベンゼンの性状として、次のうち妥当でないものはどれか。

1．無色透明で芳香臭がある。
2．水によく溶けるほか、ほとんどの有機溶剤にもよく溶ける。
3．引火点は０℃より低い。
4．融点は5.5℃で、冬季など固化することがある。
5．毒性があり、吸入すると危険である。

問題7　トルエンの性状として、次のうち妥当でないものはどれか。

1．無色の液体である。
2．特有の芳香を有している。
3．水によく溶ける。
4．蒸気は空気より重い
5．水より軽い。

問題8　エチルメチルケトンの貯蔵または取扱いの注意事項として、次のうち妥当でないものはどれか。

1．換気をよくする。
2．貯蔵容器は通気口付きのものを使用する。
3．火気を近づけない。
4．日光の直射を避ける。
5．冷暗所に貯蔵する。

Ⅲ．３－３．アルコール類の性状

1 メタノール（CH_3OH）

比重	0.8	蒸気比重	1.1	燃焼範囲	6.0 ～ 37vol%
沸点	64℃	引火点	11℃	発火点	464℃
凝固点（融点）			－97℃		

①**毒性が強く**、誤飲すると失明、または死亡することもある。

②アルコール類でもメタノールは、最も単純な分子構造で、分子量は**最も小さい化合物**（分子量：12＋1×4＋16＝32）。

③酸化させると「メタノール」⇒**「ホルムアルデヒド」**⇒**「ギ酸」**に変化。

メタノール
- 蒸気比重1.1
- 毒性が強い

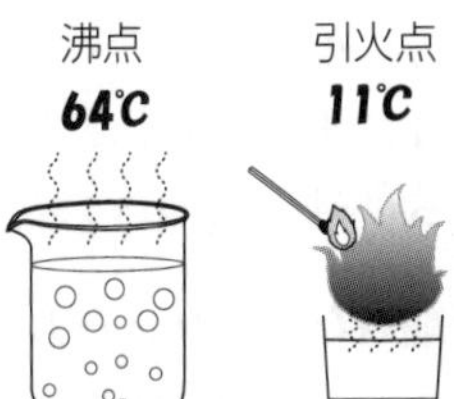

2 エタノール（C_2H_5OH）

比重	0.8	蒸気比重	1.6	燃焼範囲	3.3 ～ 19vol%
沸点	78℃	引火点	13℃	発火点	363℃
凝固点（融点）			－114.5℃		

①**毒性はない**が、麻酔性がある。

②酸化させると「エタノール」⇒**「アセトアルデヒド」**⇒**「酢酸」**に変化。

エタノール
- 蒸気比重1.6
- 麻酔性があるが毒性なし

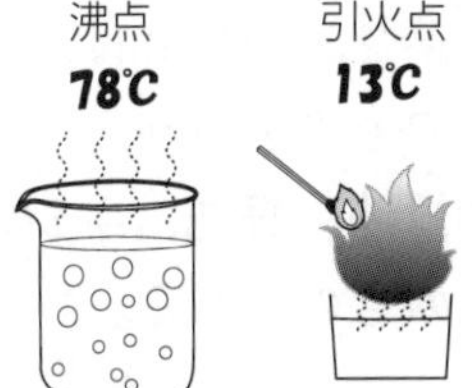

3 メタノールとエタノールに共通する性状

①**無色透明**で、特有の**芳香**がある。

②**揮発性が強く**、水、または多くの有機溶剤と**よく溶け合う。**

③水で希釈すると引火点は高くなる。

④酸化性物質（第１類の**三酸化クロム** CrO_3（無水クロム酸）や第６類の過酸化水素 H_2O_2 など）との接触・混合により、過酸化物を生成し、発火・爆発のおそれがある。

⑤**見えにくい青白い炎**を出して燃える（**視認性が悪い**）。

⑥**ナトリウム Na** と反応させると**水素**を発生する。

共通する性状

4 1-プロパノール（n-プロピルアルコール）（C_3H_7OH）

比重	0.8	蒸気比重	2.1	燃焼範囲	2.1 ～ 13.7vol%
沸点	97.2℃	引火点	23℃	発火点	412℃

①無色透明の液体。

②水、エタノール、ジエチルエーテルによく溶ける。

5 2-プロパノール（イソプロピルアルコール）（$(CH_3)_2CHOH$）

比重	0.79	蒸気比重	2.1	燃焼範囲	2.0 ～ 12.7vol%
沸点	82℃	引火点	12℃	発火点	399℃

①無色透明の液体で、特有の芳香がある。

②水、エタノール、ジエチルエーテルに溶ける。

LET'S TRY! **こう出る！実践問題**

問題9　メタノールの性状について、次のうち妥当でないものはどれか。

1．無色の有毒な液体である。
2．蒸気比重は、1より大きい。
3．引火点は、0℃以下である。
4．ナトリウムと反応して水素を発生する。
5．燃焼範囲はおおむね7～37vol％である。

問題10　エタノールの性状として、次のうち妥当でないものはどれか。

1．沸点は100℃より低い。　2．引火点は0℃以下である。　3．芳香臭がある。
4．水と任意の割合で溶ける。　5．水より軽い。

Ⅲ．3－4．第2石油類の性状

1 第2石油類

①第2石油類とは、1気圧において引火点が**21℃以上70℃未満**のものをいう。
②**灯油、軽油、キシレン**など**非水溶性**のものと、**酢酸**など**水溶性**のものがある。

2 灯油

比重	0.8	蒸気比重	4.5	燃焼範囲	1.1～6.0vol%
沸点	145～270℃	引火点	40℃以上	発火点	220℃

①**無色**、または**淡黄色**で、特有の臭気を放つ。
②引火しやすくなるため、灯油にガソリンを混合してはならない。
③**霧状**にして空気中に浮遊すると、空気との接触面積が広くなるため、**引火しやすくなる。**
④電気の**不導体**で、流動により**静電気**が発生しやすい。

3 軽油

比重	0.85	蒸気比重	4.5	燃焼範囲	1.0～6.0vol%
沸点	170～370℃	引火点	45℃以上	発火点	220℃

①原油が沸点の差によって多様な炭化水素に蒸留・分離される際に得られる、液状の炭化水素の混合物のことである。精製直後は無色であるが、出荷前に精製会社により淡黄色や薄緑色に着色されていることがある。また石油臭がある。
②軽油に**第1類危険物**を触れさせたり、**第6類危険物**を混入してはならない。発火する危険がある。
③電気の**不導体**で、流動により**静電気**が発生しやすい。

第2石油類
引火点
21℃以上
70℃未満

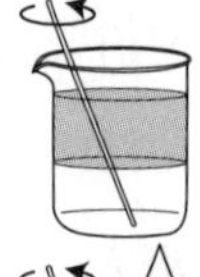

非水溶性
灯油、軽油、キシレン

水溶性
酢酸

灯油

- 特有の臭気
- 蒸気比重4.5
- **無色**又は**淡黄色**
- 静電気を発生しやすい

発火点 **約220℃**　引火点 **40℃以上**

軽油

- 無色
- 蒸気比重4.5
- 静電気を発生しやすい
- **第1**類、**第6**類危険物との接触、混入を避ける

発火点 **約220℃**　引火点 **45℃以上**

第3章 危険物の性質並びにその火災予防及び消火の方法

4 キシレン（$C_6H_4(CH_3)_2$）

比重	0.9	蒸気比重	3.7	燃焼範囲	1.0～7.0vol%
沸点	138～144℃（異性体により異なる）	引火点	30℃	発火点	464℃

①無色で、芳香族特有の臭いがある。
②3種の異性体（オルトキシレン、メタキシレン、パラキシレン）。
③**水には溶けず**、二硫化炭素やエタノールなどに溶ける。
④蒸気には毒性がある。

5 クロロベンゼン（C_6H_5Cl）

比重	1.1	蒸気比重	3.9	燃焼範囲	1.3～10vol%
沸点	132℃	引火点	28℃	発火点	464℃

①特徴的な臭気のある、無色の液体。
②水には溶けず、**アルコール**、**エーテル**などに溶ける。

6 n-ブタノール（1-ブタノール）（$CH_3(CH_2)_3OH$）

比重	0.8	蒸気比重	2.6	燃焼範囲	1.4～11.2vol%
沸点	117℃	引火点	29℃	発火点	約343～401℃
凝固点（融点）		−90℃			

①無色で、刺激的な**発酵した臭い**がする。
②n（ノルマル）-ブチルアルコールともいう。
③ブタノールは**4種の異性体**があり、n-はその1つ。
④**水に少し溶ける**。また、各種の**有機溶剤にはよく溶ける**。
⑤「1－ブタノール」酸化⇒「**ブチルアルデヒド**および**酪酸**」。
⑥皮膚や眼を刺激し、薬傷を起こすおそれがある。

7 酢酸（CH_3COOH）

比重	1.05	蒸気比重	2.1	燃焼範囲	4.0～19.9vol%
沸点	118℃	引火点	39℃	発火点	463℃
凝固点（融点）		17℃			

①**無色**で、**刺激性の臭気**をもつ。
②**アセトアルデヒド**の**酸化**により得られる。
③高純度のものは**氷酢酸**と呼ばれ、15～16℃以下で固体となる。
④**強い腐食性**をもつ有機酸であり、水溶液は金属やコンクリートを強く腐食する。
⑤**水溶性**で、ジエチルエーテル（エーテル）、エタノール（アルコール）、ベンゼンなどの**有機溶剤**にも溶ける。
⑥アルコール ROH と反応すると、**酢酸エステル** CH_3COOR を生成する。酢酸エチル $CH_3COOC_2H_5$ は酢酸エステルの代表例。
⑦食酢は、酢酸濃度3～6％の水溶液である。
⑧**青い炎**をあげて燃焼し、**二酸化炭素と水**（水蒸気）を発生する。

キシレン
・蒸気比重3.7で空気より重い

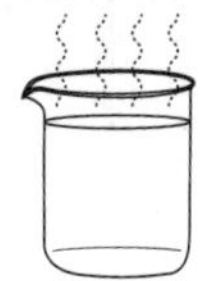

引火点 約30℃

クロロベンゼン

n-ブタノール
・蒸気比重2.6で空気より重い

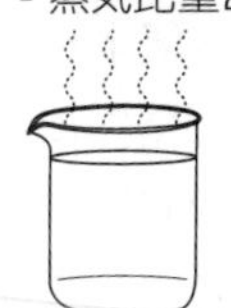

・水に**少し溶ける**
・有機溶媒に**よく溶ける**

酢酸

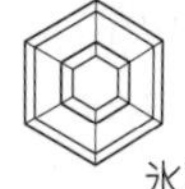

第3章 危険物の性質並びにその火災予防及び消火の方法

8 アクリル酸（$CH_2=CHCOOH$）

比重	1.06	蒸気比重	2.45	燃焼範囲	2～17vol%
沸点	141℃	引火点	51℃	発火点	438℃
融点			13～13.5℃		

①**無色**で、酢酸に似た**刺激臭**をもつ。
②**水**や**エーテル**と任意の割合で**混じり合う。**
③**非常に重合しやすい**ため、重合防止剤を加えて貯蔵する。また、重合に伴い発熱し、その**重合熱**は 1076kJ/kg である。
④**加熱・光**の影響や高温体・**酸化性物質・過酸化物**・アルカリ溶液・**鉄さび**との接触・混触などの条件により、重合しやすくなる。
⑤融点が低いため凝固しやすいが、凝固したものを溶解させる際の温度設定を誤ると、重合や引火の危険性があるため、**凝固させないよう保管**する。
⑥**強い腐食性**があり、皮膚に触れると火傷を起こす。また、濃い蒸気を吸入すると粘膜を刺激して炎症を起こす。
⑦容器は、ガラス、**ステンレス鋼**、アルミニウム、**ポリエチレンで被覆**されたものを使用するとともに、取扱い時は保護具を使用する。

アクリル酸
- 無色
- **刺激臭**
- **水**やエーテルと任意の割合で混じり合う

水

非常に**重合しやすく**、**強い腐食性**もあるぞ

LET'S TRY! こう出る！実践問題

問題 11　灯油を貯蔵し、取り扱うときの注意事項として、次のうち妥当なものはどれか。

1. 蒸気は空気より軽いので、換気口は室内の上部に設ける。
2. 静電気を発生しやすいので、激しい動揺または流動を避ける。
3. 常温（20℃）で容易に分解し、発熱するので、冷所に貯蔵する。
4. 直射日光により過酸化物を生成するおそれがあるので、容器に日覆いをする。
5. 空気中の湿気を吸収して、爆発するので、容器に不活性ガスを封入する。

問題 12　軽油の性状について、次のうち妥当でないものはどれか。

1. 沸点は、水より高い。
2. 水より軽く、水に不溶である。
3. 酸化剤と混合すると、発熱・爆発のおそれがある。
4. ディーゼル機関の燃料に用いられる。
5. 引火点は、40℃以下である。

問題 13　灯油と軽油に共通する性状について、次のうち妥当でないものはどれか。

1. 水より軽い。
2. 引火点は、常温（20℃）より高い。
3. 蒸気は、空気より重い。
4. 発火点は、100℃より低い。
5. 水に溶けない。

問題 14　酢酸の性状について、次のうち妥当でないものはどれか。

1. 20℃で無色透明の液体である。
2. 水溶液には、腐食性はない。
3. 20℃で引火の危険性はない。
4. アルコールと任意の割合で溶ける。
5. 青い炎をあげて燃え、二酸化炭素と水蒸気になる。

問題 15　アクリル酸の性状について、妥当なものは次のうちどれか。

1. 赤褐色の液体である。
2. 比重は1より小さい。
3. 無臭である。
4. 重合反応を起こしやすい。
5. 水に溶けない。

Ⅲ．３－５．第３石油類の性状

1 重油

比重	0.9～1.0 （水よりやや軽い）	引火点	１種（Ａ重油）＆ ２種（Ｂ重油） 60℃以上	発火点	250℃ ～ 380℃
沸点	300℃以上		３種（Ｃ重油） 70℃以上		

①**褐色**、または**暗褐色**の粘性のある液体で、特有の臭いがある。

②日本工業規格により１種（Ａ重油）、２種（Ｂ重油）、及び３種（Ｃ重油）に分類されている。１種から３種の順に粘度が大きくなる。

③**水に溶けない**。不純物として含まれている**硫黄Ｓ**は、燃えると有害な**二酸化硫黄**（亜硫酸ガス）SO_2になる。

重油

引火点
1種・2種 60℃以上
3種 70℃以上

2 クレオソート油

比重	1.0以上				
沸点	200℃以上	引火点	74℃	発火点	336℃

①濃黄褐色から黒色で**粘ちゅう性の油状液体**で、刺激臭がある。

②コールタールを蒸留して得られ、（木材等の）**防腐剤**に用いる。

③**水には溶けないが**、**アルコール、ベンゼンには溶ける**。

④**ナフタレン**、**アントラセン**などを含む混合物である。

クレオソート油

・黄色、暗褐色
で**粘り気**が
ある
・刺激臭

3 アニリン（$C_6H_5NH_2$）

比重	1.01	蒸気比重	3.2		
沸点	185℃以上	引火点	70℃	発火点	615℃

①無色、または淡黄色で、特有の臭気をもつ。

②水には溶けにくいが、ジエチルエーテル、エタノール、ベンゼンにはよく溶ける。

アニリン

・無色～淡黄色
・特有の臭気

4 ニトロベンゼン（$C_6H_5NO_2$）

比重	1.2	蒸気比重	4.3	燃焼範囲	1.8～40vol%
沸点	211℃以上	引火点	88℃	発火点	482℃

①**淡黄色**で、油状の液体である。桃を腐らせたような芳香を持つ。蒸気は有毒。

②ニトロ化合物であるが、第５類危険物の自己反応性はなく、爆発性もない。

③水にほとんど溶けないが、大部分の有機溶剤に溶ける。

ニトロベンゼン

・蒸気比重4.3

・**無色～淡黄色**
・芳香臭
・比重1.2

引火点
88℃

・水には溶けない
・有機溶媒に溶ける

5 エチレングリコール（$C_2H_4(OH)_2$）

比重	1.1	蒸気比重	1.1		
沸点	197℃以上	引火点	111℃	発火点	413℃

①甘味と粘性のある無色の液体で、**吸湿性**がある。
②**水、エタノールに溶ける**が、ベンゼンには溶けない。
③エンジンの**不凍液**に使われる。
④ナトリウムと反応して水素を発生する。

エチレングリコール

- 無色、無臭
- 甘味と粘性がある

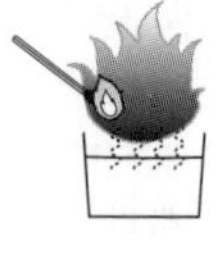

引火点 111℃

- 水、エタノールに溶ける

6 グリセリン（$C_3H_5(OH)_3$）

比重	1.3	蒸気比重	3.1		
沸点	291℃以上	引火点	199℃	発火点	370℃

①無色で粘性があり、**甘味**がある。
②ニトログリセリン**（爆薬）の原料**となる。
③**水に溶けやすく、吸湿性が強い。**その保水性を生かして、化粧品、水彩絵具によく使われる。また、エタノールには溶けるが、**ジエチルエーテル**（エーテル）、二硫化炭素、ガソリン、**ベンゼン**などには**溶けにくい。**
④アルコールはそのヒドロキシ基（水酸基）の数により、1価アルコール、2価アルコール、3価アルコールに分類される。グリセリンは3個のヒドロキシ基（水酸基）－OH を有していることから、**3価アルコール**となる。

グリセリン

- 蒸気比重3.1

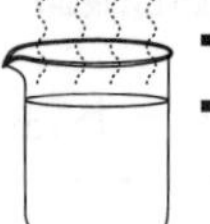

- 無色
- 粘性、甘味がある
- 比重1.3

引火点 199℃

- 水に溶けやすい

LET'S TRY! こう出る！実践問題

問題 16　重油の一般的な性状等について、次のうち妥当でないものはどれか。

1．水に溶けない。
2．水より重い。
3．日本工業規格では、1種（A重油）、2種（B重油）および3種（C重油）に分類されている。
4．発火点は、100℃より高い。
5．1種および2種重油の引火点は、60℃以上である。

問題 17　クレオソート油の性状について、次のうち妥当でないものはどれか。

1．常温（20℃）では、黒色または濃黄褐色の粘ちゅう性の油状液体である。
2．アルコールなどの有機溶剤や水によく溶ける。
3．ナフタレン、アントラセンなどを含む混合物である。
4．引火点は 70℃以上である。
5．金属に対する腐食性はない。

Ⅲ．３－６．第４石油類の性状

1 第４石油類

①第４石油類とは、１気圧において常温（20℃）で液状であり、かつ、**引火点が200℃以上250℃未満**のものをいう。
（例：**ギヤー油**、**シリンダー油**、潤滑油、切削油、**可塑剤**　など）
②非水溶性で、比重が１より小さい（**水より軽い**）ものが多い。
③引火点が高いため、一般に加熱しないかぎり引火する危険はないが、いったん燃えだしたときは、**液温が非常に高くなっているため**、消火が困難になる。

第4石油類
引火点
200℃以上
250℃未満
・非水溶性で
水より軽い

Ⅲ．３－７．動植物油類の性状

1 動植物油類

①動植物油類は、動物の油脂等または植物の種子もしくは果肉から抽出し、１気圧において**引火点が250℃未満**のものをいう。
②**非水溶性**で、液比重が１より小さい（**水より軽い**）ものが多い。
③布に染み込んだものは酸化･発熱し、**自然発火する危険性**がある。
④**霧状**や**布に染み込んだもの**は、引火しやすくなる。
⑤蒸発しにくく引火しにくいが、火災になると燃焼温度が高くなるため、消火が非常に困難となる。

2 自然発火

①油類は空気に触れると酸化し、その際に酸化熱を発生する。自然発火は、この**酸化熱が蓄積されて、発火点に達する**と起こる。
②**ヨウ素価**は、油脂100gが吸収するヨウ素のグラム数で表す。不飽和結合がより多く存在する油脂ほど、この値が大きくなり、不飽和度が高い。ヨウ素価100以下を**不乾性油**、100～130を**半乾性油**、**130以上を乾性油**という。
③**乾性油**は酸化により固形化することで乾きやすく、**自然発火を起こしやすい。**
④動植物油類が染み込んだ布や紙などを、**風通しの悪い場所**や**換気がない室内に放置**すると、酸化熱が蓄積し、自然発火を起こしやすくなる。

動植物油類

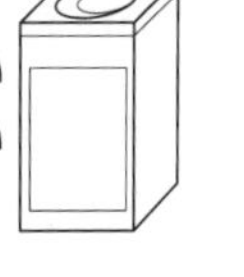

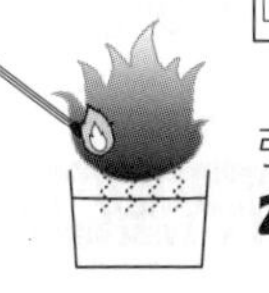

引火点
250℃未満

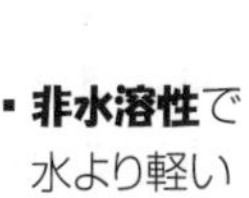

ヨウ素価

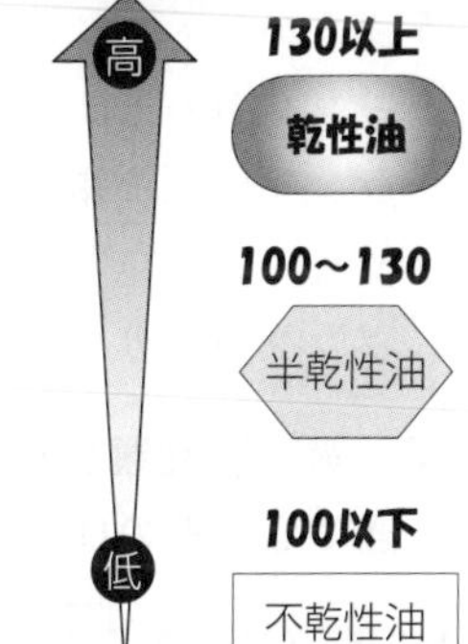

LET'S TRY!　こう出る！実践問題

問題18　動植物油類について、次のうち妥当でないものはどれか。

1．引火点以上に熱すると、火花等による引火の危険性を生じる。
2．乾性油は、ぼろ布等に染み込ませ積み重ねておくと自然発火することがある。
3．水に溶けない。
4．容器の中で燃焼しているものに注水すると、燃えている油が飛散する。
5．引火点は、300℃程度である。

4 事故事例と対策

Ⅲ．４－１．事故事例と対策

※この項目では「第１章 危険物に関する法令」の「６.製造所等における設備・構造等の基準」の各基準や、本章の「３.第４類危険物の種類と特徴」の内容から紐解く問題が出題されています。問題を解くヒントはそれぞれの各項目を参照してください。

LET'S TRY! こう出る！実践問題

問題１　ガソリンを貯蔵していたタンクに、そのまま灯油を入れると爆発することがあるので、その場合は、タンク内のガソリン蒸気を完全に除去してから灯油を入れなければならないとされている。この理由として、次のうち妥当なものはどれか。

1．タンク内のガソリン蒸気が灯油と混合して、灯油の発火点が著しく低下するから。

2．タンク内のガソリン蒸気が灯油の流入により断熱圧縮されて発熱し、発火点以上になることがあるから。

3．タンク内のガソリン蒸気が灯油と混合して熱を発生し、発火することがあるから。

4．タンク内に充満していたガソリン蒸気が灯油に吸収されて燃焼範囲内の濃度に下がり、灯油の流入により発生する静電気の放電火花で引火することがあるから。

5．タンク内のガソリン蒸気が灯油の蒸気と化合して、自然発火しやすい物質ができるから。

問題２　第１石油類を貯蔵する屋内貯蔵所で、危険物の流出事故が発生した場合の処置として、妥当でないものは、次のＡ～Ｅのうちいくつあるか。

Ａ．電気設備からの引火を防止するため、照明および蒸気を屋根上に排出する設備のスイッチを切った。
Ｂ．流出事故が発生したことを従業員や施設内の人たちに知らせるとともに、消防機関に通報した。
Ｃ．消火の準備をするとともに、床面に流出した危険物に乾燥砂をかけ吸い取った。
Ｄ．危険物を移動させるため、危険物の入っている金属製ドラムを引きずって屋外に運び出した。
Ｅ．貯留設備にたまった危険物をくみ上げ、ふたのある金属容器に収納した。

1．1つ　　2．2つ　　3．3つ　　4．4つ　　5．5つ

第3章 危険物の性質並びにその火災予防及び消火の方法

第3章　乙種第4類の主な危険物の性状まとめ

品名	物品名	水溶性	丙種	引火点（℃）		発火点（℃）	沸点（℃）	比重	蒸気比重	燃焼範囲（vol%）
特殊引火物	ジエチルエーテル	△	×	**-20℃以下**	−45	160	35	0.7	2.6	1.9～36
	二硫化炭素	×			−30 以下	90	46	**1.3**	2.6	1.3～50
	アセトアルデヒド	**○**			−39	175	21	0.8	1.5	4.0～60
	酸化プロピレン	**○**			−37	449	35	0.8	2.0	2.1～39
第1石油類	ガソリン［自動車用は橙色］	×	○	**21℃未満**	−40 以下	300	38～220	0.65～0.75	3～4	**1.4～7.6**
	ベンゼン	×	×		−11	498	80	0.9	2.8	1.2～7.8
	トルエン	×			4	480	111	0.9	3.1	1.1～7.1
	酢酸エチル	△			−4	426	77	0.9	3.0	2.0～11.5
	メチルエチルケトン（エチルメチルケトン）	△			−9	404	80	0.8	2.5	1.7～11
	アセトン	**○**			−20	465	56	0.8	2.0	2.5～12.8
	ピリジン	**○**			20	482	115.5	0.98	2.7	1.8～12.4
アルコール類	メタノール	○	×	11℃～25℃	11	464	64	0.8	1.1	6.7～37
	エタノール	○			13	363	78	0.8	1.6	3.3～19
	1-プロパノール（*n*-プロピルアルコール）	○			15	412	97.2	0.8	2.1	2.1～13.7
	2-プロパノール（イソプロピルアルコール）	○			12	399	82	0.8	2.1	2.0～12.7
第2石油類	灯油［無色～淡黄色］	×	○	21℃～70℃未満	40 以上	220	145～270	0.8	4.5	1.1～6.0
	軽油［淡黄色～淡褐色、薄緑色］	×	○		45 以上	220	170～370	0.85	4.5	1.0～6.0
	キシレン	×	×		32	464	138～144	0.9	3.7	0.9～7.0
	クロロベンゼン	×			28	464	132	1.1	3.9	1.3～10
	1-ブタノール（*n*-ブチルアルコール）	△			35～37.8	343～401	117	0.8	2.6	1.4～11.2
	酢酸（氷酢酸）	**○**			39～41	463	118	1.05	2.1	4.0～19.9
	アクリル酸	**○**			51	438	141	1.05	2.45	3.9～20
第3石油類	重油	×	○	70℃～200℃未満	60 以上	250～380	300 以上	0.9～1.0	—	—
	クレオソート油	×	×		75	335	200 以上	1.1	—	—
	アニリン	×			70	615	185 以上	1.01	3.2	1.2～11
	ニトロベンゼン	×			88	482	211 以上	1.2	4.2	1.8～40
	エチレングリコール	**○**			111	413	197 以上	1.1	2.1	3.2～15
	グリセリン	**○**	○		160～199	370	291 以上	1.3	3.2	—
第4石油類	潤滑油　ギヤー油、シリンダー油、切削油、モーター油、電気絶縁油、マシン油 等	×	○	200℃～250℃未満	200～249	—	—	—	—	—
	可塑剤　リン酸トリクレジル				210	—	241～265	1.16～1.18	—	—
	可塑剤　フタル酸ジオクチル				205～218	—	385	0.98	—	—
動植物油類	乾性油（130 以上＊）　アマニ油、キリ油、紅花油、ヒマワリ油、ケシ油 等	×	○	**250℃未満**						
	半乾性油（100～130＊）　ナタネ油、ゴマ油、大豆油、綿実油、コーン油 等									
	不乾性油（100 以下＊）　オリーブ油、ヒマシ油、ヤシ油、ツバキ油 等									

※水溶性 ⇒ ○：溶、×：不溶、△：ほとんど溶けない～少し溶ける。
※丙種 ⇒ ○：丙種の取り扱い可、×：丙種の取り扱い不可。
※潤滑油には引火点によって一部第３石油類に該当するものがある。
※動植物油類は「動植物から抽出された油脂」をいい、「精油」を含まない。精油とは「植物が産出する揮発性の油で、それぞれ特有の芳香を持つもの」である。ハッカ油（第３石油類）やオレンジ油（第２石油類）などが該当。
※動植物油類の＊はヨウ素価の数値を表す。

模擬試験問題　第１回

危険物に関する法令

［問　1］　法令上、危険物に関する説明として、次のうち正しいものはどれか。

1．危険物とは、１気圧 20℃において、気体又は液体である。
2．危険物は、火災の危険性だけでなく、人体に対する毒性を判断する試験によって判定されている。
3．指定数量とは、危険物の危険性を勘案して政令で定める数量である。
4．危険物は、法別表第１の品名欄に掲げる物品の他に、市町村条例で定められた物品もある。
5．難燃性でない合成樹脂類も危険物である。

［問　2］　法別表第１で定める動植物油類について、次の文の（　）内のＡ及びＢに当てはまる語句の組み合わせとして、正しいものはどれか。

「動植物油類とは、動物の脂肉等又は植物の種子若しくは果肉から抽出したものであって、１気圧において（A）が（B）未満のものをいい、総務省令で定めるところにより貯蔵保管されているものを除く。」

	A	B
1．	引火点	200℃
2．	引火点	250℃
3．	引火点	300℃
4．	発火点	250℃
5．	発火点	300℃

［問　3］　法令上、次の危険物を同一場所で貯蔵する場合、指定数量の倍数以上となる組合せはどれか。

1．	ガソリン	100L	灯油	400L
2．	灯油	500L	軽油	400L
3．	軽油	400L	重油	1,000L
4．	メタノール	200L	ガソリン	100L
5．	エタノール	200L	灯油	400L

[問　4]　法令上、貯蔵所及び取扱所の区分について、次のうち誤っているものはどれか。

1．屋内貯蔵所とは、屋内の場所において危険物を貯蔵し、又は取り扱う貯蔵所をいう。
2．屋内タンク貯蔵所とは、屋内にあるタンクにおいて危険物を貯蔵し、又は取り扱う貯蔵所をいう。
3．屋外タンク貯蔵所とは、屋外にあるタンクにおいて危険物を貯蔵し、又は取り扱う貯蔵所をいう。
4．第二種販売取扱所とは、店舗において容器入りのままで販売するため危険物を取り扱う取扱所で、指定数量の倍数が15を超え40以下のものをいう。
5．一般取扱所とは、配管及びポンプ並びにこれらに付属する設備によって危険物の移送の取扱いを行う取扱所をいう。

[問　5]　法令上、次のA～Eに掲げる製造所等のうち、指定数量の倍数により予防規程を定めなければならないものの組合せはどれか。

1．AとB
2．BとC
3．CとD
4．DとE
5．AとE

A．製造所
B．地下タンク貯蔵所
C．移動タンク貯蔵所
D．販売取扱所
E．屋外タンク貯蔵所

[問　6]　法令上、定期点検を義務づけられていない製造所等は、次のうちどれか。

1．指定数量の倍数が200以上の屋外タンク貯蔵所
2．移動タンク貯蔵所
3．地下タンク貯蔵所
4．簡易タンク貯蔵所
5．地下タンクを有する給油取扱所

[問　7]　法令上、製造所等において、危険物を貯蔵し、又は取り扱う建築物等の周囲に保有しなければならない空地（以下「保有空地」という。）について、次のうち誤っているものはどれか。ただし、特例基準が適用されるものを除く。

1．屋外タンク貯蔵所は、指定数量の倍数に応じた保有空地が必要である。
2．給油取扱所は、保有空地を必要としない。
3．簡易タンク貯蔵所は、簡易貯蔵タンクを屋内に設置する場合、保有空地を必要としない。
4．移動タンク貯蔵所は、保有空地を必要としない。
5．屋内貯蔵所は、床面積に応じた保有空地が必要である。

［問　8］ 法令上、製造所の危険物を取り扱う配管について、位置、構造及び設備の技術上の基準に定められていないものは、次のうちどれか。

1．配管は、その設置される条件及び使用される状況に照らして十分な強度を有するものとし、かつ、当該配管に係る最大常用圧力の1.5倍以上の圧力で水圧試験を行ったとき、漏えいその他の異常がないものでなければならない。
2．配管を地上に設置する場合には、地盤面に接しないようにするとともに、外面の腐食を防止するための塗装を行わなければならない。
3．配管は、取り扱う危険物により容易に劣化するおそれのないものでなければならない。
4．配管を地下に設置する場合には、その上部の地盤面を車両等が通行しない位置としなければならない。
5．地下の電気的腐食のおそれのある場所に設置する配管にあっては、外面の腐食を防止するための塗覆装またはコーティング及び電気防食を行わなければならない。

［問　9］ 法令上、地下タンク貯蔵所の位置、構造及び設備の技術上の基準について、次のうち誤っているものはどれか。

1．地下貯蔵タンク（二重殻タンクを除く。）又はその周囲には、当該タンクからの液体の危険物の漏れを検知する設備を設けなければならない。
2．地下貯蔵タンクは、外面にさびどめのための塗装をして、地盤面下に直接埋没しなければならない。
3．液体の危険物の地下貯蔵タンクの注入口は、屋外に設けなければならない。
4．地下貯蔵タンクには、通気管又は安全装置を設けなければならない。
5．地下タンク貯蔵所には、見やすい箇所に、地下タンク貯蔵所である旨を表示した標識及び防火に関し、必要な事項を掲示した掲示板を設けなければならない。

［問　10］ 法令上、危険物取扱者が免状の携帯を義務づけられている場合は、次のうちどれか。

1．地下タンク貯蔵所の定期点検を行うとき
2．指定数量以上の危険物を車両で運搬するとき
3．移動タンク貯蔵所で危険物を移送するとき
4．製造所等において、引火点以上の温度の危険物を取り扱うとき
5．製造所等以外の場所で、指定数量以上の危険物を所轄消防長又は消防署長の承認を受けて、仮に貯蔵または取り扱うとき

［問　11］ 法令上、顧客に自ら給油等をさせる給油取扱所に表示しなければならない事項として、次のうち該当しないものはどれか。

1．顧客が自ら給油等を行うことができる給油取扱所である旨の表示
2．自動車等の進入路の表示
3．ホース機器等の使用方法の表示
4．危険物の品目の表示
5．顧客用固定給油設備以外の給油設備には、顧客が自ら用いることができない旨の表示

［問　12］　法令上、製造所等における危険物の貯蔵及び取扱いのすべてに共通する技術上の基準について、次のうち正しいものはどれか。

1．危険物を保護液中に保存する場合は、当該危険物の一部を露出させておかなければならない。
2．製造所等では、許可された危険物と同じ類、同じ数量であれば、品名については随時変更することができる。
3．危険物のくず、かす等は、1週間に1回以上、当該危険物の性質に応じて、安全な場所で廃棄その他適当な処置をしなければならない。
4．廃油等を廃棄する場合は、焼却以外の方法で行わなければならない。
5．危険物は、原則として海中又は水中に流出させ、又は投下してはならない。

［問　13］　法令上、危険物の運搬の基準について、次のうち誤っているものはどれか。

1．指定数量以上の危険物を車両で運搬するときは、危険物取扱者を乗車させなければならない。
2．指定数量以上の危険物を車両で運搬するときは、当該危険物に適応する消火設備を備えなければならない。
3．指定数量以上の危険物を車両で運搬するときは、車両の前後の見やすい箇所に標識を掲げなければならない。
4．危険物又は危険物を収容した運搬容器が、著しく摩擦又は動揺を起こさないように運搬しなければならない。
5．運搬容器を積み重ねて運搬する場合、積み重ねる高さが3m以下になるように積載しなければならない。

［問　14］　指定数量の10倍以上の危険物を貯蔵し、または取り扱う製造所等（移動タンク貯蔵所を除く）には警報設備を設置しなければならないが、次のうちで警報設備に該当しないものはどれか。

1．発煙筒
2．自動火災報知設備
3．消防機関に報知ができる電話
4．非常ベル装置
5．警鐘

［問　15］　法令上、製造所等が市町村長等から使用停止を命ぜられる事由となるものは、次のうちどれか。

1．製造所等の予防規程の一部を市町村長等の認可を受けずに変更したとき。
2．危険物保安監督者を定めなければならない製造所等において、それを定めていないとき。
3．危険物施設保安員を定めなければならない製造所等において、それを定めていないとき。
4．製造所等を譲り受けた所有者等が市町村長等へその旨を届出しないとき。
5．製造所等に対する市町村長等の立入検査を拒んだとき。

基礎的な物理学及び基礎的な化学

［問 16］ 有機物の燃焼に関する一般的な説明として、次のうち誤っているものはどれか。

1．蒸発または分解して生成する気体が炎をあげて燃えるものが多い。
2．燃焼に伴う明るい炎は、主として高温の炭素粒子が光っているものである。
3．空気の量が不足すると、すすの出る量が多くなる。
4．分子中の炭素数が多い物質ほど、すすの出る量が多くなる。
5．不完全燃焼すると、二酸化炭素の発生量が多くなる。

［問 17］ 危険物の性状について、燃焼のしやすさに直接関係ない事項は、次のうちどれか。

1．引火点が低いこと。
2．発火点が低いこと。
3．酸素と結合しやすいこと。
4．燃焼範囲が広いこと。
5．気化熱が大きいこと。

［問 18］ 次に示す性質を有する可燃性液体についての説明として、正しいものはどれか。

・沸点　：111℃	・燃焼範囲：1.2 ～ 7.1vol％
・液比重：0.87	・引火点　：4.4℃
・発火点：480℃	・蒸気比重：3.14

1．この液体 2 kg の容量は、1.74L である。
2．空気中で引火するのに十分な濃度の蒸気を液面上に発生する最低の液温は、4.4℃である。
3．発生する蒸気の重さは、水蒸気の 3.14 倍である。
4．111℃になるまでは、飽和蒸気圧を示さない。
5．炎を近づけても、480℃になるまでは燃焼しない。

［問 19］ 液体危険物が静電気を帯電しやすい条件について、次のうち誤っているものはどれか。

1．加圧された液体がノズル、亀裂等、断面積の小さな開口部から噴出するとき。
2．液体が液滴となって空気中に放出されるとき。
3．導電率の低い液体が配管を流れるとき。
4．液体相互または液体と粉体等を混合・かくはんするとき。
5．直射日光に長時間さらされたとき。

［問　20］　図は、水の状態図を示している。図中のA、B、Cそれぞれの状態について、次のうち正しいものの組合せはどれか。なお、1気圧は1.013×10^5Paである。

	A	B	C
1.	気体	液体	固体
2.	液体	気体	固体
3.	液体	固体	気体
4.	固体	気体	液体
5.	固体	液体	気体

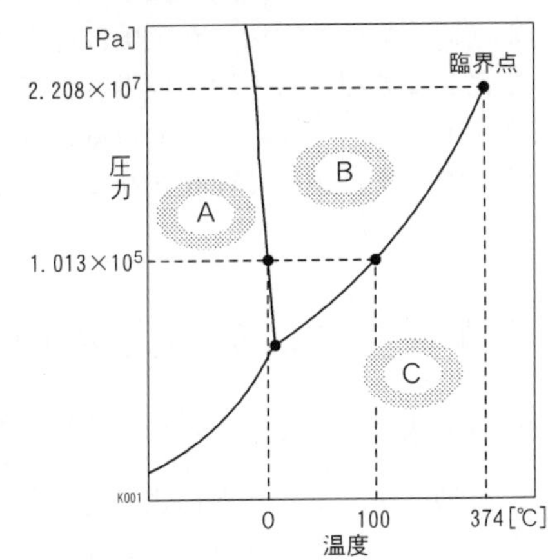

［問　21］　圧力3.0気圧の酸素が入った500mLの容器に圧力4.0気圧の窒素250mLを加えたとき、容器内の混合気体の圧力はいくつか。ただし、気体の温度に変化はないものとする。

1．3.5気圧　　2．4.0気圧　　3．5.0気圧　　4．6.0気圧　　5．7.0気圧

［問　22］　比熱が2.5J/（g·K）である液体100gの温度を10℃から30℃まで上昇させるのに要する熱量は、次のうちどれか。

1．2.5kJ　　2．5.0kJ　　3．7.5kJ　　4．10.0kJ　　5．12.5kJ

［問　23］　次のうち化学変化でないものはどれか。

1．木炭が燃えて灰になる。
2．ドライアイスは放置すると昇華する。
3．鉄がさびてぼろぼろになる。
4．水が分解して酸素と水素になる。
5．紙が濃硫酸に触れると黒くなる。

［問　24］　次の文章の（　）内のA～Dに当てはまる語句の組合せとして、正しいものはどれか。

「（A）とは水素イオンを与える物質であり、（B）とは水素イオンを受け取る物質であるということができる。これによれば、水溶液中におけるアンモニアと水の反応では水は（C）としてはたらき、塩化水素と水の反応では水は（D）としてはたらく。」

	A	B	C	D
1.	酸	塩基	酸	酸
2.	酸	塩基	酸	塩基
3.	酸	塩基	塩基	酸
4.	塩基	酸	酸	塩基
5.	塩基	酸	塩基	酸

［問　25］ 鋼製の危険物配管を埋設する場合、最も腐食が起こりにくいものは、次のうちどれか。

1．土壌埋設配管が、コンクリート中の鉄筋に接触しているとき。
2．直流電気鉄道の軌条（レール）に近接した土壌に埋設されているとき。
3．エポキシ樹脂塗料で完全に被覆され土壌に埋設されているとき。
4．砂層と粘土層の土壌にまたがって埋設されているとき。
5．土壌中とコンクリート中にまたがって埋設されているとき。

危険物の性質並びにその火災予防及び消火の方法

［問　26］ 第4類の危険物の性状について、次のうち妥当でないものはどれか。

1．非水溶性のものは、流動、かくはんなどにより静電気が発生し、蓄積しやすい。
2．水溶性のものは、水で薄めると引火点が低くなる。
3．常温（20℃）で、ほとんどのものが液状である。
4．蒸気比重は1より大きく、低所に滞留しやすい。
5．液体の比重は、1より小さいものが多い。

［問　27］ メタノールの火災における消火方法として、次のうち妥当でないものはどれか。

1．二酸化炭素消火剤を放射する。
2．ハロゲン化物消火剤を放射する。
3．粉末消火剤を放射する。
4．水溶性液体用泡消火剤以外の泡消火剤を放射する。
5．霧状の強化液消火剤を放射する。

［問　28］ ガソリンを取り扱う場合、静電気による火災を防止するための一般的な処置として、次のうち妥当でないものはどれか。

1．タンクや容器への注入は、できるだけ流速を小さくした。
2．移動貯蔵タンクへの注入は、移動貯蔵タンクを絶縁して行う。
3．容器に注入するホースは、接地導線のあるものを用いる。
4．作業衣は、合成繊維のものを避け、木綿のものを着用した。
5．取り扱う室内の湿度を高くした。

［問　29］ 次の事故の発生要因として、妥当でないものはどれか。

「ガソリンを貯蔵していた移動タンク貯蔵所のタンク上部から注入管でガソリンを注入している際、タンク内から突然炎が上がった。」

1．注入する前に不活性ガスでタンク内を置換していなかったため、タンク内に可燃性蒸気が残っていた。
2．接地導線を接続していなかったため、移動貯蔵タンクに静電気が蓄積していた。
3．注入速度が大きかったため、ガソリンの液面付近に静電気が蓄積していた。
4．作業員が導電性の大きい衣服と靴を着用していたため、作業員に静電気が蓄積していた。
5．注入管の先端をタンク底部に付けていなかったため、タンク内にガソリンが飛び散り静電気が蓄積した。

[問 30] 容器またはタンクに危険物を収納する場合、可燃性蒸気の発生を抑制するため、液面に水を張って貯蔵する危険物は、次のうちどれか。

1．アセトアルデヒド　2．酸化プロピレン　3．二硫化炭素
4．酢酸エチル　5．クレオソート油

[問 31] 自動車ガソリンの一般的性状について、次のA～Dのうち妥当でないものの組合せはどれか。

1．B
2．A、B
3．A、D
4．C、D
5．A、C、D

A．蒸気比重は 0.8 ～ 1.0 である。
B．水と混ぜると、上層はガソリンに、下層は水に分離する。
C．液温 0℃では、引火の危険性は少ない。
D．燃焼範囲は、おおよそ 14 ～ 76vol%である。

[問 32] エタノールの性状について、次のうち妥当でないものはどれか。

1．比重は1より小さい。　2．蒸気比重は1より大きい。
3．特有の芳香がある。　4．引火点は 40℃以上である。
5．発火点は 300℃以上である。

[問 33] 軽油の性状について、次のうち妥当でないものはどれか。

1．沸点は、水より高い。
2．水より軽く、水に不溶である。
3．酸化剤と混合すると、発熱・爆発のおそれがある。
4．ディーゼル機関の燃料に用いられる。
5．引火点は、40℃以下である。

[問 34] 灯油、軽油および重油について、次のA～Eの文章のうち妥当でないもののみを掲げているものはどれか。

A．いずれも引火点は常温（20℃）より高い。
B．いずれも原油から分留されたもので、種々の炭化水素の混合物である。
C．いずれも静電気の発生のおそれはない。
D．いずれも霧状になると火がつきやすくなる。
E．いずれも水に不溶であり、灯油と軽油は水より軽いが、重油は水より重い。

1．1．AとB　2．CとE　3．DとE　4．AとC　5．BとE

[問 35] 次の危険物のうち、ぼろ布等の繊維に染み込ませて放置すると、状況によって自然発火を起こす可能性のあるものはどれか。

1．エタノール
2．軽油
3．灯油
4．ベンゼン
5．動植物油

模擬試験問題　第2回

危険物に関する法令

［問　1］　法令上、次の品名・性状の危険物6,000Lと指定数量の倍数の組合せとして、正しいものはどれか。

	品名	指定数量の倍数
1.	特殊引火物	30
2.	第1石油類 非水溶性	15
3.	第2石油類 非水溶性	3
4.	第3石油類 非水溶性	1.5
5.	第4石油類	1

［問　2］　法令上、次の文の（　）内のA～Cに当てはまる語句の組合せとして、正しいものはどれか。

「製造所等（移送取扱所を除く。）を設置するためには、消防本部及び消防署を置く市町村の区域では当該（A）、その他の区域では当該区域を管轄する（B）の許可を受けなければならない。また、工事完了後には許可内容どおり設置されているかどうか（C）を受けなければならない。」

	A	B	C
1.	消防長又は消防署長	市町村長	機能検査
2.	市町村長	都道府県知事	完成検査
3.	市町村長	都道府県知事	機能検査
4.	消防長	市町村長	完成検査
5.	消防署長	都道府県知事	機能検査

［問　3］　法令上、製造所等の位置、構造及び設備を変更しないで、製造所等で貯蔵し、または取り扱う危険物の品名、数量を変更する場合、次のうち正しいものはどれか。

1. 変更しようとする日の7日前までに所轄消防長又は消防署長に認可を受けなければならない。
2. 変更しようとする日の10日前までに市町村長等に届け出なければならない。
3. 変更後10日以内に市町村長等に届け出なければならない。
4. 変更後7日以内に所轄消防長又は消防署長に許諾を受けなければならない。
5. 変更する前日までに市町村長等の許可を受けなければならない。

［問　4］　法令上、次の文の（　）内のA～Cに当てはまる語句の組合せとして、正しいものはどれか。

「指定数量以上の危険物は、貯蔵所以外の場所でこれを貯蔵し、又は製造所等以外の場所でこれを取り扱ってはならない。ただし、（A）の（B）を受けて指定数量以上の危険物を、（C）以内の期間、仮に貯蔵し、又は取り扱う場合は、この限りでない。」

	A	B	C
1.	市町村長等	承認	10日
2.	市町村長等	許可	10日
3.	市町村長等	許可	14日
4.	所轄消防長又は消防署長	承認	10日
5.	所轄消防長又は消防署長	許可	14日

［問　5］　法令上、免状の返納を命じることができるのは、次のうちどれか。

1．消防長　　2．都道府県知事　　3．消防庁長官
4．消防署長　　5．市町村長

［問　6］　法令上、危険物の取扱作業の保安に関する講習について、次の文の（　）内に当てはまる語句として、正しいものはどれか。ただし、5年前に免状の交付を受けたが、これまで危険物の取扱作業に従事しておらず、1度も講習を受けていない危険物取扱者が製造所等において取扱作業に従事するものとする。

「製造所等において危険物の取扱作業に従事する危険物取扱者は、当該取扱作業に従事する（　）に講習を受けなければならない。」

1．こととなった日の前
2．こととなった日以後の最初の誕生日まで
3．こととなった日から1年以内
4．こととなった日以後の最初の4月1日から1年以内
5．こととなった日以後の最初の1月1日から1年以内

［問　7］　法令上、貯蔵し、又は取り扱う危険物の品名、指定数量の倍数等に関係なく、危険物保安監督者を定める必要のない製造所等は、次のうちどれか。

1．指定数量の倍数が40の第二種販売取扱所
2．指定数量の倍数が80の移動タンク貯蔵所
3．指定数量の倍数が40の屋内タンク貯蔵所
4．指定数量の倍数が15の第一販売種取扱所
5．指定数量の倍数が50の屋外タンク貯蔵所

［問　8］　法令上、製造所等の所有者等が市町村長等に届け出る必要のないものは、次のうちどれか。

1．危険物保安統括管理者の選任
2．危険物保安監督者の選任
3．危険物施設保安員の選任
4．製造所等を廃止したとき
5．製造所等の譲渡を受けたとき

［問　9］　法令上、定期点検の実施者として、次のうち適切でないものはどれか。ただし、規則で定める漏れの点検及び固定式の泡消火設備に関する点検を除く。

1．免状の交付を受けていない所有者
2．免状の交付を受けていない危険物施設保安員
3．甲種危険物取扱者の立会いを受けた、免状の交付を受けていない者
4．乙種危険物取扱者の立会いを受けた、免状の交付を受けていない者
5．丙種危険物取扱者の立会いを受けた、免状の交付を受けていない者

［問　10］　法令上、建築物等から製造所等の外壁又はこれに相当する工作物の外側までの間に定められた距離（保安距離）を保たなければならなが、その建築物等と製造所等の組み合わせとして、次のうち正しいものはどれか。ただし、防火上有効な塀はないものとする。

1．屋内貯蔵所……………………使用電圧 66,000V の特別高圧架空電線
2．給油取扱所……………………小学校
3．販売取扱所……………………病院
4．屋外貯蔵所……………………同一敷地内に存する住居
5．移動タンク貯蔵所…………重要文化財として指定された建造物

［問　11］　法令上、移動タンク貯蔵所に備え付けておかなければならない書類は、次のA～Eのうちいくつあるか。

1．1つ
2．2つ
3．3つ
4．4つ
5．5つ

A．完成検査済証
B．予防規程
C．製造所等の譲渡引渡届出書
D．危険物施設保安員選任・解任届出書
E．貯蔵する危険物の品名、数量又は指定数量の倍数の変更の届出書

［問　12］　法令上、製造所等における危険物の取扱いの技術上の基準として、次のうち正しいものはどれか。

1．危険物を焼却して廃棄する場合には、見張人をつけること。ただし、安全な場所で、かつ、燃焼又は爆発によって他に危害又は損害を及ぼすおそれのない方法で行うときは、見張人をつけなくてよい。
2．販売取扱所においては、危険物は店舗において容器入りのままで販売しなければならない。
3．給油取扱所において自動車等に給油するときは、燃料タンクの位置が給油空地内にあれば、自動車等の一部が給油空地からはみ出したまま給油できる。
4．危険物を詰め替える場合に、防火上安全な場所でないときは、消火器を配置しなければならない。
5．移動貯蔵タンクから危険物を貯蔵し、又は取り扱うタンクに危険物を注入する場合に、移動タンク貯蔵所の原動機を停止させなければならない危険物は、特殊引火物だけである。

[問　13]　法令上、指定数量の10分の1を超える数量の危険物を車両で運搬する場合、混載が禁止されているものは、次のうちどれか。

1．第1類危険物と第4類危険物
2．第2類危険物と第4類危険物
3．第2類危険物と第5類危険物
4．第3類危険物と第4類危険物
5．第4類危険物と第5類危険物

[問　14]　法令上、製造所等に設置する消火設備の区分について、次のうち第5種の消火設備に該当しないものはどれか。

1．膨張ひる石
2．泡を放射する大型の消火器
3．水槽
4．膨張真珠岩
5．粉末を放射する小型の消火器

[問　15]　法令上、市町村長等から製造所等の許可の取消しまたは使用の停止を命ぜられる事由に該当しないものは、次のうちどれか。

1．保安に関する検査の対象となる製造所等において、その検査を受けていなかったとき。
2．市町村長等からの製造所に対する修理、改造又は移転命令に従わなかったとき。
3．定期点検を実施しなければならない製造所等において、定期点検を実施していないとき。
4．製造所等の設備の変更許可を受けて工事を行い、完成検査を受けないで使用したとき。
5．危険物施設保安員を選任しなければならない製造所等において、危険物施設保安員を選任していなかったとき。

基礎的な物理学及び基礎的な化学

[問　16]　燃焼について述べた次の文の（　）内のA、Bに当てはまる語句として、正しいものはどれか。

「液体や固体の可燃物から蒸発した可燃性蒸気が空気と混合して燃焼することを（A）といい、（A）するものに（B）がある。」

	A	B
1．	蒸発燃焼	石炭
2．	蒸発燃焼	硫黄
3．	分解燃焼	ニトロセルロース
4．	表面燃焼	エタノール
5．	表面燃焼	ガソリン

模擬試験問題　第2回

[問　17]　引火および発火等の説明について、次のうち誤っているものはどれか。

1．同一の可燃性物質においては、一般的に発火点の方が引火点より高い数値を示す。
2．発火点とは、可燃性物質を空気中で加熱したときに火源なしに自ら燃焼し始める最低の温度をいう。
3．燃焼点とは、燃焼を継続させるのに必要な可燃性蒸気が供給される温度をいう。
4．引火点とは、可燃性液体が燃焼範囲の上限値の濃度の蒸気を発生するときの液体の温度をいう。
5．同一の可燃性物質においては、一般的に燃焼点の方が引火点より高い数値を示す。

[問　18]　自然発火に関する語句の組合せとして、次のうち誤っているものはどれか。

1．キリ油……………………………酸化熱
2．ニトロセルロース………………分解熱
3．石炭………………………………酸化熱
4．アルキルアルミニウム…………低発火点
5．原綿………………………………吸着熱

[問　19]　消火に関する、次の文の（　）内のA～Cに該当する語句の組合せとして、正しいものはどれか。

「一般的に燃焼に必要な酸素の供給源は空気である。空気中には酸素が約（A）含まれており、この酸素濃度を燃焼に必要な量以下にする消火方法を（B）という。物質により燃焼に必要な酸素量は異なるが、一般に石油類では、空気中の酸素濃度を約（C）以下にすると燃焼は停止する。」

	A	B	C
1．	25vol％	窒息消火	20vol％
2．	21vol％	除去消火	18vol％
3．	25vol％	除去消火	14vol％
4．	21vol％	窒息消火	14vol％
5．	21vol％	除去消火	20vol％

[問　20]　静電気を抑制する一般的な方法として、次のうち適切でないものはどれか。

1．接触面積、接触圧力を減少させる。
2．接触・分離速度を低下させる。
3．摩擦面を洗浄、円滑化する。
4．不純物や異物の混入を防止する。
5．接触状態にあるものを急激にはがす。

[問　21]　比熱がｃ、質量がｍの物質の熱容量Ｃを表す式として、次のうち正しいものはどれか。

1．$C = mc^2$
2．$C = m^2c$
3．$C = mc$
4．$C = m/c$
5．$C = c/m$

［問　22］ 次のうち酸化反応ではないものはどれか。

1．硫黄が空気中で燃える。
2．鉄が空気中でさびる。
3．黄リンを一定の条件下で加熱すると赤リンになる。
4．一酸化炭素が酸素と化合して二酸化炭素になる。
5．炭素と酸素が化合して一酸化炭素になる。

［問　23］ 次の金属のうち、イオン化傾向が最も大きいものはどれか。

1．銀
2．カリウム
3．鉛
4．金
5．銅

［問　24］ 不飽和炭化水素について、次の文の（　）内のA、Bに当てはまる語句の組合せとして正しいものはどれか。

「（A）とは、分子中に炭素間の三重結合（C≡C）を含む不飽和炭化水素である。炭素数が2の（A）は、（B）とよばれ、炭化カルシウムと水を作用させることで生成できる。」

	A	B
1．	アルカン	アセチレン
2．	アルキン	エチレン
3．	アルキン	アセチレン
4．	アルケン	エチレン
5．	アルケン	アセチレン

［問　25］ 一酸化炭素と二酸化炭素に関する性状の比較について、次のうち誤っているものの組合せはどれか。

	一酸化炭素	二酸化炭素
1．	毒性が強い	毒性が弱い
2．	空気より重い	空気より軽い
3．	液化しにくい	液化しやすい
4．	水にわずかに溶ける	水によく溶ける
5．	燃える	燃えない

危険物の性質並びにその火災予防及び消火の方法

［問　26］　危険物の類ごとに共通する性状について、次のうち妥当なものはどれか。

1．第１類の危険物は、不燃性の液体である。
2．第２類の危険物は、可燃性の液体である。
3．第３類の危険物は、20℃で自然発火する。
4．第５類の危険物は、比重が１より大きい。
5．第６類の危険物は、分子中に酸素を含有する。

［問　27］　次のＡ～Ｅの危険物のうち、非水溶性液体用の泡消火剤では効果的に消火できない危険物の組合せはどれか。

1．ＡとＢ
2．ＡとＥ
3．ＢとＣ
4．ＣとＤ
5．ＤとＥ

Ａ．トルエン
Ｂ．ベンゼン
Ｃ．灯油
Ｄ．グリセリン
Ｅ．メタノール

［問　28］　次の事故事例を教訓とした今後の対策として、妥当でないものはどれか。

「給油取扱所において、計量口が設置されている地下専用タンクに移動貯蔵タンクからガソリンを注入する際、作業者が誤って他のタンクの注入口に注入ホースを結合したため、この地下専用タンクの計量口からガソリンが噴出した。」

1．注入開始前に、移動貯蔵タンクと注入する地下専用タンクの油量を確認する。
2．注入ホースを結合する注入口に誤りがないことを確認する。
3．地下専用タンクの注入管に過剰注入防止装置を設置する。
4．地下専用タンクの計量口は、注入中は開放し常時ガソリンの注入量を確認できるようにする。
5．注入作業は、給油取扱所と移動タンク貯蔵所の両方の危険物取扱者が立会い、誤りがないことを確認し実施する。

［問　29］　ジエチルエーテルと二硫化炭素について、次のうち妥当でないものはどれか。

1．どちらも燃焼範囲は極めて広い。
2．どちらも発火点はガソリンより低い。
3．どちらも比重は１より大きい。
4．ジエチルエーテルの蒸気は麻酔性があり、二硫化炭素の蒸気は毒性がある。
5．どちらも二酸化炭素、ハロゲン化物などが消火剤として有効である。

［問　30］　トルエンの性状について、次のうち妥当でないものはどれか。

1．エタノールに溶けるが水に溶けない。
2．蒸気は1（空気）よりも大きい。
3．引火点はベンゼンより低い。
4．芳香族特有の香りをもつ無色透明の液体である。
5．揮発性がある。

［問　31］　メタノールとエタノールの性状として、次のうち妥当でないものはどれか。

1．水によく溶ける。
2．沸点は100℃より低い。
3．燃焼しても炎の色は淡く、見えないことがある。
4．引火点は0℃より低い。
5．三酸化クロムと激しく反応する。

［問　32］　灯油の性状について、次のうち妥当でないものはどれか。

1．霧状となって浮遊するときは、火がつきやすい。
2．灯油の中にガソリンを注いでも混じりあわないため、やがて分離する。
3．引火点は、40℃以上である。
4．加熱等により引火点以上に液温が上がったときは、火花等により引火する危険がある。
5．ぼろ布などに染み込んだものは、火がつきやすい。

［問　33］　1－ブタノールの性状について、次のうち妥当でないものはどれか。

1．酸化すると、ブチルアルデヒドおよび酪酸になる。
2．皮膚や眼を刺激し、薬傷をおこす。
3．燃焼範囲は1.4 ～ 11.2vol％である。
4．水に可溶である。
5．引火点、発火点は軽油とほぼ同じである。

［問　34］　クレオソート油の性状について、次のうち妥当でないものはどれか。

1．引火点は70℃以上である。
2．比重は1より大きい。
3．木材を腐食させる菌類に対し、防腐効力が大きい。
4．人体に対して毒性はない。
5．20℃では黒色または濃黄褐色の粘ちゅう性の油状液体である。

［問　35］　引火点が低いものから高いものの順になっているものは、次のうちどれか。

1．	自動車ガソリン	⇒	トルエン	⇒	ギヤー油
2．	自動車ガソリン	⇒	灯油	⇒	トルエン
3．	自動車ガソリン	⇒	ギヤー油	⇒	灯油
4．	トルエン	⇒	自動車ガソリン	⇒	ギヤー油
5．	トルエン	⇒	ギヤー油	⇒	灯油

模擬試験問題　第3回

危険物に関する法令

［問　1］　法別表第1備考に掲げる品名の説明として、次のうち正しいものはどれか。

1．特殊引火物とは、ジエチルエーテル、二硫化炭素その他1気圧において、発火点が100℃以下のもの又は引火点が−20℃以下で沸点が40℃以下のものをいう。
2．第1石油類とは、ガソリン、軽油その他1気圧において引火点が21℃未満のものをいう。
3．第2石油類とは、灯油、アセトンその他1気圧において引火点が21℃以上70℃未満のものをいう。
4．第3石油類とは、重油、シリンダー油その他1気圧において引火点が70℃以上200℃未満のものをいう。
5．第4石油類とは、ギヤー油、クレオソート油その他1気圧において引火点が200℃以上250℃未満のものをいう。

［問　2］　法令上、製造所等の位置、構造又は設備を変更する場合について述べた次の文中の下線部分A～Eのうち、誤っているものはどれか。

「製造所等の位置、構造又は設備を（A）変更する場合において、当該製造所等のうち当該変更の（B）工事に係る部分以外の部分の全部又は一部について（C）市町村長等の承認を受けたときは、（D）完成検査を受ける前においても、仮に使用することができる。変更の許可と仮使用は（E）同時に申請することはできない。」

1．A　　2．B　　3．C　　4．D　　5．E

［問　3］　法令上、製造所等の所有者等が市町村長等に届け出なければならない場合として、次のうち誤っているものはどれか。

1．製造所等の譲渡又は引渡しがあったとき。
2．製造所等の定期点検を実施したとき。
3．危険物保安統括管理者を定めたとき。
4．危険物保安監督者を解任したとき。
5．製造所等の用途を廃止したとき。

［問　4］　法令上、製造所等において危険物を取り扱う場合の危険物取扱者の立会いについて、次のうち正しいものはどれか。

1．製造所等の従業員が危険物を取り扱う場合、管理者の指示があれば、すべて立会いを必要としない。
2．製造所等の所有者が自ら危険物を取り扱う場合、すべて立会いを必要としない。
3．危険物施設保安員が危険物を取り扱う場合、すべて立会いを必要としない。
4．危険物取扱者が、取り扱うことができる類又は品名の危険物を自ら取り扱う場合、すべて立会いを必要としない。
5．乙種及び丙種危険物取扱者は、取り扱うことができる類又は品名の危険物取扱作業に立ち会うことができる。

［問　5］　法令上、貯蔵し、又は取り扱う危険物の品名、指定数量の倍数等に関係なく、危険物保安監督者を定めなければならない製造所等は、次のうちどれか。

1．屋内タンク貯蔵所
2．販売取扱所
3．屋外貯蔵所
4．屋外タンク貯蔵所
5．屋内貯蔵所

［問　6］　法令上、製造所等において貯蔵又は取り扱う危険物の指定数量の倍数に関係なく予防規程を定めなければならない施設は、次のうちどれか。

1．製造所
2．屋内貯蔵所
3．給油取扱所（屋外の自家用給油取扱所を除く）
4．地下タンク貯蔵所
5．一般取扱所

［問　7］　法令上、製造所等の中には特定の建築物等から一定の距離（保安距離）を保たなくてはならないものがあるが、その建築物等として次のうち誤っているものはどれか。

1．住居（製造所等の在する敷地と同一の敷地内に在するものを除く。）
2．小学校
3．重要文化財として指定された建造物
4．公会堂
5．使用電圧が5,000Vの高圧架空電線

［問　8］　法令上、製造所において、次のA～Eの指定数量の倍数に応じて、必要な空地の幅を満たしているものの組合せはどれか。ただし、高引火点危険物のみを取り扱うもの及び規則で定める防火上有効な隔壁を設けたものを除く。

1．AとC
2．AとD
3．BとD
4．BとE
5．CとE

	指定数量の倍数	空地の幅
A	3	1 m
B	5	2 m
C	7	3 m
D	11	3 m
E	15	5 m

［問　9］　法令上、灯油、軽油を貯蔵している3基の屋外貯蔵タンクで、それぞれの容量が10,000L、30,000L、60,000Lのものを同一敷地内に隣接して設置し、この3基が共用の防油堤を造る場合、この防油堤の最低限必要な容量として、次のうち正しいものはどれか。

1．10,000L　　2．30,000L　　3．60,000L
4．66,000L　　5．90,000L

［問　10］　法令上、移動タンク貯蔵所によるガソリンの移送、貯蔵及び取扱いについて、次のうち誤っているものはどれか。

1．移動貯蔵タンクからガソリンを容器に詰め替えてはならない。
2．移動貯蔵タンクには、接地導線を設けなければならない。
3．移動貯蔵タンクから、貯蔵し、又は取り扱うタンクに注入するときは、当該タンクの注入口に移動貯蔵タンクの注入ホースを緊結しなければならない。
4．ガソリンを移動貯蔵タンクに入れ、又は移動貯蔵タンクから出すときは、当該移動貯蔵タンクを接地しなければならない。
5．移動タンク貯蔵所には、設置許可書及び始業時、終業時の点検記録を備え付けておかなければならない。

［問　11］　法令上、給油取扱所（航空機、船舶及び鉄道給油取扱所を除く。）における危険物の取扱いの技術上の基準に適合しないものは、次のうちどれか。

1．自動車に給油するときは、自動車の原動機を停止させなければならない。
2．油分離装置にたまった油は、あふれないように随時くみ上げなければならない。
3．自動車に給油するときは、固定給油設備を使用して直接給油しなければならない。
4．自動車の一部が給油空地からはみ出たままで給油するときは、防火上の細心の注意を払わなければならない。
5．自動車の洗浄を行う場合は、引火点を有する液体の洗剤を使用してはならない。

［問　12］　法令上、販売取扱所の区分並びに位置、構造及び設備の技術上の基準について、次のうち誤っているものはどれか。

1．販売取扱所は、指定数量の倍数が15以下の第一種販売取扱所と指定数量の倍数が15を超え40以下の第二種販売取扱所とに区分される。
2．第一種販売取扱所は、建築物の2階に設置することができる。
3．第一種販売取扱所には、見やすい箇所に第一種販売取扱所である旨を表示した標識及び防火に関し必要な事項を掲示した掲示板を設けなければならない。
4．危険物を配合する室の床は、危険物が浸透しない構造とするとともに、適当な傾斜を付け、かつ、貯留設備を設けなければならない。
5．建築物の第二種販売取扱所の用に供する部分には、当該部分のうち延焼のおそれのない部分に限り、窓を設けることができる。

［問　13］　法令上、次の文の（　）内に当てはまる数値はどれか。

「製造所等に設ける消火設備の所要単位の計算方法は、危険物に対しては指定数量の（　）倍を1所要単位とする。」

1．5　　2．10　　3．50　　4．100　　5．150

［問　14］　法令上、製造所等又は危険物の所有者等に対し、市町村長等から発令される命令として、次のうち誤っているものはどれか。

1．危険物の貯蔵・取扱基準の遵守命令
2．製造所等の使用停止命令
3．危険物施設保安員の解任命令
4．予防規程の変更命令
5．無許可貯蔵等の危険物に対する除去命令

［問　15］　法令上、製造所等において、火災又は危険物の流出等の災害が発生した場合の応急の措置等について、次のうち誤っているものはどれか。

1．所有者等は、火災が発生したときは、直ちに火災現場に対する給水のため、公共水道の制水弁を開かなければならない。
2．所有者等は、危険物の流出等の事故が発生したときは、直ちに引き続く危険物の流出の防止その他災害防止のための応急措置を講じなければならない。
3．危険物保安監督者は、火災等の災害が発生した場合は、作業者を指揮して応急の措置を講じなければならない。
4．所有者等は、火災が発生したときは、危険物施設保安員に、危険物保安監督者と協力して、応急の措置を講じさせなければならない。
5．危険物の流出、その他の事故を発見した者は、直ちに、その旨を消防署等に通報しなければならない。

基礎的な物理学及び基礎的な化学

［問　16］　燃焼に関する一般的説明として、次のうち誤っているものはどれか。

1．静電気を発生しやすい物質は燃焼が激しい。
2．高引火点の可燃性液体でも、布等に染み込ませると容易に着火する。
3．分解または蒸発して可燃性気体を発生しやすい物質は着火しやすい。
4．固体の可燃物に固体の酸化剤が混入すると、可燃物単体よりも燃焼は激しくなる。
5．拡散燃焼では酸素の供給が多いと燃焼が激しくなる。

［問　17］　燃焼に関する記述として、次のうち誤っているものはどれか。

1．可燃性液体の液面上の蒸気に着火源を近づけたとき、蒸気に火がつく液体の最低温度を引火点という。
2．可燃性液体を空気中で加熱したとき、着火源により火がつき、継続して燃え続ける液体の最低温度を燃焼点という。
3．物質1gの温度を1℃上げるのに必要な熱量を燃焼熱という。
4．可燃性蒸気が空気と混合し、特定の濃度範囲にあるとき、着火源があると燃焼する。この濃度範囲を燃焼範囲という。
5．可燃性物質を空気中で加熱したとき、着火源なしで燃焼がはじまる最低温度を発火点という。

［問　18］　次の文から、引火点および燃焼範囲の下限界の数値として考えられる組み合わせはどれか。

「ある引火性液体は、液温40℃で液面付近に濃度8vol％の可燃性蒸気を発生した。この状態でマッチの火を近づけたところ引火した。」

	引火点	燃焼範囲の下限界
1．	25℃	10vol％
2．	30℃	6vol％
3．	35℃	12vol％
4．	40℃	15vol％
5．	45℃	4vol％

［問　19］　動植物油類の乾性油の他、原綿、石炭、ゴム粉、金属紛等は、空気中で酸素と化合することによって自然発火をおこすが、次のうち、自然発火をおこしにくいものはどれか。

1．気温が高く、堆積物内の温度が高いとき。
2．湿度が高く、気温が高いとき。
3．物質の表面積が広く、酸素との接触面積が広いとき。
4．通風が良いところで、乾燥しているとき。
5．物質の熱伝導率が小さく、保温効果が良いとき。

［問　20］　強化液消火剤について、次のうち誤っているものはどれか。

1．アルカリ金属塩類等の濃厚な水溶液である。
2．油火災に対しては、霧状にして放射しても適応性がない。
3．－20℃でも凍結しないので、寒冷地での使用にも適する。
4．電気火災に対しては、霧状にして放射すれば適応性がある。
5．木材などの火災の消火後、再び出火するのを防止する効果がある。

［問　21］　物質の状態変化の説明について、次のうち誤っているものはどれか。

1．真冬に湖水表面が凍った。……………………………… 凝固
2．ドライアイスが徐々に小さくなった。………………… 凝縮
3．洋服箱に入れたナフタリンが自然に無くなった。………… 昇華
4．冬季に、コンクリート壁に結露が生じた。……………… 凝縮
5．暑い日に、打ち水をしたら徐々に乾いた。……………… 蒸発

［問　22］　熱の移動について、次のうち誤っているものはどれか。

1．ストーブに近づくと、ストーブに向いた方が熱くなるのは放射熱によるものである。
2．ガスこんろで水を沸かすと、水が表面から温かくなるのは熱の伝導によるものである。
3．コップにお湯を入れると、コップが熱くなるのは、熱の伝導によるものである。
4．冷却装置で冷やされた空気により、室内全体が冷やされるのは、熱の対流によるものである。
5．太陽で地上の物が温められて温度が上昇するのは、放射熱によるものである。

［問　23］　単体、化合物および混合物について、次のうち誤っているものはどれか。

1．水は、酸素と水素に分解できるので化合物である。
2．硫黄やアルミニウムは、１種類の元素からできているので単体である。
3．赤リンと黄リンは、単体である。
4．食塩水は、食塩と水の化合物である。
5．ガソリンは種々の炭化水素の混合物である。

［問　24］　反応速度に関する説明として、次のうち誤っているものはどれか。

1．活性化エネルギーの大きい反応ほど、反応速度は小さくなる。また、活性化エネルギーの大きさは、各反応によって異なる。
2．化学反応が起きるためには、反応物の粒子が互いに衝突することが必要である。
3．反応物の粒子の衝突回数が多いほど、反応速度は大きくなる。
4．反応の前後で自身は変化せず、反応速度を速める物質を触媒という。
5．触媒を用いると、反応熱の値は大きくなる。

［問　25］　カルボン酸とアルコールが反応し、水とともに生じる物質をエステルという。次の化合物のうち、エステルに該当しないものはどれか。

1．酢酸エチル（$CH_3COOC_2H_5$）　　2．酢酸アンモニウム（CH_3COONH_4）
3．酢酸ブチル（$CH_3COOC_4H_9$）　　4．酪酸エチル（$C_3H_7COOC_2H_5$）
5．ギ酸メチル（$HCOOCH_3$）

危険物の性質並びにその火災予防及び消火の方法

［問　26］　危険物の類ごとの共通する性状として、次のうち妥当でないものはどれか。

1．第１類の危険物は、固体である。
2．第２類の危険物は、固体である。
3．第３類の危険物は、固体と液体である。
4．第５類の危険物は、液体である。
5．第６類の危険物は、液体である。

［問　27］　第４類の危険物の性状について、次のうち妥当なものはどれか。

1．すべて０℃で液体である。
2．水に溶けないものが多い。
3．燃焼下限界の大きいものほど燃焼の危険性は大きい。
4．すべて電気の良導体で、静電気が蓄積されにくい。
5．すべて蒸気比重は１より小さく、可燃性蒸気は拡散しやすい。

［問　28］　第４類の危険物の消火に際しての注意点として、次のうち妥当でないものはどれか。

1．二硫化炭素は燃焼により有毒ガスが発生する。
2．ガソリンの消火に水を使用すると、火災が拡大することがある。
3．メタノールの火炎の色は淡く認識しにくい。
4．灯油の消火に水を使用するときは霧状にする。
5．容器内で燃焼している重油に水をかけると、水が沸騰し高温の重油を飛散させる。

［問　29］　灯油を貯蔵し、取り扱うときの注意事項として、次のうち妥当なものはどれか。

1．蒸気は空気より軽いので、換気口は室内の上部に設ける。
2．静電気を発生しやすいので、激しい動揺または流動を避ける。
3．常温（20℃）で容易に分解し、発熱するので、冷所に貯蔵する。
4．直射日光により過酸化物を生成するおそれがあるので、容器に日覆いをする。
5．空気中の湿気を吸収して、爆発するので、容器に不活性ガスを封入する。

[問　30]　次の文の下線部分（A）～（D）のうち、事故の発生要因になると考えられるものすべてを掲げているものはどれか。

「ガソリンを貯蔵していた移動タンク貯蔵所のタンクにガソリンを注入するため、(A) 導電性の小さい作業服と靴を着用し、(B) タンク内を不活性ガスで置換した。タンク上部の注入口から注入管を入れ、(C) 注入管の先端をタンク底部から十分に離し、(D) 注入速度をできるだけ大きくしてガソリンを注入している際、タンク内から突然炎が上がった。」

1．1．A、B　　2．A、B、C　　3．A、C、D
4．B、D　　5．C、D

[問　31]　特殊引火物の性状について、次のうち妥当でないものはどれか。

1．アセトアルデヒドは、沸点が低く、非常に揮発しやすい。
2．ジエチルエーテルは、特有の臭気があり、燃焼範囲が広い。
3．二硫化炭素は、無色で水に溶けやすく、比重は1より小さい。
4．酸化プロピレンは、重合反応を起こして、多量の熱を発生する。
5．二硫化炭素の発火点は100℃より低い。

[問　32]　ガソリンの一般的な性状について、次のA～Dのうち、妥当なものの組合せはどれか。

1．AとC
2．AとD
3．BとC
4．BとD
5．CとD

A．種々の炭化水素の混合物である。
B．すべてオレンジ色系に着色されている。
C．電気の良導体である。
D．使用後のドラム缶にガソリンが残留していると、引火・爆発のおそれがある。

[問　33]　メタノールの性状について、次のうち妥当でないものはどれか。

1．20℃で引火する。　　2．蒸気比重は1より大きい。
3．沸点は100℃以下である。　　4．有毒である。
5．燃焼範囲はエタノールより狭い。

[問　34]　重油の性状について、次のうち妥当でないものはどれか。

1．一般に褐色または暗褐色の粘性のある液体である。
2．霧状のものは燃焼しやすい。
3．発火点は70～150℃である。
4．数種類に分類されていて、それぞれ引火点が異なる。
5．不純物として含まれている硫黄が燃焼すると、亜硫酸ガスになる。

[問　35]　次のA～Dの性状をすべて有する危険物は、次のうちどれか。

1．ニトロベンゼン
2．エチレングリコール
3．アニリン
4．グリセリン
5．クレオソート油

A．水によく溶ける。
B．不凍液に利用されている。
C．引火点はおおむね110℃である。
D．無色、無臭の液体である。

※コピーしてご使用ください。

㊀危 乙種解答カード

試　験　日
月　　　日

受　験　地

氏　　名

試験種類
第１類
第２類
第３類
第４類
第５類
第６類

※受験種類を○で囲む。

受験番号						
		—				
Ⓐ	①		①	①	①	①
Ⓑ	②		②	②	②	②
Ⓒ	③		③	③	③	③
Ⓓ	④		④	④	④	④
Ⓔ	⑤		⑤	⑤	⑤	⑤
Ⓕ	⑥		⑥	⑥	⑥	⑥
	⑦		⑦	⑦	⑦	⑦
	⑧		⑧	⑧	⑧	⑧
	⑨		⑨	⑨	⑨	⑨
			⓪	⓪	⓪	⓪

〈マーク記入例〉

良い例	悪い例			
●	小さい点	レ点	線	うすい

法令	問1	問2	問3	問4	問5	問6	問7	問8	問9	問10	問11	問12	問13	問14	問15
	①	①	①	①	①	①	①	①	①	①	①	①	①	①	①
	②	②	②	②	②	②	②	②	②	②	②	②	②	②	②
	③	③	③	③	③	③	③	③	③	③	③	③	③	③	③
	④	④	④	④	④	④	④	④	④	④	④	④	④	④	④
	⑤	⑤	⑤	⑤	⑤	⑤	⑤	⑤	⑤	⑤	⑤	⑤	⑤	⑤	⑤

物理・化学	問16	問17	問18	問19	問20	問21	問22	問23	問24	問25
	①	①	①	①	①	①	①	①	①	①
	②	②	②	②	②	②	②	②	②	②
	③	③	③	③	③	③	③	③	③	③
	④	④	④	④	④	④	④	④	④	④
	⑤	⑤	⑤	⑤	⑤	⑤	⑤	⑤	⑤	⑤

性質・消火	問26	問27	問28	問29	問30	問31	問32	問33	問34	問35
	①	①	①	①	①	①	①	①	①	①
	②	②	②	②	②	②	②	②	②	②
	③	③	③	③	③	③	③	③	③	③
	④	④	④	④	④	④	④	④	④	④
	⑤	⑤	⑤	⑤	⑤	⑤	⑤	⑤	⑤	⑤

〈記入上の注意〉

1　マークは記入例を参考にし、良い例のように塗りつぶすこと。
2　記入は、HB または B の鉛筆を使用すること。
3　訂正する場合は、消しゴムできれいに消すこと。
4　用紙を折り曲げたり、汚したりしないこと。
5　所定の欄以外へマークしたり、記入したりしないこと。

○自己採点表

科目	採点結果	合格ボーダーライン
法　令	／15 問	9 問以上
物理・化学	／10 問	6 問以上
性質・消火	／10 問	6 問以上

索引

数字・アルファベット

あ

い

う

え

お

か

き

く

け

こ

さ

し

す

せ

そ

た

ち

つ

て

と

◆本書の正誤等について◆

本書の発刊にあたり、記載内容には十分注意を払っておりますが、誤り等が発覚した際は、弊社ホームページに訂正情報を掲載しています。お手数ですが、ご不明な場合は一度ご確認をお願い致します。

https://www.kouronpub.com/book_correction.html

◆本書籍の内容に関するお問い合わせ◆

書籍の内容につきましては、必要事項を明記の上、下記までお問い合わせ下さい。

※お電話によるお問合せは、受け付けておりません。
※回答までにお時間がかかる場合がございます。ご了承ください。
※必要事項に記載漏れがある場合、問合せにお答えできない場合がございます。ご注意ください。
※キャリアメールをご使用の場合、下記メールアドレスの受信設定を行なってからご連絡ください。
※お問い合わせは、**書籍の内容に限ります**。試験の詳細、実施時期等ついてはお答えできかねます。

◆まとめ買いのご案内◆

法人様または学校様で、本書のまとめ買いを希望される場合は、是非、弊社にご連絡ください。
お見積書や請求書の発行、割引等が可能な場合がございます。
上記 FAX かメールにてお問い合わせください。

乙種４類 危険物取扱者試験

合格テキスト　令和６年版

■発行所　株式会社 公論出版
〒110-0005
東京都台東区上野３－１－８
TEL. 03-3837-5731（編集）
-5745（販売）
FAX. 03-3837-5740

■定　価　1,500円　送料　300円（共に税込み）

■発行日　令和６年４月18日

ISBN978-4-86275-277-2

乙種４類 危険物取扱者試験 合格テキスト 令和６年版
解答／解説編
公論出版

第１章　危険物に関する法令

❶危険物の貯蔵及び取扱いの基準

Ⅰ．１-１．消防法で規定する危険物……P. 5

〔問題１〕正解…**5**

5．法別表第１に定める危険物は固体と液体のみである。気体のプロパンは消防法で定める**危険物に該当しない**。過酸化水素：第６類、硫黄と赤りん：第２類、ナトリウム：第３類。

Ⅰ．１-２．第４類危険物………………P. 7

〔問題２〕正解…**4**

「特殊引火物は、ジエチルエーテル、二硫化炭素その他１気圧において、発火点が100℃以下のもの又は〈**引火点が－20℃以下で沸点が40℃以下**〉のものをいう。」

Ⅰ．１-３．危険物の指定数量…………P. 9

〔問題３〕正解…**5**

1．特殊引火物の指定数量は50ℓ
⇒6,000ℓ ÷ 50 ＝ 120

2．第１石油類 非水溶性の指定数量は200ℓ
⇒6,000ℓ ÷ 200 ＝ 30

3．第２石油類 非水溶性の指定数量は1,000ℓ
⇒6,000ℓ ÷ 1,000 ＝ 6

4．第３石油類 非水溶性の指定数量は2,000ℓ
⇒6,000ℓ ÷ 2,000 ＝ 3

5．第４石油類の指定数量は6,000ℓ
⇒6,000ℓ ÷ 6,000 ＝ 1

Ⅰ．１-４．仮貯蔵と仮取扱い…………P. 9

〔問題４〕正解…**4**

❷製造所等の許可

Ⅰ．２-１．製造所等の設置と変更の許可………P.12

〔問題１〕正解…**2**

〔問題２〕正解…**4**

1．貯蔵し、または取り扱う危険物の品名、数量、指定数量の倍数を変更する場合、変更しようとする日の10日前までに市町村長等に届け出なければならない（「Ⅰ．２－２．変更の届け出」参照）。

2．変更工事に係る部分は、完成検査に合格し、完成検査済証を交付されるまで使用することはできない。

3．指定数量以上の危険物を10日以内の期間、仮に貯蔵・取り扱う場合、所轄の消防長又は消防署長から、仮貯蔵または仮取扱いの承認を受けなければならない。

5．製造所等の譲渡または引渡しがある場合、譲渡または引渡しを受けた者は事後、市町村長等に届け出なければならない。

Ⅰ．２-２．変更の届出…………………P.13

〔問題３〕正解…**2**

1＆3＆4．事後に遅滞なく届け出る。

2．製造所等の位置、構造及び設備を変更しないで、製造所等で貯蔵し、または取り扱う危険物の品名、数量を変更する場合は、変更しようとする日の10日前までに市町村長等に届け出る。

5．危険物施設保安員の選任は届出の必要がない。

〔問題４〕正解…**3（A、B）**

「製造所等の所有者等は、当該製造所等の用途を廃止したときは、〈Ⓐ **遅滞なく**〉その旨を〈Ⓑ **市町村長等**〉に〈Ⓒ **届け出**〉なければならない。」

❸危険物取扱者制度

Ⅰ．３-１．危険物取扱者………………P.15

〔問題１〕正解…**2**

1．危険物取扱者でない危険物施設保安員が製造所等で危険物の取扱作業を行う場合は、当該危険物を取り扱うことができる危険物取扱者の立会いが必要となる。

3＆5．製造所等において危険物の取扱作業ができるのは、①当該危険物を取り扱うことができる危険物取扱者、②甲種または当該危険物を取り扱うことができる乙種危険物取扱者の立会いがある者、である。

4．丙種危険物取扱者は、立会いが認められていない。

Ⅰ．３-２．免状の交付・書換え・再交付………P.16

〔問題２〕正解…**4**

1．写真を含む書換えは、免状を交付した都道府県知事または居住地もしくは勤務地の都道府県知事に申請する。

2．免状の再交付は、居住地または勤務地を管轄する都道府県知事に申請する。

3．居住地（住所）は免状に記載がないため、引越ししても本籍地が変わらない場合、書換え申請は不要。

5．免状の再交付後に亡失した免状を発見した場合は、これを10日以内に免状の再交付を受けた都道府県知事に提出しなければならない。

Ⅰ．3-3．保安講習……………………P.17

〔問題3〕正解…**4**

2．危険物保安監督者は危険物取扱者（丙種除く）の中から選任されるため、危険物保安監督者として定められた者は、保安講習を受講しなくてはならない。

4．現に製造所等で危険物の取扱い作業に従事している危険物取扱者は3年に1回受講すること。

❹製造所等で定めなければならない事項

Ⅰ．4-1．危険物保安監督者…………P.19

〔問題1〕正解…**3**

3．製造所等において、危険物取扱者以外の者は、**甲種または乙種**危険物取扱者が立ち会えば、危険物を取り扱うことができる。

Ⅰ．4-2．危険物保安統括管理者……P.20

〔問題2〕正解…**1**

1．危険物保安統括管理者を選任しなければならないのは、「指定数量の倍数が3,000以上の第4類危険物を貯蔵し、または取り扱う**製造所と一般取扱所**」及び「指定数量以上の第4類危険物を貯蔵し、または取り扱う移送取扱所」である。

Ⅰ．4-3．危険物施設保安員…………P.21

〔問題3〕正解…**5**

1＆5．危険物施設保安員は、資格及び実務経験が**必要ない**。

Ⅰ．4-4．予防規程……………………P.22

〔問題4〕正解…**2**

2．予防規程は当該製造所等の**所有者等**が作成し、市町村長等の認可を受けなければならない。

Ⅰ．4-5．予防規程に定めるべき事項………P.23

〔問題5〕正解…**5**

2＆4．予防規程を定めなければならないすべての危険物施設において、定めるべき事項である。

Ⅰ．4-6．危険物施設の維持・管理…P.23

〔問題6〕正解…**3**

1．製造所・屋外タンク貯蔵所・給油取扱所・移送取扱所の4施設は、危険物保安監督者を必ず選任しなければならない。それ以外の製造所等では、貯蔵し、または取り扱う危険物の指定数量の倍数や引火点で選任義務が異なる。また、移動タンク貯蔵所は選任の必要がない。

2．自衛消防組織の設置が必要なのは、製造所・一般取扱所（共に指定数量の倍数が3,000以上の場合）と移送取扱所（指定数量以上の場合）の3施設。

4．予防規程を定めなければならないのは、貯蔵し、または取り扱う危険物の指定数量の倍数が一定以上の5施設（製造所・屋内貯蔵所・屋外タンク貯蔵所・屋外貯蔵所・一般取扱所）と、指定数量に係わらず定めなければならない2施設（給油取扱所・移送取扱所）。

5．危険物施設保安員の選任が必要なのは、製造所・一般取扱所（共に指定数量の倍数が100以上の場合）と移送取扱所の3施設。

Ⅰ．4-7．製造所等の定期点検………P.25

〔問題7〕正解…**2**

2．屋外タンク貯蔵所は、指定数量の倍数が**200以上**の場合に定期点検の対象となる。

Ⅰ．4-8．保安検査……………………P.26

〔問題8〕正解…**3**

3．保安検査は、**市町村長等が行う**ものである。

❺製造所等における位置の基準

Ⅰ．5-1．保安距離……………………P.28

〔問題1〕正解…**2**

1．対象となる学校は幼稚園、保育園～高校まで。

2．病院は30m以上の保安距離を保つこと。

3．使用電圧が7,000Vまでの埋設電線は対象外。

4．対象は重要文化財等の建造物であり、重要文化財の絵画を保管する倉庫は対象外となる。また、絵画を展示する美術館などは多数の人数を収容する施設なので保安距離の対象（30m以上）となる。

5．製造所等の敷地内に存する住居は対象外。

Ⅰ．5-2．保有空地……………………P.29

〔問題2〕正解…**2**

保安距離が必要となる製造所等は、保有空地も必要となる。給油取扱所（ガソリンスタンド等）は対象外。

❻製造所等における設備・構造等の基準①

Ⅰ．6-2．製造所の基準………………P.33

〔問題1〕正解…**5**

1．**地階を有しない**ものであること。

2．危険物を取り扱う建築物の窓や出入口にガラスを用いる場合は、**すべて網入りガラス**としなければならない。

3．指定数量の倍数が**10以上**の製造所には、原則として避雷設備を設けること。

4．壁及び屋根は不燃材料で造ること。また、製造所の天井については、設置の有無に関する規定がない。

〔問題2〕正解…**1**

1．配管を地下に設置する場合には、配管の**接合部分**（溶接その他危険物の漏えいのおそれがないと認められる方法により接合されたものを除く。）からの危険物の漏えいを点検することができる措置を講ずること。

Ⅰ．6-3．屋内貯蔵所の基準…………P.34

〔問題3〕正解…**4**

4．貯蔵倉庫には、採光、照明及び換気の設備を設けるとともに、滞留した可燃性蒸気を「**屋根上**」に排出する設備を設けること。

Ⅰ．6-4．屋外タンク貯蔵所の基準‥P.35

〔問題4〕正解…**3**

同一の防油堤内に複数のタンクを設置する場合、防油堤の容量は「最大であるタンクの容量の**110%以上**」としなければならない。

従って、この防油堤に求められる容量は、最大タンク容量500kℓ × 1.1 = 550kℓ。

Ⅰ．6-5．屋内タンク貯蔵所の基準‥P.36

〔問題5〕正解…**1**

2．屋内貯蔵タンクの容量は、指定数量の40倍以下であること。ただし、第4類危険物（第4石油類及び動植物油類を除く）にあっては20,000ℓ以下であること。

3．タンクの外面には、さびどめのための塗装をしなければならない。

4．出入口のしきいは、床面より0.2m以上高くしなければならない。

5．タンク専用室には、**天井を設けない**こと。

Ⅰ．6-6．地下タンク貯蔵所の基準‥P.37

〔問題6〕正解…**2**

1．地下貯蔵タンクと屋外貯蔵タンクは、容量制限が設けられていない。

3．液体の危険物を貯蔵し、または取扱う地下貯蔵タンクには、**引火点にかかわらず**危険物の量を自動的に表示する装置（計量装置）を設けなければならない。

4．貯蔵し、または取扱う危険物の引火点にかかわらず、**注入口は屋外**に設けなければならない。

5．地下貯蔵タンクの配管は、当該タンクの頂部に取り付けること。

Ⅰ．6-7．簡易タンク貯蔵所の基準…P.38

〔問題7〕正解…**5**

5．簡易貯蔵タンクには、無弁通気管を設けること。

Ⅰ．6-8．移動タンク貯蔵所（タンクローリー）の基準…………P.41

〔問題8〕正解…**3**

「移動貯蔵タンクから危険物を貯蔵し、又は取り扱うタンクに引火点が〈**40℃未満**〉の危険物を注入するときは、移動タンク貯蔵所の原動機を停止させること。」

〔問題9〕正解…**5**

5．積載型・積載型以外に関わらず、移動貯蔵タンクの容量は30,000ℓ以下とする（アルキルアルミニウム等一部危険物を除く）。

Ⅰ．6-9．屋外貯蔵所の基準…………P.42

〔問題10〕正解…**1**

屋外貯蔵所で貯蔵できるのは、①硫黄と引火点が0℃以上の引火性固体（ともに第2類）と②第4類の危険物（特殊引火物と引火点が0℃未満の第1石油類を除く）。第2類危険物の硫化リンは貯蔵、取扱いできない。

Ⅰ．6-10．給油取扱所の基準…………P.44

〔問題11〕正解…**3**

2．懸垂式の固定給油設備の給油空地は、ホース機器の下方にある、自動車等に直接給油し、及び給油を受ける自動車等が出入りするための、間口10m以上、奥行6m以上の空地をいう。

Ⅰ．6-11．セルフ型の給油取扱所の基準………P.46

〔問題12〕正解…**5**

5．セルフ型スタンドを建築物内に設置してはならない、という規定はない。

Ⅰ．6-12．販売取扱所の基準………P.48

〔問題13〕正解…**2**

2．第一種及び第二種販売取扱所は、建築物の**1階にのみ**に設置できる。

❼製造所等における設備・構造等の基準②

Ⅰ．7-1．標識・掲示板………………P.50

〔問題1〕正解…**3**

3．第4類の危険物を貯蔵する地下タンク貯蔵所には、「**火気厳禁**」の掲示板を設ける。

Ⅰ．7-2．共通の基準［1］……………P.52

〔問題2〕正解…**4**

4．貯留設備又は油分離装置に溜まった危険物は、あふれないように随時くみ上げる。

〔問題3〕正解…**1**

2．衝撃または摩擦………………第1類・第5類
3．水または酸との接触…………第2類（鉄粉等）
4．分解を促す物品との接近……第1類・第6類
5．可燃物との接触・混合………第1類・第6類

Ⅰ．7-3．共通の基準［2］……………P.54

〔問題4〕正解…**2**

2．屋内貯蔵所または屋外貯蔵所においては、同じ酸化性物質である第1類と第6類の危険物を相互に1m以上の間隔をおいて同時に貯蔵することができる。

Ⅰ．7-4．運搬の基準…………………P.57

〔問題5〕正解…**5**

5．第4類の危険物を収納した容器の外部には、「火気厳禁」の表示をしなければならない。「禁水」は、第3類の禁水性物品などを収納した容器に表示する。

Ⅰ．7-5．消火設備と設備基準………P.60

〔問題6〕正解…**1**

屋内消火栓設備…………第1種の消火設備
水蒸気・不活性ガス・粉末消火設備
…………第3種の消火設備

〔問題7〕正解…**2**

2．泡消火設備は、第3種消火設備である。

Ⅰ．7-6．警報設備……………………P.60

〔問題8〕正解…**4**

4．自動式サイレン及び手動サイレンは警報設備として定められていない。

〔問題9〕正解…**3**

3．**移動タンク貯蔵所**に警報設備の設置義務はない。

❽行政命令等

Ⅰ．8-1．措置命令・許可の取消・使用停止命令………………………P.63

〔問題1〕正解…**3**

1．無許可変更…許可取消しまたは使用停止命令。
2．完成検査前使用…許可取消しまたは使用停止命令。
3．危険物保安監督者の選任・解任の**届出義務違反は罰金等**の対象となる。
4．定期点検未実施…許可の取消しまたは使用停止命令。
5．危険物保安監督者の解任命令違反…使用停止命令。

〔問題2〕正解…**5**

5．業務を怠るのは消防法違反となるため、市町村長等から「危険物保安監督者の解任命令」を受ける。

〔問題3〕正解…**2**

A．危険物保安監督者の未選任…使用停止命令。
B．危険物保安監督者が、危険物の取扱作業の保安に関する講習（保安講習）を受講していない場合、都道府県知事から免状の返納を命じられる場合がある。施設の使用停止を命じられる事由には該当しない。
C．危険物保安監督者の解任命令違反
…使用停止命令。
D．危険物保安監督者の選任・解任の届出義務違反は罰金等の対象となる。

Ⅰ．8-2．事故発生時の応急措置……P.64

〔問題4〕正解…**2**

2．流出した危険物を除去する目的であっても、可燃性蒸気の滞留している場所において、**火花を発する機械器具や工具を使用してはならない。**

〔問題5〕正解…**4**

4．製造所等の所有者等が、火災時に現場付近にいる者（当該製造所等に関係のない者）に対して、消防作業に従事させる、という規定はない。

第2章　基礎的な物理学及び基礎的な化学

❶燃焼と消火

Ⅱ．1-1．燃焼の化学……………………P.69

〔問題1〕正解…**4**

「物質が酸素と反応して〈Ⓐ **酸化物**〉を生成する反応のうち、〈Ⓑ **熱と光**〉の発生を伴うものを燃焼という。有機物が完全燃焼する場合は、酸化反応によって安定な〈Ⓐ **酸化物**〉に変わるが、酸素の供給が不足すると生成物に〈Ⓒ **一酸化炭素**〉、アルデヒド、すすなどの割合が多くなる。」

〔問題2〕正解…**2**

窒素は**不活性なガス**のため可燃物または酸素供給源のいずれにも該当しない。

過酸化水素は第6類危険物（酸化性液体）に該当し、酸素供給源となる。水素、メタン、一酸化炭素はいずれも可燃物である。

Ⅱ．1-2．燃焼の区分……………………P.71

〔問題3〕正解…**5**

5．重油の燃焼は、蒸発燃焼である。

〔問題4〕正解…**2**

40℃で引火していることから、引火点は40℃以下ということになる。従って、引火点は10℃・15℃・20℃・40℃のいずれかである。また、濃度8vol%の蒸気で引火していることから、燃焼範囲の下限値は8vol%以下ということになる。従って、下限値は4vol%・6vol%のいずれかである。これら2つの条件を満たしているものを選ぶ。

Ⅱ．1-3．有機物の燃焼………………P.72

〔問題5〕正解…**5**

2．燃焼に伴う明るい炎は、内炎部分であり、炭素粒子が光を強く放射している。

4．すすは、主に内炎部分で炭素が不完全燃焼することによって生じるため、炭素数の多い有機物ほど、すすの発生量も多くなる。ガソリンエンジンとディーゼルエンジンでは、一般にディーゼルエンジンの方が黒煙（すす）を多く排出する。これは、燃料である軽油は、ガソリンに比べ炭素数が多いことが原因の1つである。

5．不完全燃焼すると、一酸化炭素COの発生量が多くなる。

Ⅱ．1-4．燃焼の難易……………………P.74

〔問題6〕正解…**1**

1．体膨張率は燃焼の難易に関係ない。

2～5．空気との接触面積が大きいほど、燃焼しやすい。また、含水量が低いほど乾燥していることになり燃焼しやすく、発熱量が大きいものほど燃焼しやすい。さらに、熱伝導率は小さいほど熱がこもりやすくなり燃焼しやすくなる。

Ⅱ．1-5．引火と発火……………………P.75

〔問題7〕正解…**5**

5．液温が「沸点」に達すると、液体表面からの蒸気に加えて、液体内部からも気化しはじめる。

Ⅱ．1-6．自然発火………………………P.76

〔問題8〕正解…**1**

「ある物質が空気中で常温（20℃）において自然に発熱し、発火する場合の発熱機構は、分解熱、〈Ⓐ **酸化熱**〉、吸着熱などによるものがある。分解熱による例には、〈Ⓑ **セルロイド**〉などがあり、〈Ⓐ **酸化熱**〉による例の多くは不飽和結合を有するアマニ油、キリ油などの〈Ⓒ **乾性油**〉がある。」

分解熱による例…ニトロセルロース、セルロイド。酸化熱による例…乾性油、原綿、石炭、ゴム粉。アマニ油とキリ油は、いずれも植物の種からとった油（乾性油）である。

Ⅱ．1-7．混合危険………………………P.77

〔問題9〕正解…**5**

5．混合危険には、混合によって直ちに発火するものや、発熱後しばらくして発火するもの、あるいは混合したものに加熱・衝撃を与えることによって発火・爆発を生ずるものなどがある。

Ⅱ．1-8．粉じん爆発……………………P.78

〔問題10〕正解…**5**

5．有機化合物の粉じん爆発では、粒径が大きいことから不完全燃焼を起こしやすく、一酸化炭素COが大量に発生しやすい。

Ⅱ．1-9．消火と消火剤………………P.82

〔問題11〕正解…**2**

2．泡消火器は感電のおそれがあるため、電気火災には適さない。

〔問題12〕正解…**1**

「水による消火は、燃焼に必要な熱エネルギーを取り去る〈Ⓐ **冷却**〉効果が大きい。これは水が大きな〈Ⓑ **蒸発**〉熱と比熱を有するからである。また、水が蒸発して多量の蒸気を発生し、空気中の酸素と可燃性ガスを〈Ⓒ **希釈**〉する作用もある。」

〔問題13〕正解…**2**

2．油火災に対しては、**霧状に放射**することで燃焼の抑制効果が得られる。棒状に放射すると油を飛散させるため危険である。

〔問題 14〕正解…**4**

「一般的に燃焼に必要な酸素の供給源は空気である。空気中には酸素が約〈Ⓐ **21vol%**〉含まれており、この酸素濃度を燃焼に必要な量以下にする消火方法を〈Ⓑ **窒息消火**〉という。物質により燃焼に必要な酸素量は異なるが、一般に石油類では、空気中の酸素濃度を約〈Ⓒ **14vol%**〉以下にすると燃焼は停止する。」

窒息消火…酸素の供給を止める、または周囲の酸素濃度を下げたりして燃焼を停止する消火法。

除去消火…可燃物の供給を止める、または周囲の可燃物を取り除くことで燃焼を停止する消火法。

❷基礎的な物理学

Ⅱ．2-1．静電気……………………P.85

〔問題 1〕正解…**2**

1．静電気は固体や液体の他に、気体であっても流速が速いと発生する。

2．静電気の帯電量は、絶縁抵抗が**大きい物質ほど多くなる**（※静電気が放電しにくいため）。

5．粉じん爆発では、静電気の放電火花が着火源になることがある。

〔問題 2〕正解…**5**

4．湿度が低いと、水の蒸気を通して放電しにくくなるため、静電気が蓄積されやすくなる。

5．タンク類を**電気的に絶縁**すると、静電気が蓄積しやすくなる。タンクが金属の場合、タンクに金属導体を接地する等の対策を行う。

Ⅱ．2-2．物質の三態…………………P.87

〔問題 3〕正解…**2**

2．ドライアイスは二酸化炭素 CO_2 の固体である。固体から気体になることを「**昇華**」という。

Ⅱ．2-3．沸点と飽和蒸気圧…………P.88

〔問題 4〕正解…**4**

「液体の飽和蒸気圧は、温度の上昇とともに〈Ⓐ **増大**〉する。その圧力が大気の圧力に等しくなるときの〈Ⓑ **温度**〉が沸点である。したがって、大気の〈Ⓒ **圧力**〉が低いと沸点も低くなる。」

Ⅱ．2-5．ボイルの法則・シャルルの法則・ドルトンの法則……………………P.90

〔問題 5〕正解…**2**

「圧力が一定のとき、一定量の理想気体の体積は、温度を1℃上昇させるごとに、0℃の体積の〈**273分の1**〉ずつ増加する。」

〔問題 6〕正解…**2**

「PV＝一定」という公式を使う。求める容積をVとする。

2気圧×12 ℓ＝4気圧×V ℓ

$$V\ell = \frac{2\text{気圧}}{4\text{気圧}} \times 12\ell = \mathbf{6\ \ell}$$

Ⅱ．2-6．熱量と比熱…………………P.91

〔問題 7〕正解…**5**

「Q（熱量）＝m（質量）×c（比熱）×t（温度差）」の計算式を利用する。また、12.6kJ ⇒ 12600J に変換する。

12600J ＝ 100g × 2.1J/（g･K）× t（K）

$$t\,(K) = \frac{12600J}{100g \times 2.1J/(g\cdot K)} = \frac{12600J}{210J/K}$$

$$= 60K \Rightarrow \mathbf{60℃}$$

Ⅱ．2-7．熱の移動……………………P.92

〔問題 8〕正解…**2**

2．ガスこんろで水を沸かすと、水が表面から温かくなるのは熱の「**対流**」によるものである。

Ⅱ．2-8．熱膨張………………………P.92

〔問題 9〕正解…**5**

5．タンクや容器に液体の危険物を入れる場合、ある程度の空間容積を必要とするのは、液体が**熱膨張**した際、容積の増加を空間部分で吸収させるため。空間部分の容積がないと、液体の熱膨張によりタンクや容器が破損するおそれがある。

Ⅱ．2-9．物理変化と化学変化………P.93

〔問題 10〕正解…**4**

1．気体の体膨張率は、**圧力に反比例**し、**温度に比例**する。

2．**気体は**、1℃上がるごとに約 273 分の1ずつ体積を増す。

3．固体の体膨張率は**固体の線膨張率の3倍**。

5．**気体**の体膨張率は、**液体**の体膨張率**より大きい**。
理想気体の体膨張率
$= 1/273 \fallingdotseq 3.7 \times 10^{-3} K^{-1}$。
水（20℃）の体膨張率は約 $0.2 \times 10^{-3} K^{-1}$

〔問題 11〕正解…**1**

1．固体のドライアイスが二酸化炭素（気体）になるのは、**物理変化**である。

❸基礎的な化学

Ⅱ．3-1．単体･化合物･混合物………P.95

〔問題 1〕正解…**5**

2．水（H_2O）は酸素（O_2）と水素（H_2）の化合

物である。

3．砂糖水は砂糖と水の混合物である。

4．酸素（O_2）とオゾン（O_3）は、いずれも酸素原子からできている同素体である。

5．メタノール（CH_3OH）とエタノール（C_2H_5OH）は**異なる物質**で、異性体ではない。ただし、いずれも第４類危険物のアルコール類である。

〔問題２〕正解…**3**

単体……酸素 O_2、ナトリウム Na、**硫黄 S**、アルミニウム Al、水素 H_2

化合物…水 H_2O、ベンゼン C_6H_6、**エタノール** C_2H_5OH、**二酸化炭素 CO_2**

ジエチルエーテル $C_2H_5OC_2H_5$

混合物…空気、ガソリン、灯油、食塩水

〔問題３〕正解…**5**

5．銀 Ag と水銀 Hg は、それぞれ**異なる元素**から成る単体。

Ⅱ．3-2．化学の基礎……………………P.98

〔問題４〕正解…**1**

上の数字「27」は**質量数**を表し、**下の数字**「13」は**原子番号**を表す。原子番号とは「陽子の数」であり、質量数とは「陽子の数＋中性子の数」のため、中性子の数は 27 − 13 = 14 となる。

〔問題５〕正解…**3**

$2CH_3OH + 3O_2 \longrightarrow 2CO_2 + 4H_2O$

〔問題６〕正解…**4**

（1）＋（2）⇒ $C + 1/2\ O_2 + CO + 1/2\ O_2 = CO + CO_2 + 111kJ + 283kJ$

$C + O_2 = CO_2 + 394kJ$

Ⅱ．3-3．反応速度と化学平衡………P.99

〔問題７〕正解…**5**

1．触媒を使用すると反応速度が速くなる。

2．気体の混合物では、濃度は気体の分圧に**比例**する。このため、分圧が**高いほど**気体の反応速度は大きくなる。

3．固体では、反応物との接触面積が大きいほど反応速度は**大きくなる**。従って、細かい粒子状にすると接触面積が大きくなり、反応速度が増す。

4．温度を高くすると反応速度は大きくなる。

〔問題８〕正解…**4**

4．触媒は、反応速度を変化させるが、平衡の移動は起こさない。

Ⅱ．3-4．酸と塩基（アルカリ）……P.101

〔問題９〕正解…**2**

赤色リトマス紙＋アルカリ性→青くなる。

青色リトマス紙＋酸性→赤くなる。

Ⅱ．3-5．酸化と還元…………………P.102

〔問題10〕正解…**4**

1．$C + O_2 \longrightarrow CO_2$

2．$4P + 5O_2 \longrightarrow P_4O_{10}$

十酸化四リン P_4O_{10} は組成式が P_2O_5 であるため、五酸化二リン（五酸化リン）とも呼ばれる。

3．$C_2H_5OH + 3O_2 \longrightarrow 2CO_2 + 3H_2O$

4．$CO_2 + C \longrightarrow 2CO$

二酸化炭素 CO_2 は酸素 O を失っているため、還元されたことになる。

5．$2Cu + O_2 \longrightarrow 2CuO$

銅の酸化物は黒色の酸化銅（Ⅱ）CuO と、赤色の酸化銅（Ⅰ）Cu_2O がある。

〔問題11〕正解…**3**

1．物質が**水素を失うこと**を酸化という。

2．物質が**電子を受け取ること**を還元という。

4．酸化剤は、**電子を受け取りやすく還元されやすい物質**で、反応によって酸化数が**減少**する。

5．反応する相手の物質によって酸化剤として作用したり、還元剤として作用したりする物質もある（例：過酸化水素 H_2O_2）。

Ⅱ．3-6．元素の分類…………………P.104

〔問題12〕正解…**4**

1．比重が１より小さい金属…リチウム（Li）、ナトリウム（Na）、カリウム（K）。

3．希硫酸と反応しない金属（希硫酸に溶けない金属）…銅 Cu、銀 Ag、白金 Pt、金 Au など。水素（H_2）よりイオン化傾向の小さい金属が該当する。

4．金属を粉末にすると、空気との接触面積が大きくなるため、**燃焼する**ものがある。鉄粉及び金属粉は、第２類危険物の**可燃性固体**である。

Ⅱ．3-7．イオン化傾向………………P.105

〔問題13〕正解…**3**

金属をイオン化傾向の大きい順に並べると

Li ＞ K ＞ Ca ＞ Na ＞ Mg ＞ Al ＞ Zn ＞ Fe ＞ Ni ＞ Sn ＞ Pb ＞ H ＞ Cu ＞ Hg ＞ Ag ＞ Pt ＞ Au

Ⅱ．3-8．金属の腐食…………………P.106

〔問題14〕正解…**5**

1．水素イオン濃度が高くなるほど酸性度が強くなり、鉄は腐食しやすくなる。

2．鉄やニッケルは濃硝酸や発煙硫酸に浸すと、表面に酸化被膜をつくってそれ以上侵されなくなる。これらの被膜を**不動態被膜**（酸化被膜）という。不動態は、金属の表面が不溶性の超薄膜に覆われて**腐食されにくくなる**現象、あるいはその状態をいう。

3．正常なコンクリート中はpH12以上の強アルカリ性環境が保たれている。この中で鋼管は表面に不動態被膜（薄い酸化物被膜）を生成するため、腐食が防止される。

5．水中で鉄と銅が接触していると、鉄は**腐食しやすくなる**。イオン化傾向は鉄＞銅のため、鉄は電子を放出して陽イオンとなり、腐食する。鉄の腐食を防止するには、鉄よりイオン化傾向の大きいマグネシウム、アルミニウム、亜鉛などの金属を鉄に接触させる。

Ⅱ．3-9．有機化合物……………………P.110

〔問題15〕正解…**5**

1．水に溶けるのはアルコール類の一部で、**多くは水に溶けない**。

2．第４類危険物（引火性液体）は、**多くが有機化合物**である。

3．無機化合物に比べ、一般に**融点及び沸点は低い**。

4．無機化合物に比べ、**種類は多い**。

Ⅱ．3-10．主な気体の特性…………P.112

〔問題16〕正解…**2**

「二酸化炭素は、炭素または〈Ⓐ **炭素化合物**〉の〈Ⓑ **完全**〉燃焼の他、生物の呼吸や糖類の発酵によっても生成する。二酸化炭素は、空気より〈Ⓒ **重い**〉気体で、水に溶け、弱い〈Ⓓ **酸**〉性を示す。」

〔問題17〕正解…**3**

1＆2＆4＆5．すべて第４類の危険物であるため、蒸気比重は1（**空気**）**より大きい**。ガソリン…３～４、エタノール…1.6、ベンゼン…2.8、灯油…4.5。

3．水素 H_2…0.0695。水素は物質中**最も軽く**、そのため空気中では拡散しやすい。

第３章　危険物の性質並びにその火災予防及び消火の方法

❶危険物の性質

Ⅲ．1-1．危険物の分類……………P.115

〔問題１〕正解…**5**

1．１気圧・常温（20℃）で引火するものが、必ずしも危険物であるということはない。木材や紙は１気圧・常温（20℃）で引火するが、危険物に該当しない。

2．第１類危険物（酸化性固体）及び第６類危険物（酸化性液体）は可燃物ではないため、引火点がない。

3．第１類危険物（酸化性固体）及び第６類危険物（酸化性液体）は**不燃性**である。

4．第４類危険物（引火性液体）は分子内に炭素、酸素または水素のいずれかを含有しているものが多い。一方で、第２類危険物（可燃性固体）の硫化リンや金属粉などは、C・O・Hのいずれも含有していない。

5．消防法で定める危険物は、常温常圧（20℃・１気圧）において液体または固体である。**気体は該当しない**。

〔問題２〕正解…**5**

5．設問の内容は第５類の危険物である。第６類危険物は酸化性液体で、物質そのものは燃焼しない。

〔問題３〕正解…**1（Aのみ）**

B．第２類の危険物は、可燃性の固体であり、比重は１より大きい。

C．第３類の危険物は、自然発火性または禁水性の固体・液体であり、空気または水との接触により発火するおそれがある。

D．第５類の危険物は、自己反応性の物質であり、多くは分子中に酸素を含んでいる。

E．第６類の危険物は不燃性の液体である。固体は第１類の危険物に該当する。

❷第４類危険物の共通項目

Ⅲ．2-1．第４類危険物の性状……P.117

〔問題１〕正解…**3**

「第４類の危険物は、引火点を有する〈Ⓐ **液体**〉であり、その比重は１より〈Ⓑ **小さい**〉ものが多く、蒸気比重は１より〈Ⓒ **大きい**〉ものが多い。また、電気の〈Ⓓ **不導体**〉であるものが多く、静電気が蓄積されやすい。」

Ⅲ．2-2．第4類危険物の消火……P.118

〔問題2〕正解…**2**

2．強化液を棒状に放射すると、液体の危険物を飛散させるため、霧状に放射する。

〔問題3〕正解…**3**

3．二酸化炭素消火器は、ガソリンの火災に対し窒息効果がある。

Ⅲ．2-3．第4類危険物の貯蔵・取扱い………P.119

〔問題4〕正解…**3(A、D)**

B．屋内に発生した蒸気は、換気装置により**屋外の高所**に排出する。

C．収納する**容器は密栓**とし、容器内上部に膨張のための余裕空間を確保する。

〔問題5〕正解…**3**

3．容器には、ガス抜き口を設けてはならない。ふたをしっかり締めて**密栓する**。

❸第4類危険物の種類と特徴

Ⅲ．3-1．特殊引火物の性状……P.121～

〔問題1〕正解…**5**

5．特殊引火物だけではなく、第4類危険物の中で発火点が100℃以下のものは90℃の**二硫化炭素のみ**である。他はすべて発火点が100℃を超える。

〔問題2〕正解…**1**

1．生成される過酸化物は、加熱や衝撃により爆発する危険性がある。

〔問題3〕正解…**3**

3．二硫化炭素の比重は1.3で水より重く、蒸気は有毒。貯蔵の際は水を張る「水没貯蔵法」が有効。

〔問題4〕正解…**4**

4．アセトアルデヒド CH_3CHO を酸化すると**酢酸 CH_3COOH** になる。エタノール CH_3CH_2OH（C_2H_5OH）を酸化→アセトアルデヒドになる。

5．燃焼範囲は、ガソリンが1.4～7.6vol％であるのに対し、アセトアルデヒドは4.0～60vol％。

Ⅲ．3-2．第1石油類の性状………P.124

〔問題5〕正解…**3**

3．ガソリンは自然発火することがない。一方で、動植物油類の乾性油は、空気中で酸化され、その熱で自然発火することがある。

〔問題6〕正解…**2**

2．ベンゼンは水には溶けない。

4．ベンゼンは冬場に凝固しやすい。

〔問題7〕正解…**3**

3．トルエンは**非水溶性**である。

4．トルエンの蒸気の比重は3.1で、空気より重い。

5．トルエンの比重は0.9で、水より軽い。

〔問題8〕正解…**2**

2．第4類危険物は、通気口のない貯蔵容器に入れて**密栓する**。

Ⅲ．3-3．アルコール類の性状……P.126

〔問題9〕正解…**3**

1．メタノールは**毒性が強く**、誤飲すると失明または死亡することがある。一方、エタノールは無毒で、酒類の主成分である。

2．蒸気の比重は1.1で、空気より重い。

3．引火点は**11℃**である。

4．メタノールとナトリウムを反応させると、ナトリウムメトキシドと水素を発生する。

$2CH_3OH + 2Na \longrightarrow 2CH_3ONa + H_2$

5．燃焼範囲は6.7～37vol％である。

〔問題10〕正解…**2**

1．エタノールの沸点…………78℃。

2．エタノールの引火点………**13℃**。

5．エタノールの比重…………0.8。

Ⅲ．3-4．第2石油類の性状………P.128

〔問題11〕正解…**2**

1．灯油の蒸気比重は4.5で、**空気より重い**。

3．灯油は、長期間紫外線に照射されたり湿気の多い場所で貯蔵すると、変質して劣化することがあるが、常温（20℃）で容易に分解して発熱することはない。

4．設問の内容は、ジエチルエーテル。直射日光により過酸化物を生成するおそれがあり、生成された過酸化物は、衝撃で爆発することがある。

5．容器に不活性ガスを封入する必要があるのは、アセトアルデヒド。

〔問題12〕正解…**5**

1．軽油の沸点は170～370℃で水は約100℃。

4．軽油は主としてディーゼルエンジンの燃料として用いられる。

5．引火点は**45℃以上**である。

〔問題13〕正解…**4**

1．比重⇒ 灯油…約0.8、軽油…約0.85。いずれも水より軽い。

2．引火点⇒ 灯油…40℃以上、軽油…45℃以上。いずれも常温（20℃）より高い。

3．蒸気比重はともに4.5で、空気より重い。

4．発火点はともに約**220℃**である。

〔問題14〕正解…**2**

2．水溶液は、金属やコンクリートを**強く腐食**する。

3．引火点は39～41℃で、常温（20℃）より高い。

4．水によく溶け、エタノール、ジエチルエーテルなどにも溶ける。

〔問題15〕正解…**4**

1．無色の液体である。

2．比重は1.05で1より大きい。

3．酢酸に似た刺激臭を有する。

5．水、エーテル、アルコール等に任意の割合で溶ける。

Ⅲ．3-5．第3石油類の性状………P.130

〔問題16〕正解…**2**

2．重油の比重は0.9～1.0で、**水よりやや軽い**。

4．発火点は250～380℃である。

5．1種・2種の引火点は60℃以上、3種の引火点は70℃以上である。

〔問題17〕正解…**2**

2．クレオソート油はアルコールなどの有機溶剤に溶けるが、水には溶けない。

4．クレオソート油の引火点…75℃。

Ⅲ．3-7．動植物油類の性状………P.131

〔問題18〕正解…**5**

5．動植物油類は、1気圧において引火点が**250℃未満**のものをいう。

❹事故事例と対策

Ⅲ．4-1．事故事例と対策…………P.132

〔問題1〕正解…**4**

4．タンク内のガソリン蒸気が燃焼範囲の上限値を超える濃度であっても、灯油に溶解吸収されて、ガソリンの蒸気濃度が下がり、燃焼範囲内になることがある。また、灯油注入時に発生する静電気によって爆発・燃焼を起こしやすくなる。

〔問題2〕正解…**2（A、D）**

A．排出設備のスイッチを切ってはならない。排出設備が作動しなくなると、可燃性蒸気が低所に滞留して危険である。また、スイッチの開閉（ON/OFF）により、電気火花が発生する危険がある。

D．危険物の入った金属製ドラムを引きずってはならない。火花が発生する可能性があるほか、内部の危険物が揺動することにより静電気が発生しやすくなる。

模擬試験問題　第1回

危険物に関する法令（第1回）…P.134～

〔問1〕正解…**3**

1．危険物は、1気圧20℃において**固体**または液体である。

2．危険物の類ごとにその類に該当する危険性を有しているかどうかの試験を行い、一定以上の危険性を示すものが危険物と判定される。

3．「Ⅰ．1－3．危険物の指定数量」参照。

4．危険物とは、法別表第1の品名欄に掲げる物品で、同表に定める区分に応じ同表の性質欄に掲げる性状を有するものをいう。市町村条例では、**指定数量未満**の危険物の貯蔵・取扱いについて基準を定めている。「Ⅰ．1－3．危険物の指定数量」参照。

5．難燃性でない合成樹脂類は危険物ではなく、その数量に応じて「指定可燃物」に該当する場合がある。指定可燃物とは、わら製品、木毛その他の物品で火災が発生した場合にその拡大が速やかであり、又は消火の活動が著しく困難となるものとして政令で定めるものをいう。

〔問2〕正解…**2**

「動植物油類とは、動物の脂肉等又は植物の種子若しくは果肉から抽出したものであって、1気圧において〈**Ⓐ 引火点**〉が〈**Ⓑ 250℃**〉未満のものをいい、総務省で定めるところにより貯蔵保管されているものを除く。」

〔問3〕正解…**4**

1．ガソリン（100L ÷ 200L）＋灯油（400L ÷ 1,000L）＝ 0.9

2．灯油（500L ÷ 1,000L）＋軽油（400L ÷ 1,000L）＝ 0.9

3．軽油（400L ÷ 1,000L）＋重油（1,000L ÷ 2,000L）＝ 0.9

4．メタノール（200L ÷ 400L）＋ガソリン（100L ÷ 200L）＝ **1.0**

5．エタノール（200L ÷ 400L）＋灯油（400L ÷ 1,000L）＝ 0.9

〔問4〕正解…**5**

5．設問の内容は移送取扱所。一般取扱所は、給油取扱所、販売取扱所、移送取扱所以外で危険物の取扱いをする取扱所。ボイラー施設等が該当する。

〔問５〕正解…**５（A、E）**

指定数量の倍数により予防規程を定めなければならないのは、製造所・屋外タンク貯蔵所・屋外貯蔵所・屋内貯蔵所・一般取扱所の５施設。指定数量の倍数に関係なく必ず予防規程を定めなければならないのは、給油取扱所（屋外の自家用給油取扱所を除く）・移送取扱所の２施設。

〔問６〕正解…**４**

簡易タンク貯蔵所、屋内タンク貯蔵所、販売取扱所は定期点検の対象外。

〔問７〕正解…**５**

５．屋内貯蔵所は、指定数量の倍数または建築構造に応じた保有空地が必要である。

〔問８〕正解…**４**

４．配管を地下に設置する場合には、その上部の地盤面にかかる重量が当該**配管にかからないよう**に保護すること。

〔問９〕正解…**２**

２．地下貯蔵タンクはその形態から、①鋼製または鋼製と同等以上の材料のもの（タンク室に設置）、②鋼製二重殻・鋼製強化プラスチック製二重殻・強化プラスチック製二重殻のもの（タンク室に設置、直接埋設）、③コンクリート被覆（漏れ防止構造）のもの（直接埋設）に大別される。

地下貯蔵タンクは、設置方法によって、更に外面保護が必要となる。外面保護の基準は、タンクの種類等により厚さと保護材が細かく定められている。そもそも、直接埋設する場合は、コンクリートでタンクを被覆したものか、二重殻タンクでなければならない。

〔問10〕正解…**３**

３．**移動タンク貯蔵所に乗車**する危険物取扱者は、必ず免状を携帯する義務がある。

〔問11〕正解…**２**

２．自動車等の進入路は表示しなくてもよい。ただし、顧客用固定給油設備の周囲の地盤面等には、自動車等の**停止位置を表示**する必要がある。また、給油ホース等の直近にホース機器等の使用方法及び危険物の品目（「レギュラー」「軽油」など）を表示すること。

〔問12〕正解…**５**

１．危険物を保護液中に保存する場合、危険物が保護液から**露出しないよう**にすること。

２．許可もしくは届出に係る品名**以外の危険物**を貯蔵し、または取り扱ってはならない。

３．危険物のくず、かす等は、**１日に１回以上**、当該危険物の性質に応じて、安全な場所で廃棄その他適当な処置をしなければならない。

４．廃油等を廃棄する場合は、安全な場所と方法で見張人をつければ**焼却することができる**。

〔問13〕正解…**１**

１．指定数量以上の危険物を車両で運搬する場合は、危険物取扱者の乗車は不要。ただし、指定数量以上の**危険物の積み卸し**をする際には、危険物取扱者が自ら行うか、立ち会わなければならない。

〔問14〕正解…**１**

１．発煙筒は警報設備として定められていない。

〔問15〕正解…**２**

１．予防規程の作成認可の規定違反は罰金等の対象となる。

２．**危険物保安監督者の未選任**…使用停止命令。

３．危険物施設保安員の未選任は、使用停止命令の対象とはならない。

４．製造所等の譲受人または引渡しを受けた者は、遅滞なくその旨を市町村長等に届け出なければならない。これに違反（製造所等の譲渡・引渡の届出義務違反）すると、罰金等の対象となる。

５．立入検査の拒否…30万円以下の罰金または拘留。

基礎的な物理学及び基礎的な化学（第１回）

……P.138～

〔問16〕正解…**５**

２．燃焼に伴う明るい炎は、内炎部分であり、炭素粒子が光を強く放射している。

４．すすは、主に内炎部分で炭素が不完全燃焼することによって生じる。従って、炭素数が多い有機物ほど、すすの発生量も多くなる。ガソリンエンジンとディーゼルエンジンとでは、一般的な傾向としてディーゼルエンジンの方が黒煙（すす）を多く排出する。これは､燃料である軽油は、ガソリンに比べ炭素数が多いことが原因の１つである。

５．不完全燃焼すると、**一酸化炭素 CO** の発生量が多くなる。

〔問17〕正解…**５**

１＆２＆４．引火点及び発火点は、低いほど燃焼しやすくなる。燃焼範囲は可燃性ガスと空気との混合において、燃焼可能な可燃性ガスの混合割合（容積）を示すもので、燃焼範囲が広いほど可燃性ガスは燃焼しやすくなる。

5．気化熱の大小は、**燃焼の難易に関係しない**。

〔問 18〕正解…**2**

設問の可燃性液体は**トルエン**である。

1．液比重とは、水を基準としたときの密度比である。液比重が1である場合、密度は1g/cm^{3}となる。従って、液比重0.87である可燃性液体は、密度が0.87g/cm^{3}となる。この可燃性液体は0.87g当たり1cm^{3}であることから、2000g（2kg）当たりでは、2000g ÷ 0.87g = 2298.8…cm^{3}となる。1cm^3 = 1ccであり、1000cc = 1Lであることから、2298.8…cm^3 = 2.2988…Lとなる。この液体2kgの容量は、**2.2988…L**である。

3．蒸気比重は空気を基準にしている。1より小さいとその蒸気は上方に向かい、1より大きいとその蒸気は下方に滞留する。蒸気比重が3.14ということは、単位体積中の質量が**空気の3.14倍**であることを表す。

4．一般に、温度が高くなるほど、蒸気となることができる量は増え、飽和蒸気圧も高くなる。液体はそれぞれの温度ごとに、**固有の飽和蒸気圧**力がある。従って、設問の内容は誤りである。

5．炎を近づけると燃焼する最低の液温（引火点）は4.4℃である。発火点の480℃は、**点火源がなくても自ら燃焼**をはじめる温度である。

〔問 19〕正解…**5**

1～4．1と2は噴出帯電。「液滴」は液体の小さな粒で、微小なものはプリンタのインクジェットに応用されている。3は流動帯電、4は混合かくはん帯電である。

5．直射日光に長時間さらされただけで、帯電することはない。

〔問 20〕正解…**5**

図中**Aは固体、Bは液体、Cは気体**を表す。1気圧（1.013 × 105Pa）の状態で水の温度を上げていくと、0℃で固体から液体に変わり、100℃で液体から気体に変わる。

〔問 21〕正解…**3**

「PV＝一定」という公式を使う。3気圧の酸素0.5Lを1気圧に減圧すると、体積は1.5Lとなる。3気圧× 0.5L = 1気圧× VL ⇒ V = 1.5。4気圧の窒素0.25Lを1気圧に減圧すると、体積は1Lとなる。4気圧× 0.25L = 1気圧× VL ⇒ V = 1。1気圧の混合気体2.5L（酸素1.5L＋窒素1L）を加圧して体積を0.5L（容器の体積）にするには、圧力を5気圧にする必要がある。1気圧× 2.5L = P気圧× 0.5L ⇒ P = **5.0**

〔問 22〕正解…**2**

「Q（熱量）＝ m（質量）× c（比熱）× t（温度差）」の計算式を利用する。増加する温度は、30℃ − 10℃ = 20℃ ⇒ 20K。熱量Q = 100g × 2.5J/(g･K) × 20K = 5,000J = **5.0kJ**

〔問 23〕正解…**2**

2．固体のドライアイスが**昇華**して気体の二酸化炭素になるのは、**物理変化**である。

〔問 24〕正解…**2**

「〈Ⓐ **酸**〉とは水素イオンを与える物質であり、〈Ⓑ **塩基**〉とは水素イオンを受け取る物質であるということができる。これによれば、水溶液中におけるアンモニアと水の反応では水は〈Ⓒ **酸**〉としてはたらき、塩化水素と水の反応では水は〈Ⓓ **塩基**〉としてはたらく。」

〔問 25〕正解…**3**

1．鋼製の危険物配管と鉄筋はいずれも鉄であるが、周囲の環境が異なっているため、電気化学反応により配管と鉄筋に電気が流れやすく、腐食しやすくなる。

2．**迷走電流**により、腐食がより進行する。

4＆5．土質や物質の異なっている場所に**またがって埋設**されると、電気化学反応により配管に電流が流れやすく、腐食が起こりやすくなる。

危険物の性質並びにその火災予防及び消火の方法（第1回）

……P.140～

〔問 26〕正解…**2**

2．水溶性のものは、水で薄めると引火点が**高くなる**。すなわち、危険性が低くなる。

〔問 27〕正解…**4**

4．メタノールは水溶性のため、水溶性液体用泡消火剤以外の泡消火剤を使用すると**泡が溶けてしまう**。このため、水溶性液体用の泡消火剤で消火しなくてはならない。

〔問 28〕正解…**2**

2．移動貯蔵タンクを接地（アース）するなどして、**絶縁状態にはしない**。

〔問 29〕正解…**4**

4．**導電性の大きい**衣服と靴を着用している場合、静電気は**蓄積しにくくなる**。

〔問 30〕正解…**3**

1＆2．アセトアルデヒドと酸化プロピレンは、いずれも水によく溶ける。貯蔵する場合は、窒素ガス等の不活性ガスを封入する。

3．**二硫化炭素**は水よりも重く溶けにくいため、水を張ることで可燃性蒸気を抑制する。また、蒸気は有毒である。

4＆5．酢酸エチルは第1石油類で、クレオソート油は第3石油類である。いずれも冷暗所で貯蔵する。

〔問31〕正解…**5（A、C、D）**

A．蒸気比重…3～4。

C．引火点は－40℃以下のため、液温0℃でも引火のおそれがある。

D．燃焼範囲…1.4～7.6vol％。

〔問32〕正解…**4**

1．比重は0.8で1より小さい。

2．蒸気比重は1.6で1より大きい。

4．引火点…**13**℃。

5．発火点…363℃。

〔問33〕正解…**5**

1＆5．軽油の沸点は170～370℃、引火点は**45℃以上**である。

2．軽油の比重は0.85。

〔問34〕正解…**2（C、E）**

A．引火点は、灯油40℃以上、軽油45℃以上、重油60℃または70℃以上。

C．いずれも非水溶性で電気の不導体であるため、静電気の発生のおそれがある。特に灯油と軽油は**静電気が発生しやすい**。

E．液比重は、灯油0.8、軽油0.85、重油0.9～1.0。重油も水より**わずかに軽い**。

〔問35〕正解…**5**

5．動植物油が染み込んだままのぼろ布などを風通しの悪い場所に長期間放置しておくと、**酸化熱が蓄積**されていくため、自然発火を起こしやすくなる。

模擬試験問題　第2回

危険物に関する法令（第2回）……P.142～

〔問1〕正解…**5**

1．特殊引火物の指定数量

50L ⇒ 6,000L ÷ 50 ＝ 120

2．第1石油類 非水溶性の指定数量

200L ⇒ 6,000L ÷ 200 ＝ 30

3．第2石油類 非水溶性の指定数量

1,000L ⇒ 6,000L ÷ 1,000 ＝ 6

4．第3石油類 非水溶性の指定数量

2,000L ⇒ 6,000L ÷ 2,000 ＝ 3

5．第4石油類の指定数量

6,000L ⇒ 6,000L ÷ 6,000 ＝ **1**

〔問2〕正解…**2**

「製造所等（移送取扱所を除く。）を設置するためには、消防本部及び消防署を置く市町村の区域では当該〈Ⓐ **市町村長**〉、その他の区域では当該区域を管轄する〈Ⓑ **都道府県知事**〉の許可を受けなければならない。また、工事完了後には許可内容どおり設置されているかどうか〈Ⓒ **完成検査**〉を受けなければならない。」

〔問3〕正解…**2**

〔問4〕正解…**4**

「指定数量以上の危険物は、貯蔵所以外の場所でこれを貯蔵し、又は製造所等以外の場所でこれを取り扱ってはならない。ただし、〈Ⓐ **所轄消防長又は消防署長**〉の〈Ⓑ **承認**〉を受けて指定数量以上の危険物を、〈Ⓒ **10日**〉以内の期間、仮に貯蔵し、又は取り扱う場合は、この限りでない。」

〔問5〕正解…**2**

免状を交付した**都道府県知事**は、危険物取扱者が消防法または消防法に基づく命令の規定に違反しているときは、免状の返納を命ずることができる。

〔問6〕正解…**3**

「製造所等において危険物の取扱作業に従事する危険物取扱者は、当該取扱作業に従事する〈**こととなった日から1年以内**〉に講習を受けなければならない。」

〔問7〕正解…**2**

2．**移動タンク貯蔵所**は、取り扱う危険物の性状・**数量に関係なく**、危険物保安監督者を定める必要はない。

〔問8〕正解…**3**

1＆2＆4＆5．遅滞なく市町村長等に届け出る。

3．**危険物施設保安員**の選任・解任の届け出は必要ない。

〔問9〕正解…**1**

1．**危険物取扱者、危険物施設保安員、危険物取扱者の立会いを受けた者**が定期点検を行うことができる。これらの者以外は、所有者等であっても定期点検はできない。

〔問10〕正解…**1**

保安距離が必要となるのは、**製造所、屋内貯蔵所、屋外貯蔵所、屋外タンク貯蔵所、一般取扱所**の5施設。また、同一敷地内に存する住居は対象外。

1．屋内貯蔵所と使用電圧66,000Vの特別高圧架空電線の場合、水平距離5m以上の保安距離が必要となる。

〔問11〕正解…**3（A、C、E）**

移動タンク貯蔵所に備え付ける書類は、**完成検査済証、定期点検記録、製造所等の譲渡・引渡の届出書、品名・数量又は指定数量の倍数の変更の届出書**の4つ。

〔問12〕正解…**2**

1．**どんな場合でも**、焼却して廃棄するときは見張人をつけなければならない。

3．給油空地から車体がはみ出したまま給油してはならない。

4．防火上安全な場所でなければ、危険物の詰め替え作業をしてはならない。

5．**引火点40℃未満**の危険物を移動貯蔵タンクから別のタンクへ注入する場合、移動タンク貯蔵所の原動機を停止させなければならない。第4類危険物で引火点40℃未満の危険物は特殊引火物の他、第1石油類、アルコール類、第2石油類が該当する。

〔問13〕正解…**1**

1．第4類危険物は、第1類及び第6類危険物と混載してはならない。第1類は酸化性固体で第6類は酸化性液体であり、いずれも**酸素を多量に含有**している。これらと第4類の引火性液体が混載されると、火災が発生しやすくなる。

〔問14〕正解…**2**

2．泡を放射する**大型の消火器**は、**第4種**の消火設備に該当する。

〔問15〕正解…**5**

1．保安検査未実施…許可の取消しまたは使用停止命令。

2．措置命令違反…許可の取消しまたは使用停止命令。

3．定期点検未実施…許可の取消しまたは使用停止命令。

4．完成検査前使用…許可の取消しまたは使用停止命令。

5．**危険物施設保安員の未選任**は、許可の取消しや使用停止命令の対象とはならない。

基礎的な物理学及び基礎的な化学（第2回）

……P.145～

〔問16〕正解…**2**

「液体や固体の可燃物から蒸発した可燃性蒸気が空気と混合して燃焼することを〈Ⓐ **蒸発燃焼**〉といい、〈Ⓐ **蒸発燃焼**〉するものに〈Ⓑ **硫黄**〉がある。」

〔問17〕正解…**4**

4．引火点とは、可燃性液体が燃焼範囲の**下限値の**濃度の蒸気を発生するときの液体の温度をいう。

〔問18〕正解…**5**

4．アルキルアルミニウムは第3類危険物で、アルキルアルミニウムの中でもトリエチルアルミニウムは－53℃でも空気と酸化反応を起こして自然発火する。

5．原綿とは、綿の実からふわふわした綿部分のみを集めたものをいう。「**酸化熱**」によって自然発火するおそれがある。

〔問19〕正解…**4**

「一般的に燃焼に必要な酸素の供給源は空気である。空気中には酸素が約〈Ⓐ **21vol%**〉含まれており、この酸素濃度を燃焼に必要な量以下にする消火方法を〈Ⓑ **窒息消火**〉という。物質により燃焼に必要な酸素量は異なるが、一般に石油類では、空気中の酸素濃度を約〈Ⓒ **14vol%**〉以下にすると燃焼は停止する。」窒息消火とは、酸素の供給を止める、または周囲の酸素濃度を下げたりして燃焼を停止する消火法。一方、除去消火は可燃物の供給を止める、または周囲の可燃物を取り除くことで燃焼を停止する消火をいう。

〔問20〕正解…**5**

5．接触状態にあるものを急激にはがすことで、静電気は発生しやすくなる。

〔問21〕正解…**3**

3．C（熱容量）＝m（質量）×c（比熱）

〔問 22〕正解…**3**

1. $S + O_2 \longrightarrow SO_2$
2. $4Fe + 3O_2 \longrightarrow 2Fe_2O_3$（赤さび）
3. 黄リンと赤リンはリンから成る**同素体**である。黄リンを密閉容器で加熱すると赤リンになる。
4. $2CO + O_2 \longrightarrow 2CO_2$
5. $2C + O_2 \longrightarrow 2CO$

〔問 23〕正解…**2**

イオン化傾向が大きい金属とは、化学的に変化しやすい金属。大きい順に並べると、**カリウム K** ＞鉛 Pb ＞銅 Cu ＞銀 Ag ＞金 Au。

〔問 24〕正解…**3**

「〈Ⓐ **アルキン**〉とは、分子中に炭素間の三重結合（C ≡ C）を含む不飽和炭化水素である。炭素数が 2 の〈Ⓐ **アルキン**〉は、〈Ⓑ **アセチレン**〉とよばれ、炭化カルシウムと水を作用させることで生成できる。」炭化カルシウム（カルシウムカーバイド CaC_2）は、水と反応させることでアセチレン（C_2H_2）を生成する。

$CaC_2 + 2H_2O \longrightarrow Ca(OH)_2 + C_2H_2$

〔問 25〕正解…**2**

2. 一酸化炭素は空気より**軽く**、二酸化炭素は空気より**重い**。

危険物の性質並びにその火災予防及び消火の方法（第2回） ……P.148 ～

〔問 26〕正解…**4**

1. 第 1 類の危険物は、不燃性の**固体**である。
2. 第 2 類の危険物は、可燃性の**固体**である。
3. 第 3 類の危険物は、自然発火性物質及び禁水性物質で、第 3 類の多くの危険物が両方の性質を持つものの、片方のみの性質を持つ危険物もある。したがって、第 3 類のすべて危険物が自然発火をするわけではない。また、例として、第 3 類危険物に指定されている、自然発火性のみを有する黄リンの発火点は 34 ～ 44℃である。
5. **ハロゲン間化合物**のように、分子中に酸素を含有しない危険物もある。

〔問 27〕正解…**5（D、E）**

グリセリンとメタノールは**水溶性**のため、水溶性液体用の泡消火剤で消火しなくてはならない。

〔問 28〕正解…**4**

3. 過剰注入防止装置は、危険物の過剰な注入を防ぐためのもので、地下専用タンクの液面が規定値に達すると、弁が自動的に閉じ注入が停止するようになっている。
4. 地下専用タンクの計量口は、計量するとき以外は**閉鎖**しておく。

〔問 29〕正解…**3**

1. 燃焼範囲⇒ジエチルエーテル…1.9 ～ 36vol%、二硫化炭素…1.3 ～ 50vol%（極めて広い）。
2. 発火点⇒ガソリン…300℃、ジエチルエーテル…160℃、二硫化炭素…90℃。いずれもガソリンより低い。
3. 比重⇒ジエチルエーテル…**0.7**（水より軽い）、二硫化炭素…1.3（特殊引火物の中では唯一、水より重い）。

〔問 30〕正解…**3**

2. 蒸気比重は 3.1 である。
3. トルエンの引火点は **4 ℃**であるのに対し、ベンゼンの引火点は **－ 11℃**である。

〔問 31〕正解…**4**

2. メタノールの沸点は 64℃、エタノールの沸点は 78℃。
4. メタノールの引火点は **11℃**であるのに対し、エタノールの引火点は **13℃**である。
5. 三酸化クロムは第 1 類の危険物で**酸化性物質**のため、接触・混合させると過酸化物を生成し、発火・爆発のおそれがある。

〔問 32〕正解…**2**

1. 石油ファンヒーターは灯油を霧状にして燃焼させている。また、ディーゼルエンジンは、軽油をやはり霧状にして爆発させている。引火点以下であっても、霧状にすると引火しやすくなる。
2. 灯油の中にガソリンを注ぐと**混じり合って**、引火しやすくなる。

〔問 33〕正解…**5**

4. 水に可溶だが、微溶である。
5. 引火点⇒ 1 －ブタノール…35 ～ 37.8℃、軽油…45℃以上
   発火点⇒ 1 －ブタノール…約 343 ～ 401℃、軽油…約 220℃

〔問 34〕正解…**4**

1. 引火点…75℃。
2. 比重…1.1。
4. 人体に対して**有毒**である。

〔問 35〕正解…**1**

- 第 1 石油類 ⇒自動車ガソリン（－ 40℃以下）、トルエン（4℃）
- 第 2 石油類 ⇒灯油（40℃以上）
- 第 4 石油類 ⇒ギヤー油（200 ～ 250℃）

模擬試験問題　第3回

危険物に関する法令（第3回）……P.150～

〔問1〕正解…**1**

2．軽油……………………第2石油類

3．アセトン………………第1石油類

4．シリンダー油…………第4石油類

5．クレオソート油………第3石油類

〔問2〕正解…**5（E）**

「製造所等の位置、構造又は設備を〈Ⓐ 変更する場合〉において、当該製造所等のうち当該変更の〈Ⓑ 工事に係る部分以外の部分の全部又は一部〉について〈Ⓒ 市町村長等の承認〉を受けたときは、〈Ⓓ 完成検査を受ける前〉においても、仮に使用することができる。変更の許可と仮使用は〈Ⓔ **同時に申請することができる。**〉」

仮使用承認申請と変更許可申請は同時に受け付けることを原則としている市町村もあることから、同時に申請することができる。

〔問3〕正解…**2**

2．**定期点検**の実施については、届出の必要がない。

〔問4〕正解…**4**

1～3．製造所等において危険物の取扱作業ができるのは、①当該危険物を取り扱うことができる危険物取扱者、②甲種または当該危険物を取り扱うことができる乙種危険物取扱者の立会いがある者、である。免状のない従業員・所有者・危険物施設保安員が危険物の取扱作業を行う場合、立会いが必要となる。

5．**丙種**危険物取扱者は、立会いが認められていない。

〔問5〕正解…**4**

4．危険物の品名、指定数量の倍数にかかわらず、必ず危険物保安監督者を定めなければならない製造所等は、製造所、**屋外タンク貯蔵所**、給油取扱所、移送取扱所である。

〔問6〕正解…**3**

3．指定数量の倍数に関係なく必ず予防規程を定めなければならないのは、**給油取扱所**（屋外の自家用給油取扱所を除く）・移送取扱所の2施設。指定数量の倍数により予防規程を定めなければならないのは、製造所・屋外タンク貯蔵所・屋外貯蔵所・屋内貯蔵所・一般取扱所の5施設。

〔問7〕正解…**5**

5．使用電圧が7,000Vを超える特別高圧架空電線は対象となるが、電圧が**5000Vの高圧架空電線は対象外**である。特別高圧架空電線は主に大規模工場や施設に使用され、高圧架空電線は中・小規模工場で使用されることが多い。

特別高圧とは、電圧が7,000Vを超えるものを指す。高圧とは、交流で電圧が600V～7,000V以下、直流で電圧が750V～7,000V以下のもの。

〔問8〕正解…**5（C、E）**

指定数量の倍数は「10」を境にしている。「10以下」は10を含み、「10を超える」は10を含まない。この設問の場合、指定数量の倍数が3・5・7のときに必要な空地の幅は**3m以上**となる。また、指定数量の倍数が11・15のときに必要な空地の幅は**5m以上**となる。

〔問9〕正解…**4**

同一の防油堤内に複数のタンクを設置する場合、防油堤の容量は「**最大であるタンクの容量の110%以上**」としなければならない。したがって、この防油堤に求められる容量は

最大タンク容量60,000L × 1.1 = **66,000L**。

〔問10〕正解…**5**

1．以下の条件がそろえば移動貯蔵タンクから容器に詰め替えることができる。

①安全な注油に支障がない範囲の注油速度

②注入ホースの先端部に手動開閉装置を備えた注入ノズル（手動開閉装置を開放の状態で固定する装置を備えたものを除く）

③運搬容器の技術上の基準に適合する容器

④第4類で引火点40℃以上の危険物（灯油・軽油・重油など）。したがって、ガソリンは引火点－40℃以下のため適用されない。

5．移動タンク貯蔵所に備え付ける書類は、**完成検査済証、定期点検記録、製造所等の譲渡・引渡の届出書、品名・数量又は指定数量の倍数の変更の届出書**の4つ。設置許可書及び点検記録は備え付けておく必要がない。

〔問11〕正解…**4**

4．自動車等の一部または全部が給油空地からはみ出たままで給油してはならない。

〔問12〕正解…**2**

2．第一種及び第二種販売取扱所は、建築物の**1階にのみ**に設置できる。

〔問 13〕正解…**2**

「製造所等に設ける消火設備の所要単位の計算方法は、危険物に対しては指定数量の〈**10**〉倍を1所要単位とする。」

〔問 14〕正解…**3**

3．市町村長等は、製造所等の所有者等に対し、危険物保安統括管理者または危険物保安監督者の解任を命ずることができる。しかし、**危険物施設保安員の解任**については法令で規定されていない。

〔問 15〕正解…**1**

1．所有者等には、**公共水道の制水弁を開閉**する権限はない。消防長や消防署長等が、火災現場に給水を維持するために緊急の必要があるときに限り、水道の制水弁を開閉することができる。なお、制水弁は水の流量を調節するための弁である。

基礎的な物理学及び基礎的な化学（第３回）

……P.153 ～

〔問 16〕正解…**1**

1．静電気発生の難易と、燃焼の激しさは関係ない。「Ⅱ．1―4．燃焼の難易」参照。

2．可燃性液体は布等に染み込ませたり、ミスト状にすると、空気との接触面積が増えるため容易に着火する。

4．可燃物と支燃物となる酸化剤が混在しているため、可燃物単独より激しく燃焼する。

〔問 17〕正解…**3**

3．物質1gの温度を1℃上昇させるのに必要な熱量を**比熱**という。燃焼熱とは、1molあるいは1gあたりの物質が完全燃焼したときに発生する熱量をいう。

〔問 18〕正解…**2**

40℃で引火していることから、引火点は40℃以下ということになる。従って、引火点は25℃・30℃・35℃・40℃のいずれかである。また、濃度8vol%の蒸気で引火していることから、燃焼範囲の下限値は8vol%以下ということになる。従って、下限値は4vol%・6vol%のいずれかである。これら2つの条件を満たしているものは「2」となる。

〔問 19〕正解…**4**

4．通風が良く、**乾燥していると**、可燃性粉体は蓄熱しにくくなるため、自然発火しにくくなる。

〔問 20〕正解…**2**

2．油火災に対しては、**霧状に放射**することで燃焼の抑制効果が得られる。棒状に放射すると油を飛散させるため危険である。

〔問 21〕正解…**2**

2．ドライアイスは二酸化炭素 CO_2 の固体である。固体から気体になることを「**昇華**」という。

〔問 22〕正解…**2**

2．ガスこんろで水を沸かすと、水が表面から温かくなるのは熱の「**対流**」によるものである。

〔問 23〕正解…**4**

4．食塩水は、塩化ナトリウム $NaCl$ と水 H_2O の**混合物**である。

5．ガソリンは、種々の炭化水素の混合物であるため、CnHm と表されることが多い。主な成分として、オクタン C_8H_{18} やヘプタン C_7H_{16} が挙げられる。

〔問 24〕正解…**5**

5．**触媒**の有無で反応熱の値が変化することはない。

〔問 25〕正解…**2**

ギ酸、酢酸、酪酸などがカルボン酸に該当する。アルコールはヒドロキシ基 $-OH$ をもつ有機化合物。「カルボン酸」＋「アルコール」以外の組み合せが正解になる。

2．酢酸＋アンモニア⇒アンモニアは NH_3 で表される**無機化合物**。

3．酢酸ブチルは、酢酸＋ブタノール（ブチルアルコール）C_4H_9OH。

危険物の性質並びにその火災予防及び消火の方法（第３回）

……P.155 ～

〔問 26〕正解…**4**

4．第5類の危険物は、自己反応性物質の**固体または液体**である。

〔問 27〕正解…**2**

1．酢酸は約17℃以下、アクリル酸は約13℃以下になると**凝固する**。

3．燃焼下限界の大きいものは、濃度が大きくならないと引火しないため、燃焼の**危険性は低い**。「Ⅱ．1―2．燃焼の区分」参照。

4．非水溶性のものは電気の**不導体**で、静電気が発生しやすく、蓄積しやすい。

5．蒸気比重は**1より大きい**ため、可燃性蒸気は低所に滞留しやすい。

〔問 28〕正解…**4**

1．二硫化炭素は、燃焼すると二酸化炭素と有毒な二酸化硫黄（亜硫酸ガス）を発生する。「Ⅲ．3—1．特殊引火物の性状」参照。

2＆4．ガソリンや灯油などの第４類危険物は、液比重が１より小さいものが多いため、消火の際に水を使用すると危険物が水に浮き、燃焼面積が広がるおそれがある。霧状・棒状の放射状態の場合、**水を使用しない**こと。

3．メタノールやエタノールなどのアルコールは、青白い炎を出して燃えるため認識しにくい。「Ⅲ．3—3．アルコール類の性状」参照。

〔問 29〕正解…**2**

1．灯油の蒸気比重は 4.5 で、空気より**重い**。

3．灯油は、長期間紫外線に照射されたり湿気の多い場所で貯蔵すると、変質して劣化することがあるが、常温（20℃）で容易に分解して**発熱することはない**。

4．設問の内容は、**ジエチルエーテル**。直射日光により過酸化物を生成するおそれがあり、生成された過酸化物は、衝撃により爆発することがある。

5．容器に不活性ガスを封入する必要があるのは、**アセトアルデヒド**。

〔問 30〕正解…**3（A、C、D）**

A．導電性の「**大きい**」作業服と靴を着用する。

C．注入管の先端はタンク底部に「**接触させる**」。

D．注入速度はできるだけ「**小さく**」する。

〔問 31〕正解…**3**

1．アセトアルデヒドの沸点…21℃。揮発性が高い。

2．ジエチルエーテルは甘い刺激臭があり、燃焼範囲は 1.9 ～ 36vol％と広い。

3．二硫化炭素は、純粋なものは無色だが、長時間日光に当てたものは**黄色になる**。また、水に溶けにくく、比重は 1.3 で**水よりも重い**。

5．二硫化炭素の発火点…90℃。

〔問 32〕正解…**2（A、D）**

B．オレンジ色に着色されているのは「自動車ガソリン」に限られる。工業用ガソリンは**無色透明**である。

C．ガソリンは電気の**不良導体**である。

〔問 33〕正解…**5**

1．引火点…11℃。

2．蒸気比重…1.1。

3．沸点…64℃。

5．燃焼範囲はメタノール…6.7 ～ 37vol％、エタノール…3.3 ～ 19vol％。燃焼範囲は**エタノールより広い**。

〔問 34〕正解…**3**

2．引火点以下であっても、**霧状**にすると引火しやすくなる。

3．重油の発火点は **250 ～ 380℃**である。

4．１種（A 重油）、２種（B 重油）、３種（C 重油）に区分されている。

〔問 35〕正解…**2**

すべて第３石油類の危険物である。

1．ニトロベンゼン⇒ 非水溶性／引火点 88℃／淡黄色～暗黄色／芳香がある

2．エチレングリコール⇒ **水溶性**／**引火点 111℃**／**無色無臭**／**エンジンの不凍液等**に利用。

3．アニリン⇒ 非水溶性／引火点 70℃／無色～淡黄色／特有の臭気

4．グリセリン⇒ 水溶性／引火点 160 ～ 199℃／無色無臭／化粧品や水彩絵具等に利用。

5．クレオソート油⇒ 非水溶性／引火点 75℃／濃黄褐色～黒色／刺激臭がある／防腐剤や防虫剤等に利用。